U0283260

国家科学技术进步奖二等奖获奖丛书
总署"向全国青少年推荐的百种优秀图书"
科学时报杯"科学普及与科学文化最佳丛书奖"

张景中 主编

数学聊斋

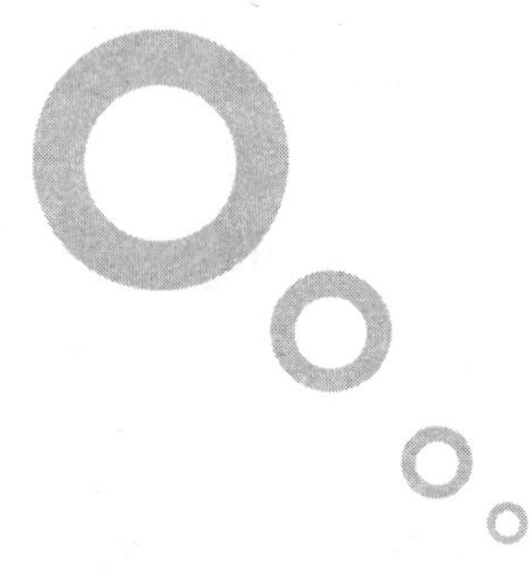

王树和 ＝著

科学出版社
北京

内 容 简 介

本书对算术、几何和图论当中的上百个十分重要、十分动人的问题进行趣味盎然的另类解答，例如 2＋2 为什么等于 4、韩信点兵多多益善、清点太阳神的牛群、无字数学论文、蜂巢颂、雪花几何、三角形内角和究竟多少度、图是什么、乱点鸳鸯谱、贪官聚餐、颜色多项式、妖怪的色数、多心夫妻渡河、计算机的心腹之患、同生共死 NPC 等。本书集趣味性、知识性与思想性于一炉，奇妙严密，通而不俗，充分展示数学之美妙、深刻。

本书读者包括高等院校师生、中学师生和数学研究人员。

图书在版编目（CIP）数据

数学聊斋/王树和著．—修订本．—北京：科学出版社，2015.4
(好玩的数学/张景中主编)
ISBN 978-7-03-043576-7
Ⅰ.①数…　Ⅱ.①王…　Ⅲ.①数学—普及读物　Ⅳ.①O1-49
中国版本图书馆 CIP 数据核字（2015）第 044254 号

责任编辑：朱萍萍　李　敏　杨　波／责任校对：李　影
责任印制：师艳茹／整体设计：黄华斌

科学出版社 出版
北京东黄城根北街 16 号
邮政编码：100717
http://www.sciencep.com
三河市骏杰印刷有限公司 印刷
科学出版社发行　各地新华书店经销
*
2015 年 4 月第　三　版　　开本：720×1000 1/16
2022 年10月第十次印刷　　印张：14 1/2
字数：230 000
定价：46.00 元
（如有印装质量问题，我社负责调换）

丛书修订版前言

“好玩的数学”丛书自2004年10月出版以来，受到广大读者欢迎和社会各界的广泛好评，各分册先后重印10余次，平均发行量近45 000套，被认为是一套叫好又叫座的科普图书。丛书致力于多个角度展示了数学的“好玩”，将现代数学和经典数学中许多看似古怪、实则富有深刻哲理的内容最大限度地通俗化，努力使读者“知其然”并“知其所以然”；尽可能地把数学的好玩提升到了更为高雅的层次，让一般读者也能领略数学的博大精深。

丛书于2004年获科学时报杯“科学普及与科学文化最佳丛书奖”，2006年又被国家新闻出版总署列为“向全国青少年推荐的百种优秀图书”之一，2009年荣获“国家科学技术进步奖二等奖”。但对于作者和编者来说，最高的奖励莫过于广大读者的喜爱关心。十年来，收到不少热心读者提出的意见和修改建议，数学研究领域和科普领域也都有了新的发展，大家感到有必要对书中的内容进行更新和补充。要感谢各位在耄耋之年仍俯首案牍、献身科普事业的作者，他们热心负责地对自己的作品进一步加工，在“好玩的数学（普及版）”的基础上进行了修订和完善。出版社借此机会将丛书改为B5开本，以方便读者阅读。

感谢多年来关心本套丛书的广大读者和各界人士，欢迎大家提出批评建议，共同促进科普事业繁荣发展。

编　者

2015年3月

第一版总序

2002 年 8 月在北京举行国际数学家大会（ICM2002）期间，91 岁高龄的数学大师陈省身先生为少年儿童题词，写下了“数学好玩”4 个大字。

数学真的好玩吗？不同的人可能有不同的看法。

有人会说，陈省身先生认为数学好玩，因为他是数学大师，他懂数学的奥妙。对于我们凡夫俗子来说，数学枯燥，数学难懂，数学一点也不好玩。

其实，陈省身从十几岁就觉得数学好玩。正因为觉得数学好玩，才兴致勃勃地玩个不停，才玩成了数学大师。并不是成了大师才说好玩。

所以，小孩子也可能觉得数学好玩。

当然，中学生或小学生能够体会到的数学好玩，和数学家所感受到的数学好玩，是有所不同的。好比象棋，刚入门的棋手觉得有趣，国手大师也觉得有趣，但对于具体一步棋的奥妙和其中的趣味，理解的程度却大不相同。

世界上好玩的事物，很多要有了感受体验才能食髓知味。有酒仙之称的诗人李白写道：“但得此中味，勿为醒者传。”不喝酒的人是很难理解酒中乐趣的。

但数学与酒不同。数学无所不在。每个人或多或少地要用到数学，要接触数学，或多或少地能理解一些数学。

早在 2000 多年前，人们就认识到数的重要。中国古代哲学家老子在《道德经》中说：“道生一，一生二，二生三，三生万物。”古希腊毕达哥拉斯学派的思想家菲洛劳斯说得更加确定有力：“庞大、万能和完美无缺是数字的力量所在，它是人类生活的开始和主宰者，是一切事物的参与者。没有数字，一切都是混乱和黑暗的。”

既然数是一切事物的参与者，数学当然就无所不在了。

在很多有趣的活动中，数学是幕后的策划者，是游戏规则的制定者。

玩七巧板，玩九连环，玩华容道，不少人玩起来乐而不倦。玩的人不一定知道，所玩的其实是数学。这套丛书里，吴鹤龄先生编著的《七巧板、九连环和华容道——中国古典智力游戏三绝》一书，讲了这些智力游戏中蕴含的数学问题和数学道理，说古论今，引人入胜。丛书编者应读者要求，还收入了吴先生的另一本备受大家欢迎的《幻方及其他——娱乐数学经典名题》，该书题材广泛、内容有趣，能使人在游戏中启迪思想、开阔视野，锻炼思维能力。丛书的其他各册，内容也时有涉及数学游戏。游戏就是玩。把数学游戏作为丛书的重要部分，是“好玩的数学”题中应有之义。

数学的好玩之处，并不限于数学游戏。数学中有些极具实用意义的内容，包含了深刻的奥妙，发人深思，使人惊讶。比如，以数学家欧拉命名的一个公式

$$e^{2\pi i}=1$$

这里指数中用到的 π，就是大家熟悉的圆周率，即圆的周长和直径的比值，它是数学中最重要的一个常数。数学中第 2 个重要的常数，就是上面等式中左端出现的 e，它也是一个无理数，是自然对数的底，近似值为 2.718281828459…。指数中用到的另一个数 i，就是虚数单位，它的平方等于−1。谁能想到，这 3 个出身大不相同的数，能被这样一个简洁的等式联系在一起呢？丛书中，陈仁政老师编著的《说不尽的 π》和《不可思议的 e》（此二书尚无学生版——编者注），分别详尽地说明了这两个奇妙的数的来历、有关的轶事趣谈和人类认识它们的漫长的过程。其材料的丰富详尽，论述的清楚确切，在我所知的中

外有关书籍中，无出其右者。

如果你对上面等式中的虚数i的来历有兴趣，不妨翻一翻王树和教授为本丛书所写的《数学演义》的“第十五回　三次方程闹剧获得公式解　神医卡丹内疚难舍诡辩量”。这本章回体的数学史读物，可谓通而不俗、深入浅出。王树和教授把数学史上的大事趣事憾事，像说评书一样，向我们娓娓道来，使我们时而惊讶、时而叹息、时而感奋，引来无穷怀念遐想。数学好玩，人类探索数学的曲折故事何尝不好玩呢？光看看这本书的对联形式的四十回的标题，就够过把瘾了。王教授还为丛书写了一本《数学聊斋》（此次学生版出版时，王教授对原《数学聊斋》一书进行了仔细修订后，将其拆分为《数学聊斋》与《数学志异》二书——编者注），把现代数学和经典数学中许多看似古怪而实则富有思想哲理的内容，像《聊斋》讲鬼说狐一样最大限度地大众化，努力使读者不但“知其然”而且“知其所以然”。在这里，数学的好玩，已经到了相当高雅的层次了。

谈祥柏先生是几代数学爱好者都熟悉的老科普作家，大量的数学科普作品早已脍炙人口。他为丛书所写的《乐在其中的数学》，很可能是他的封笔之作。此书吸取了美国著名数学科普大师伽德纳25年中作品的精华，结合中国国情精心改编，内容新颖、风格多变、雅俗共赏。相信读者看了必能乐在其中。

易南轩老师所写的《数学美拾趣》一书，自2002年初版以来，获得读者广泛好评。该书以流畅的文笔，围绕一些有趣的数学内容进行了纵横知识面的联系与扩展，足以开阔眼界、拓广思维。读者群中有理科和文科的师生，不但有数学爱好者，也有文学艺术的爱好者。该书出版不久即脱销，有一些读者索书而未能如愿。这次作者在原书基础上进行了较大的修订和补充，列入丛书，希望能满足这些读者的心愿。

世界上有些事物的变化，有确定的因果关系。但也有着大量的随机现象。一局象棋的胜负得失，一步一步地分析起来，因果关系是清楚的。一盘麻将的输赢，却包含了很多难以预料的偶然因素，即随机性。有趣的是，数学不但长于表达处理确定的因果关系，而且也能表达处理被偶然因素支配的随机现象，从偶然中发现规律。孙荣恒先生的《趣味随机问题》一书，向我们展示出概率论、数理统计、随机过程这些数学分支中许多好玩的、有用的和新颖的问题。其中既有经典趣题，如赌徒输光定理，也有近年来发展的新的方法。

中国古代数学，体现出算法化的优秀数学思想，曾一度辉煌。回顾一下中国古算中的名题趣事，有助于了解历史文化，振奋民族精神，学习逻辑分析方法，发展空间想像能力。郁祖权先生为丛书所著的《中国古算解趣》，诗、词、书、画、数五术俱有，以通俗艺术的形式介绍韩信点兵、苏武牧羊、李白沽酒等 40 余个中国古算名题；以题说法，讲解我国古代很有影响的一些数学方法；以法传知，叙述这些算法的历史背景和实际应用，并对相关的中算典籍、著名数学家的生平及其贡献做了简要介绍，的确是青少年的好读物。

读一读《好玩的数学》，玩一玩数学，是消闲娱乐，又是学习思考。有些看来已经解决的小问题，再多想想，往往有“柳暗花明又一村”的感觉。

举两个例子：

《中国古算解趣》第 37 节，讲了一个“三翁垂钓”的题目。与此题类似，有个“五猴分桃”的趣题在世界上广泛流传。著名物理学家、诺贝尔奖获得者李政道教授访问中国科学技术大学时，曾用此题考问中国科学技术大学少年班的学生，无人能答。这个问题，据说是由大物理学家狄拉克提出的，许多人尝试着做过，包括狄拉克本人在内都没有找到很简便的解法。李政道教授说，著名数理逻辑学家和哲学家怀德海曾用高阶差分方程理论中通解和特解的关系，给出一个巧妙的解法。其实，仔细想想，有一个十分简单有趣的解法，小学生都不难理解。

原题是这样的：5 只猴子一起摘了 1 堆桃子，因为太累了，它们商量决定，先睡一觉再分。

过了不知多久，来了 1 只猴子，它见别的猴子没来，便将这 1 堆桃子平均分成 5 份，结果多了 1 个，就将多的这个吃了，拿走其中的 1 堆。又过了不知多久，第 2 只猴子来了，它不知道有 1 个同伴已经来过，还以为自己是第 1 个到的呢，于是将地上的桃子堆起来，平均分成 5 份，发现也多了 1 个，同样吃了这 1 个，拿走其中的 1 堆。第 3 只、第 4 只、第 5 只猴子都是这样……问这 5 只猴子至少摘了多少个桃子？第 5 个猴子走后还剩多少个桃子？

思路和解法：题目难在每次分都多 1 个桃子，实际上可以理解为少 4 个，先借给它们 4 个再分。

好玩的是，桃子尽管多了 4 个，每个猴子得到的桃子并不会增多，当然也不会减少。这样，每次都刚好均分成 5 堆，就容易算了。

想得快的一下就看出，桃子增加 4 个以后，能够被 5 的 5 次方整除，所以至少是 3125 个。把借的 4 个桃子还了，可知 5 只猴子至少摘了 3121 个桃子。

容易算出，最后剩下至少 1024－4＝1020 个桃子。

细细地算，就是：

设这 1 堆桃子至少有 x 个，借给它们 4 个，成为 $x+4$ 个。

5 个猴子分别拿了 a，b，c，d，e 个桃子（其中包括吃掉的一个），则可得

$$a=(x+4)/5$$

$$b=4(x+4)/25$$

$$c=16(x+4)/125$$

$$d=64(x+4)/625$$

$$e=256(x+4)/3125$$

e 应为整数，而 256 不能被 5 整除，所以 $x+4$ 应是 3125 的倍数，所以

$$x+4=3125k\ (k\ 取自然数)$$

当 $k=1$ 时，$x=3121$

答案是，这 5 个猴子至少摘了 3121 个桃子。

这种解法，其实就是动力系统研究中常用的相似变换法，也是数学方法论研究中特别看重的“映射 - 反演”法。小中见大，也是数学好玩之处。

在《说不尽的π》的 5.3 节，谈到了祖冲之的密率 355/113。这个密率的妙处，在于它的分母不大而精确度很高。在所有分母不超过 113 的分数当中，和 π 最接近的就是 355/113。不但如此，华罗庚在《数论导引》中用丢番图理论证明，在所有分母不超过 336 的分数当中，和 π 最接近的还是 355/113。后来，在夏道行教授所著《π 和 e》一书中，用连分数的方法证明，在所有分母不超过 8000 的分数当中，和 π 最接近的仍然是 355/113，大大改进了 336 这个界限。有趣的是，只用初中里学的不等式的知识，竟能把 8000 这个界限提高到 16500 以上！

根据 $\pi=3.1415926535897\cdots$，可得 $|355/113-\pi|<0.00000026677$，如果有个分数 q/p 比 355/113 更接近 π，一定会有

$$|355/113-q/p|<2\times 0.00000026677$$

也就是

$$|355p-113q|/113p<2\times 0.00000026677$$

因为 q/p 不等于 355/113，所以 $|355p-113q|$ 不是 0。

但它是正整数，大于或等于1，所以

$$1/113p<2\times0.00000026677$$

由此推出

$$p>1/(113\times2\times0.00000026677)>16586$$

这表明，如果有个分数 q/p 比 355/113 更接近 π，其分母 p 一定大于 16586。

如此简单初等的推理得到这样好的成绩，可谓鸡刀宰牛。

数学问题的解决，常有“出乎意料之外，在乎情理之中”的情形。

在《数学美拾趣》的 22 章，提到了“生锈圆规”作图问题，也就是用半径固定的圆规作图的问题。这个问题出现得很早，历史上著名的画家达·芬奇也研究过这个问题。直到 20 世纪，一些基本的作图，例如已知线段的两端点求作中点的问题（线段可没有给出来），都没有答案。有些人认为用生锈圆规作中点是不可能的。到了 20 世纪 80 年代，在规尺作图问题上从来没有过贡献的中国人，不但解决了中点问题和另一个未解决问题，还意外地证明了从 2 点出发作图时生锈圆规的能力和普通规尺是等价的。那么，从 3 点出发作图时生锈圆规的能力又如何呢？这是尚未解决的问题。

开始提到，数学的好玩有不同的层次和境界。数学大师看到的好玩之处和小学生看到的好玩之处会有所不同。就这套丛书而言，不同的读者也会从其中得到不同的乐趣和益处。可以当做休闲娱乐小品随便翻翻，有助于排遣工作疲劳、俗事烦恼；可以作为教师参考资料，有助于活跃课堂气氛、启迪学生心智；可以作为学生课外读物，有助于开阔眼界、增长知识、锻炼逻辑思维能力。即使对于数学修养比较高的大学生、研究生甚至数学研究工作者，也会开卷有益。数学大师华罗庚提倡“小敌不侮”，上面提到的两个小题目都有名家做过。丛书中这类好玩的小问题比比皆是，说不定有心人还能从中挖出宝矿，有所斩获呢。

啰嗦不少了，打住吧。谨以此序祝《好玩的数学》丛书成功。

张景中

2004 年 9 月 9 日

前　　言

数学是科学的王后，而数论是数学的王后，她经常屈尊降贵为自然科学助一臂之力，但无论如何，她总是处在最重要的地位。

——高斯（K. F. Gauss，1777—1855，德国数学家、物理学家和天文学家）

清代文豪蒲松龄著奇书《聊斋志异》，借鬼狐故事伐恶扬善，名冠文学史，只可惜蒲留仙老先生的书用文言写成，今日一般读者颇为费解，《聊斋志异》已有不少版本的白话文译本发行，深受大众欢迎。

数学当中也有很多难理解、难证明、难计算的问题，犹如《聊斋志异》中众多的神奇故事，例如计算机数学的核心问题 NPC，分明是从有限的情形之中挑选出一种合乎要求的情形，为什么用大型计算机去解尚需千万世纪才能解出呢？NPC 中的问题为什么共生死？它们究竟存在不存在有效的解法？又如臭名昭著的 $3x+1$ 问题：x 为偶数，则取其半；x 为奇数，则取 $3x+1$ 之半；得出的结果再如上“取半”，实验与猜想最后会得出 1，可惜（可怕）它是至今数学界无力解决的问题之一，现在无人证其真，亦无人证其伪。美籍奥地利数学家哥德尔严格证明了确乎存在既不能证其真亦不能证其伪的命题！如果问：π 的小数部分会不会有 100 个 8 连贯出现，即

$$\pi=3.14159265\cdots\underbrace{888\cdots888}_{100\text{个}8}\cdots?$$

如果有，有几处？在小数点后第几位上发生？这种“坏

问题”数学中到处都有，要多少有多少。种种涉及数学与计算机数学的尖锐重大的问题，很值得我们关心。但是，在现代数学专著当中，设定了繁多的专用符号和艰涩的定义、定理，弄得连非本分支的数学家们都成了隔山之人，感到好似“两个黄鹂鸣翠柳”，不知所云。

能否拣一些现代的数学内容和生动有趣的经典数学内容，用“普通话”写一本貌似《聊斋志异》那般有思想哲理、活泼巧妙的数学科普著作，来传播普及这些重要优雅的数学知识呢？本书对此做了尝试，在兼顾数学知识的趣味性和严肃性的前提下，最大限度地大众化，努力使读者不但“知其然”，亦使之“知其所以然”，力争通而不俗，美而不媚。

本书几乎完全用＋－×÷解决问题，lim 只用过不多几次，力争不沾微积分等现代数学中非初等运算的边，使得凡具中学文化的读者百分之百地可以读懂全书，当然，数学专业的师生也不至于认为太肤浅。如此使得各个层次的读者都可以在欢快轻松的阅读欣赏当中，学到新知识，见识新技巧，在幽默的智能娱乐之中，体会和进一步思考现代数学的本质和是非。

书中的标题是“摘要”式的，有的比较具体，写作时则借题发挥，多讲了一些与该标题相关的道理和要例。

但愿本书能介绍你与数学结缘，如果你被书中那些诱人的问题和技巧迷住而流连忘返，从此更痴情数学，提升了数学的悟性和技能，那正是作者的初衷。

国际数学联盟（IMU）把 2000 年定为“世界数学年”，并且制定了如下宗旨：

“使数学及其对世界的意义被社会所了解，特别是被普通公众所了解。”

本书按上述宗旨献给广大的数学爱好者和“数学不爱好

者”。我相信，你读了这本书之后就会与别人争辩说，数学绝不像有些人传说的那样枯燥乏味。如果你原不是一位数学爱好者，当你看完这本书，数学的面具被你亲手揭掉之后，你已经由一个数学的疏远者变成了数学爱好者了。但愿本书是你永远的好朋友。

作者学识浅薄，文字工夫亦不深，不敢说写作愿望已经达到，盼请读者与同行批评。

本书第一版、第二版与普及版发行近六万册，深受各阶层数学爱好者厚爱，今做修订版，根据读者与科学出版社编辑的意见，进行了全面修正、润色、精炼。在此对关心本书的诸位同志与众读者深表谢忱。更要感谢我的学长和同事张景中院士，他对本书的写作贡献了重要意见，使之增色不少。

王树和

2008 年 1 月

于中国科学技术大学

目　录

01 算术篇

万物皆数，若没有数，则既不能描述也不能理解任何事物。

——毕达哥拉斯（Pythagoras，希腊数学家，公元前 580—前 500）

1.1 从 2+2=4 谈起

一位聪明天真的小朋友问妈妈："为什么 2 加 2 等于 4?"妈妈答："傻孩子，连这么简单的算术都不懂!"于是这位母亲伸出左手的两个指头，又伸出右手的两个指头，左右的两个指头往一起一并，说："这就叫 2 加 2，你数一数，看是不是 4?"孩子勉强点头，接着又问："可是 4 是什么玩意儿呢?"妈妈欲言而无语。是呀，如果母亲说这些指头的数目就叫做 4，孩子再追问什么叫做 999999999，那可就不好用指头之类的东西来比划着解释了!

事实上，反思我们小时候对加法的学习，确实是非理性的，完全是老师和家长向我们的脑子里灌进去而记住了的七加八一十五，七加五一十二之类的指令而已；认真思考起来，究竟每个自然数是如何定义的，加法是什么，为什么 $2+2=4$，$4+4=8$，等等，确实是一个严肃的数学问题。

原始人已有自然数的初始概念，他们用小石头来记录捕捉的猎物的个数（或用"结绳记事"法）。有人捕来一只野兔，他们就在小坑里放上一颗石子，又有人捕来一只野兔，他们就在小坑中又投放一颗石子，等等。事实上，这逐一地向小坑中投石子的过程恰是加法运算的真谛，投一颗石子就叫做加上 1，1 加 1 得到的数量就叫做 2，2 再加 1 得到的数量就叫做 3，等等。再后来，人们发现了加法的结合律，即 $1+1+1$

+1=（1+1）+（1+1），等等。公元6世纪，印度数学家引入零的符号“0”，它是自然数的“排头”。到了19世纪，皮亚诺（G. Peano，1858～1932）提出了五条算术公理，才从理论上彻底解决了什么是自然数，为什么2+2=4等数学上的这些基本问题，他的三个概念与五个公理是：

0，后继和自然数，以及如下五条公理：

公理1 0是自然数。

公理2 任何自然数的后继是自然数。

公理3 0不是任何数的后继。

公理4 不同的自然数后继不同。

公理5 对于某一性质，若0有此性质，而且若某自然数有此性质时，它的后继也有此性质，则一切自然数都有此性质。

具体地说，0的后继中国人叫做一，美国人叫做one，1的后继中国人叫做二，美国人叫做two，等等。第五公理谈的是数学归纳法。一个自然数生出它的后继的过程是加法，记成0+1=1，1+1=2，2+1=3，3+1=4，n+1=（n+1），等等。

由皮先生的公理可以明确无误地回答什么是自然数的问题，例如4是什么？答：4是3的后继，或曰4是3之“子”；3呢？3是2的后继；2呢？2是1的后继；1呢？1是0的后继；0呢？0是祖宗，它不是谁的后继，是自然数的发源点。

2+2=4证明如下：

因为1+1=2，所以2+2=（1+1）+（1+1），由结合律得

$$2+2=(1+1)+(1+1)=(1+1+1)+1$$

又因1+1+1=（1+1）+1=2+1=3

所以2+2=3+1，而3+1=4，故知2+2=4是正确的。

证毕。

有了加法的概念，减法是加法的逆运算，乘法则是几个相同的数连加的“简写”，除法是乘法的逆运算。可见，从皮氏公理出发已经把+－×÷的概念弄了个水落石出，不再是那种原始的直观感觉（例如结绳记事）或死记的九九表了。

查阅《现代汉语词典》上加法词目，词典称：“加法（jiāfǎ），数学

中的一种运算方法，两个或两个以上的数合成一个数的方法。”这种解释实在科学，例如它只说“合成一个数”，并不说这个数（我们称其为和）是多少。事实上，现代数学对于1+1的和未必总是算出2来的。遥想原始人怎样形成数量的概念，最初只是“有”与“无”两个概念，他们尚没有“多少”的概念和斤斤计较的坏习气。就是现代，有时也只需考虑有与无，是与否，而不必细说有多少，例如我们要写字，关心的是有笔还是没有笔，至于有笔时有几枝，那都是一回事。如果这时规定0代表无（或否），1代表有（或是），则应有0+0=0，0+1=1，1+0=1，1+1=1。这个1+1=1的算式有点不习惯，但对于此处的实际背景，如此定义加法是再合适不过了。这种1+1不等于2，而等于1的加法称为“逻辑和”，1+1=1，于是$\underbrace{1+1+\cdots+1}_{n\text{个}1}=1$（$n$是自然数）。

再看某种电视机开关，你用指头揿一下，它就为你播放节目，再揿一下，它就关机了，如果把关机状态记成0，把播放状态记成1，则有加法法则：

$$0+0=0,\qquad 1+0=1$$

$$0+1=1,\qquad 1+1=0$$

这种加法1+1≠2，1+1≠1，而是1+1=0。看见没有，这就是数字之妙，这种“数学志异”胜似《聊斋志异》!

1.2 算术的基因和基理

算术四则运算，人人都有体会，那就是加减法简单，乘法也不太难，有个“九九歌”，背熟了去乘就是了。除法里“事儿”多，除得尽还好，除不尽还要考虑约分与余数，等等，花样不少。例如：100÷4可以写成

$$\frac{100}{4}=\frac{2^2\times5^2}{2^2}=5^2=25$$

我们看到，除法实质上是分子分母的约分，等到把分子分母的公共因子都约光了，剩下的就是既约分数，如果这时分母为1，就除尽了。分子上的因子有两个2，两个5，这两个因子不能再变小，当然4和25，或20，也是100的因子，但它们还可以变小，那些不能再变小的因子，即

除了1与自身外，别的自然数除不尽的自然数，是最简单朴素的了，我们称这种数为素数（朴素的素）或质数（质朴的质），1也是这类性质的数，但大家约定1不称为素数，因为如果让1取得素数资格，例如100则可以写成100=1×1×1×1×1×…×1×2×2×5×5，前方爱写几个1就写几个1，这就很不妙，一个自然数写成素数之积的形式时，形状就不唯一了。经验表明，如果不让1参加，一个自然数若不是素数，例如100，4什么的，可以唯一地写成若干素数的积，这一结论可以用数学归纳法证明，这就是著名的算术基本定理。

大于1的不是素数的自然数称为合数，即由若干素数相乘而成的数。

素数是合数的基因，任给大于1的自然数N，存在唯一的素数列$P_1 \leqslant P_2 \leqslant \cdots \leqslant P_n$，使得$N$唯一地写成$N=P_1P_2\cdots P_n$，此定理称为算术基本定理，算术中很多证明，尤其是涉及除法时，主要靠这条结论去说理。

如果N是合数，则$N=P_1^{\alpha_1}P_2^{\alpha_2}\cdots P_m^{\alpha_m}$，$m\geqslant 1$，$P_1$，$P_2$，…，$P_m$是互异素数，$\alpha_1$，…，$\alpha_m$是正整数，其中$P_1<P_2<\cdots<P_m$，则显然$P_1\leqslant\sqrt{N}$。据此，我们可以用下面的所谓“筛法”筛出不超过$N$的一切素数。这种筛法是希腊的埃拉托色尼（Eratosthenes）发明的，以$N=30$为例，说明筛法的操作如下：

由于不超过N的合数的最小素因子不超过$\sqrt{N}$，因此欲求不超过N的一切素数，只需把1，2，…，N中不超过$\sqrt{N}$的素数的倍数划去（筛除），剩下的就是素数。

1，2，3，④，5，⑥，7，⑧，[9]，⑩，11，⑫，13，⑭，[15]，⑯，

17，⑱，19，⑳，[21]，㉒，23，㉔，△25，㉖，[27]，㉘，29，㉚

$\sqrt{30}<6$，所以只考虑划去2，3，5的倍数，剩的是不超过30的那些素数：2，3，5，7，11，13，17，19，23，29。

显然，这种方法只能写出不超过N的自然数中素数的清单，N后面的自然数中还有不少素数，例如30之后的31就是。欧几里得第一个证明，素数的个数是无穷的。

事实上，若所有素数为P_1，P_2，…，P_k，取$N=P_1P_2\cdots P_k+1$，

$N>1$，设 N 本身是素数，N 能除尽 $P_1P_2\cdots P_k+1$（商为 1），又 P_1，P_2，…，P_k 是所有素数，则 N 是某个 P_i，$i\in\{1, 2, \cdots, k\}$，于是 N 能除尽 $P_1P_2\cdots P_k$，$P_1P_2\cdots P_k+1$ 被 N 除余 1，与 $N=P_1P_2\cdots P_k+1$ 矛盾。若 N 是合数，则 N 有一个素数因子 P，于是 $P=P_i$，$i\in\{1, 2, \cdots, k\}$，P 能除尽 $P_1P_2\cdots P_k$，不能除尽 $P_1P_2\cdots P_k+1$，即 P 不能除尽 N，与 P 是 N 之因子矛盾，可见全体素数不是有限个。

素数既然是算术中的基因，几乎所有的算术命题当中，都有素数参与其中，有关素数的命题集中了算术学科的难点。广为人知的难题很多，例如下面两个就是算术中难题的代表。

(1) 关于孪生素数的黎曼猜想：孪生素数有无穷个

所谓孪生素数，即相差为 2 的一对素数，例如（3，5），（5，7），（11，13），（17，19），等等。

至今无人能证明或反驳这一猜想。

(2) 哥德巴赫猜想

1742 年 6 月 7 日，圣彼得堡中学教师，德国人哥德巴赫（Goldbach）给瑞士数学家欧拉写信提出如下猜想：

每个大于或等于 6 的偶数都是两个素数之和；每个大于或等于 9 的奇数都是三个素数之和。

两素数之和当然是偶数，但是事情让哥德巴赫反过来一提，可就给数学界惹来了天大的麻烦。欧拉给哥德巴赫的回函中说："我不能证明它，但是我相信这是一条正确的定理。"欧拉无能为力的问题，别人怕是很难解决了。在其后的 150 多年当中，多少专业的和业余的数论工作者，都兴趣盎然地冲击这一看似真实的命题，无奈人人不得正果。1900 年，数学界的领袖人物希尔伯特（Hilbert）在巴黎召开的世界数学家大会上向 20 世纪的数学家提出 23 个待解决的名题，其中哥德巴赫猜想列为第八问题。可惜 20 世纪的百年奋斗仍然辜负了希尔伯特的期望。

奉劝阅历尚浅、热情十足的年轻朋友，不可受某些不懂数学的记者们的误导，随便立志以攻克哥德巴赫猜想为己任，而应当从实际出发，打好坚实的数学理论基础，培养数学研究的能力，再来考虑攀登哪个高峰的问题。

这里面对的是一个数学问题，不能沿用物理学家诉诸反复若干次实验来证实的办法，例如有人对不超过 33×10^6 的偶数逐一验证，哥德巴赫猜想都是成立的，但那仍然不能解决问题。

下面是近百年来关于哥德巴赫猜想的大事记。

1912 年，数学家朗道提出相近的弱猜想：

存在一个自然数 M，使得每个不小于 2 的自然数皆可表成不超过 M 个素数之和。

此猜想于 1930 年证明为真；如果 $M\leqslant3$ 就好多了。

1937 年，苏联数学家维诺格拉多夫证明了哥德巴赫猜想的后半句为真，即大于或等于 9 的奇数是三个素数之和，这是关于哥德巴赫问题的重大突破，引起了不小的轰动。但前半句至 2000 年基本上未被解决。

我们约定：命题“大于等于 6 的偶数可表示成 α 个素数之积加上 β 个素数之积”记成（$\alpha+\beta$），则哥德巴赫问题是：证明或反驳（1+1）。

1920 年，朗道证明了（9+9）。

1924 年，拉德马哈尔证明了（7+7）。

1932 年，依斯特曼证明了（6+6）。

1938 年，布赫塔布证明了（5+5）。

1938 年，华罗庚证明了几乎所有的偶数都成立(1+1)。

1940 年，布赫塔布等证明了（4+4）。

1947 年，雷尼证明了（$1+\alpha$）。

1955 年，王元证明了（3+4）。

1957 年，小维诺格拉多夫证明了（3+3）。

1957 年，王元证明了（2+3）。

1962 年，潘承洞证明了（1+5）。

1962 年，潘承洞、王元证明了（1+4）。

1965 年，布赫塔布、小维诺格拉多夫、邦比尼证明了（1+3）。

1966 年，陈景润证明了（1+2），于 1973 年发表。

尽管（1+2）离（1+1）只“一步之遥”，但一步登天的事谈何容易！从陈景润搞出（1+2）至今已有 30 多年，一直没有人在这个阵地上前进半步，我国的陈景润仍然是此项世界纪录的保持者。

培养出如陈景润这样杰出的数学家，不但具有广深扎实的数学素质，而且具有全身心奉献科学事业的品质，乃是我们教育工作者的一项重要责任。

1.3 整数见闻

(1) 完全数

6 这个数人人喜欢，它代表吉祥如意，神话上说至高无上的宇宙之神在六天之内创造万物，第七天休息，从此有一周七天，星期日休息的作息制。从数学上看，6 有三个数能除尽它：1，2，3，1+2+3 恰为 6。称一个自然数为完全数，如果它的全体因数（含 1 不含该数本身）之和恰等于这个数。例如

$$28=1+2+4+7+14$$

28 是第二个完全数。完全数和完美无缺的人一样是十分罕见的。从欧几里得开始起，几千年的研究仍然没有搞清楚有没有奇数完全数。到 1996 年，人们具体写出了 34 个完全数，例如 6，28，496，8128，33550336，8589869056，137438691328，2305843008139952128 等。后面的完全数都非常之大。例如，1936 年美国联合通讯社播发了一条令外行人瞠目结舌的新闻，《纽约先驱论坛报》报道说："S. I·克利格（Kireger）博士发现了一个 155 位的完全数 $2^{256}(2^{257}-1)$，该数是：26815615859885194199148049996411692254958731641184786755447122887443528060146978161514511280138383284395055028465118831722842125059853682308859384882528256。这位博士说，为了证明它确为完全数，足足奋斗了五年之久。"实际上两千多年前，欧几里得已经告诉大家 $2^{n-1}(2^n-1)$ 是完全数，其中 2^n-1 是素数，后经欧拉严格证明，欧几里得公式是正确的。

(2) 亲和数

220 的约数是

1，2，5，11，4，10，22，20，44，55，110

284 的约数是

1，2，71，4，142

220 的约数之和为

$$1+2+5+11+4+10+22+20+44+55+110=284$$

284 的约数之和为

$$1+2+71+4+142=220$$

这里甲数约数之和等于乙数，乙数约数之和等于甲数，这样的甲乙两数称为亲和数，这两个数虽不是完全数，但交替后则两全其美，正如毕达哥拉斯所言："朋友即另一自我，犹如220与284一样。"

在A. H·贝勒著，谈祥柏译的《数论妙趣》一书中给出了一个28节的亲和圈

$$v_1 v_2 v_3 \cdots v_{27} v_{28} v_1$$

其中

$v_1=14316$，　$v_2=19116$，　$v_3=31704$，　$v_4=47616$，

$v_5=83328$，　$v_6=177792$，　$v_7=295488$，　$v_8=629072$，

$v_9=589786$，　$v_{10}=294896$，　$v_{11}=358336$，　$v_{12}=418904$，

$v_{13}=366556$，　$v_{14}=274924$，　$v_{15}=275444$，　$v_{16}=243760$，

$v_{17}=376736$，　$v_{18}=381028$，　$v_{19}=285778$，　$v_{20}=152990$，

$v_{21}=122410$，　$v_{22}=97946$，　$v_{23}=48976$，　$v_{24}=45946$，

$v_{25}=22976$，　$v_{26}=22744$，　$v_{27}=19916$，　$v_{28}=17716$

我们仍约定，自然数的因数中含1不含该自然数本身，则v_1因数之和等于v_2，v_2因数之和等于v_3，…，v_{28}因数之和等于v_1，这是一种周期为28的一个循环亲和圈，28也是一个好数，它是第二个完全数。

(3) 勾股数

我国数学名著《周髀算经》中载有名句："句（勾的古写）广三，股修四，径隅五。"说的是勾三股四弦五，即3，4，5是一个直角三角形三边之长，它们满足方程$x^2+y^2=z^2$，称满足此方程的三个正整数为勾股数。公元263年，刘徽给出四组勾股数{5，12，13}，{8，15，17}，{7，24，25}，{20，21，29}。

$$x=k(m^2-n^2),\ y=2kmn,\ z=k(m^2+n^2)$$

是勾股数，其中k，m，n是正整数，$m>n$。事实上，$x^2=k^2(m^4+n^4-2m^2n^2)$，$y^2=4k^2m^2n^2$，则有

$$\begin{aligned} x^2+y^2 &= k^2[m^4+n^4-2m^2n^2+4m^2n^2] \\ &= k^2[m^4+n^4+2m^2n^2] \\ &= k^2(m^2+n^2)^2=z^2 \end{aligned}$$

所以$\{x, y, z\}$是勾股数。

容易证明，每组勾股数皆可表示成这种形式。

勾三股四弦五提示我们想到这样的问题：直角三角形的三条边长是连续整数的除了｛3，4，5｝之外还有吗？直角边是连续整数的情形有哪些？

若 $x=m^2-n^2$，$y=x+1=2mn$，$z=x+2=m^2+n^2$

是勾股弦，则求得 $m^2=x+1$，$n^2=1$，于是 $2mn=m^2$，$2n=m=2$，因此 $x=3$，$y=4$，$z=5$，可见勾股数是连续整数的情况唯有｛3，4，5｝。

但是，勾股数 $\{x, y, z\}$ 中，$|x-y|=1$ 的情形则有无穷多种，例如

｛3，4，5｝，｛20，21，29｝，｛119，120，169｝，｛696，697，985｝，｛4059，4060，5741｝，｛23660，23661，33461｝，｛137903，137904，195025｝，｛803760，803761，1113689｝，｛4684659，4684660，6625109｝，｛27304196，27304197，38613965｝，等等。

按三角形最短直角边大小排序第 100 个 $|x-y|=1$ 的勾股数为 $\{x, y, z\}$

｛216696931486137883305479797292863071640152027686 99465346081691992338845992696，$x+1$，30645573943232 9561800579729698332458876309545087536935291173710 74705767728665｝

x 与 y 如此之大，仅仅相差 1，其比值几乎是 1，可见相应的直角三角形和等腰直角三角形已经十分相似了。

上面考虑的是方程 $x^2+y^2=z^2$ 的正整数解。这使我们自然想到 $x^n+y^n=z^n$ 的正整数解，其中 $n>2$. 1673 年法国数学家费马提出如下猜想：

当 $n>2$ 时，$x^n+y^n=z^n$ 无正整数解。费马（P. Fermat，1601～1665）在古希腊数学家丢番图（Diophatus，公元 3 世纪人）《算术》一书的空白处写道："把任何高于 2 次的幂分成两个同次幂是不可能的，对此，我已找到一个巧妙的证明，但此处纸边太窄，无法写出。"后人称此猜想为费马大定理。费马去世后，后人整理他的遗稿时，只找到了 $n=4$ 情形的证明。人们对费马在《算术》上写的话是否谎言，莫衷一是。

后来，欧拉对 $n=3$ 证明了费马猜想。19 世纪，法国科学院悬赏征

解费马大定理，大数学家勒让德（Legendre）和狄利克雷（Dirichlet）证明了$n=5$的情形，费马大定理成立；雷蒙（Lame）和狄利克雷又证明了$n=7$的情形，费马大定理成立；到20世纪70年代，已经把使费马大定理成立的指数n证明到10万以上。在冲击费马大定理的历史上，有两个大数学家在它面前跌过跤，出过丑，一个是为微积分的严格化建功立业的数学家柯西（Cauchy），他向法国科学院提交了证明费马大定理的论文，几周后他自己觉得证明不成功又要回了自己的文章；一个是日本数学家功岗，他在20世纪70年代宣称证明了费马大定理，世界各大通讯社都正式报道了这一消息，日本乃至全世界都为之轰动。但他的论文的归宿与柯西的何其相似，也是几周之后，功岗自己收回了那篇错误的证明文章。

1993年6月，在英国剑桥牛顿数学研究所的一个讨论班上，美国普林斯顿大学的怀尔斯（A. Wiles）做了三场演讲，他最后宣布证明了费马大定理，而且还进一步证明$x^n+y^n=z^n$（$n\geqslant3$）没有非零有理数解。第二天，《纽约时报》头版头条报道了这一轰动全球科学界的消息，配发了费马的照片，怀尔斯与克林顿、戴安娜一起列入1993年最令人敬仰的人物之一。戏剧性的情节又发生了，6个月之后，怀尔斯发出电子邮件，承认了自己的证明中有漏洞。值得庆幸的是，这一次怀尔斯没有像柯西和功岗那样栽跟斗。1994年10月25日，INT网上传出喜讯，怀尔斯的关于费马大定理的证明文章已修正定稿，该定理被彻底证明，它是20世纪最出色的科学成就之一。

怀尔斯的文章长达200多页，是他单枪匹马进行了7年艰苦研究的结晶。怀尔斯是一个“为数学而数学”的忠实信仰者，他声称：“我肯定不希望看见数学沦为应用的仆人，因为这甚至不符合应用自身的利益；费马大定理本身不可能有什么用途。”《科学》（中文版，1994，第2期）豪根（Horgan）著文问道：“费马大定理的证明是不是一种正在消逝的文化的最后挣扎呢？”怀尔斯“是一位杰出的遗老吗？”他说：“怀尔斯避开了计算机和应用及其他种种令他讨厌的东西，但是，将来怀尔斯式的人物会越来越少。”看起来，对纯数学中的古典疑难问题的研究以及为之处心积虑手写超长证明已经厌倦的数学家确实大有人在。数学家瑟斯顿（Thurston）说得更难听：“把数学在原则上简化为形式证明是20世纪所特有的一个不可靠的念头，高度形式化的证明比那些借助更直观的证明更有可能出毛病。”“集论是建立在有礼貌的谎言的基础之上的。我们赞同这些谎言，即使我们知道它不是真的。数学的基础在某些方面有点不现实的味道。”贝尔实验室的科学家格拉哈姆（R. L. Graham）说：“背离传统的证明的潮流或许是不可避免的。单靠人的思维无法证明的东西是一片汪洋大海，与这片大海比起来，你能够证明的东西，或许只是些孤零零的小岛，一些例外情况而已。”本书作者对豪根，瑟斯顿和格拉哈姆的观点并非抱完全否定的态度。

1.4 张丘建百钱买百鸡

中国古代数学家张丘建在名著《张丘建算经》中提出下面的百鸡问题：

“鸡翁一，值钱五，鸡母一，值钱三，鸡雏三，值钱一。百钱买百鸡。问鸡翁、鸡母、鸡雏各几何?”

张丘建生卒年代已不可考，唯知《张丘建算经》为我国古代十大算经之一，在隋朝该书已广为流传（与之齐名的另外九部算经是：《周髀算经》、《九章算术》、《数术记遗》、《海岛算经》、《孙子算经》、《夏侯阳算经》、《五曹算经》、《五经算术》和《缉古算经》，统称《算经十书》），是我国隋唐时代颁布的“算学”教科书，亦是当时世界最高水平的数学经典。它记载着我国古代数学的辉煌成就，是唐代数学教育家李淳风，算学博士梁述和太学助教王真儒奉皇命审定注释成册的，完成于656年。

百鸡问题的数学模型如下：设 x，y，z 分别为鸡翁、鸡母和鸡雏的数目，则 x，y，z 应满足方程组

$$\begin{cases} 5x+3y+\dfrac{1}{3}z=100 \\ x+y+z=100 \end{cases}$$

其中 x，y，z 是非负整数。

消去未知数 z，x 与 y 应满足方程

$$7x+4y=100 \tag{1.1}$$

考虑（1.1）相应的齐次方程

$$7x+4y=0 \tag{1.2}$$

的整数通解，显然 $x=-4t$，$y=7t$，t 是整数。由观察得知（1.1）有整数特解 $x_0=-100$，$y_0=200$。于是（1.1）的整数通解为

$$\begin{cases} x=-4t+x_0=-4t-100 & (1.3) \\ y=7t+y_0=7t+200 & (1.4) \end{cases}$$

我们从（1.1）的全体整数解（通解）中挑选非负整数解，欲 $x\geqslant 0$，$y\geqslant 0$，则应有

$$\begin{cases} -4t-100\geqslant 0 \\ 7t+200\geqslant 0 \end{cases}$$

解此不等式组得

$$-\frac{200}{7}\leqslant t\leqslant -25$$

t 应取 -28，-27，-26，-25 四个值。

由 $x+y+z=100$ 得 $z=100-x-y$，把 $t=-28$，-27，-26，-25 代入（1.3）（1.4）得四组解（x，y，z）为

（12，4，84），（8，11，81），（4，18，78），（0，25，75）

一般地，在整数范围内考虑方程

$$ax+by=c \tag{1.5}$$

a，b 非零，若能看出（1.5）的一个特解 $x=x_0$，$y=y_0$，相应的齐次方程 $ax+by=0$ 的通解为 $x=-b_1t$，$y=a_1t$，其中 a_1，b_1 无公因数，且 $a_1b=b_1a$，则（1.5）的通解为

$$x=x_0-b_1t,\ y=y_0+a_1t$$

$t=0$，± 1，± 2，…

京津唐一带民间流传一道趣题如下：

一百匹马，一百块瓦，大马驮仨，中马驮俩，小马驹子俩驮一块，问大马、中马和马驹各几匹？

这一问题的数学模型如下：

设 x，y，z 分别是大马、中马和马驹数，则

$$\begin{cases} x+y+z=100 \\ 3x+2y+\dfrac{1}{2}z=100 \end{cases} \tag{1.6}$$

其中 x，y，z 是非负整数。

消去未知数 z 得

$$5x+3y=100 \tag{1.7}$$

(1.7) 有特解 $x_0=14$，$y_0=10$. $5x+3y=0$ 有通解

$$x=-3t,\quad y=5t$$

于是 (1.6) 的通解是

$$x=-3t+14,\quad y=5t+10$$

由 $x\geqslant 0$，$y\geqslant 0$ 得

$$-3t+14\geqslant 0,\ 5t+10\geqslant 0,$$

$$-2\leqslant t\leqslant \frac{14}{3}$$

t 可以取值为-2，-1，0，1，2，3，4，相应的解 $(x,\ y,\ z)$ 为

(20, 0, 80), (17, 5, 78), (14, 10, 76), (11, 15, 74),

(8, 20, 72), (5, 25, 70), (2, 30, 68)

我们看到的 $x^2+y^2=z^2$ 和 $ax+by=c$ 在正整数或非负整数范围内的解不唯一，这种解不唯一的方程称为不定方程或丢番图方程。

1.5 清点太阳神的牛群

1773 年，有人发现了一册宝贵的古希腊文献的手抄本，上面记载了所谓“阿基米德分牛问题”，阿基米德曾把这一问题送给古希腊亚力山大城的天文学家厄拉多塞尼，向这位亚力山大的名人挑战。

分牛问题转述如下：

西西里岛的草地上，太阳神的牛群中有公牛也有母牛，公牛母牛都是白、黑、花、棕四种毛色；白色公牛多于棕色公牛，多出的头数是黑色公牛的$\left(\frac{1}{2}+\frac{1}{3}\right)$；黑色公牛多于棕色公牛，多出的头数是花公牛的$\left(\frac{1}{4}+\frac{1}{5}\right)$；花公牛多于棕色公牛，多出的头数是白色公牛的$\left(\frac{1}{6}+\frac{1}{7}\right)$；白色母牛是黑牛的$\left(\frac{1}{3}+\frac{1}{4}\right)$；黑色母牛是花牛的$\left(\frac{1}{4}+\frac{1}{5}\right)$；花母牛是棕色牛的$\left(\frac{1}{5}+\frac{1}{6}\right)$；棕色母牛是白色牛的$\left(\frac{1}{6}+\frac{1}{7}\right)$。

朋友，如果你自恃还有几分聪明，请准确无误地清点太阳神的牛群，看各色公牛与母牛各是几头？

上述分牛问题的数学模型如下：

设 x_1，y_1，z_1，t_1 分别是白、黑、花、棕四色公牛的头数，x_2，y_2，z_2，t_2 分别是白、黑、花、棕四色母牛的头数。则这八个未知数应满足不定方程组

$$\begin{cases} x_1-t_1=\left(\frac{1}{2}+\frac{1}{3}\right)y_1 & (1.8)\\ y_1-t_1=\left(\frac{1}{4}+\frac{1}{5}\right)z_1 & (1.9)\\ z_1-t_1=\left(\frac{1}{6}+\frac{1}{7}\right)x_1 & (1.10)\\ x_2=\left(\frac{1}{3}+\frac{1}{4}\right)(y_1+y_2) & (1.11)\\ y_2=\left(\frac{1}{4}+\frac{1}{5}\right)(z_1+z_2) & (1.12)\\ z_2=\left(\frac{1}{5}+\frac{1}{6}\right)(t_1+t_2) & (1.13)\\ t_2=\left(\frac{1}{6}+\frac{1}{7}\right)(x_1+x_2) & (1.14) \end{cases}$$

(1.8)，(1.9)，(1.10) 是关于 x_1，y_1，z_1，t_1 的不定方程组之中无 x_2，y_2，z_2，t_2 参与，可以独立求解；之后，再把 x_1，y_1，z_1，t_1 代入 (1.11)，(1.12)，(1.13)，(1.14)。由 (1.8)，(1.9)，(1.10) 得

$$x_1=\frac{742}{297}t_1,\ y_1=\frac{178}{99}t_1,\ z_1=\frac{1580}{891}t_1$$

由于 $\frac{742}{297}$，$\frac{178}{99}$，$\frac{1580}{891}$ 都是既约分数，所以 t_1 能被 99，297 和 891 除尽，故应取 $t_1=891t$，t 是正整数，这时

$$x_1=2226t,\ y_1=1602t,\ z_1=1580t,\ t_1=891t \qquad (1.15)$$

把 (1.15) 代入 (1.11)，(1.12)，(1.13)，(1.14) 得

$$\begin{cases} 12x_2-7y_2=11214t & (1.16)\\ 20y_2-9z_2=14220t & (1.17)\\ 30z_2-11t_2=9801t & (1.18)\\ 42t_2-13x_2=28938t & (1.19) \end{cases}$$

由 (1.16)，(1.17)，(1.18)，(1.19) 解得

$$x_2=\frac{7206360}{4657}t,\ y_2=\frac{4893246}{4657}t$$

$$z_2=\frac{3515820}{4657}t,\ t_2=\frac{5439213}{4657}t$$

由于$\frac{7206360}{4657}$是既约分数，所以可令 $t=4657\tau$，其中 τ 是正整数。于是得各种牛的数目为

$x_1=10366482\tau$，$y_1=7460514\tau$，$z_1=7358060\tau$，$t_1=4149387\tau$；

$x_2=7206360\tau$，$y_2=4893246\tau$，$z_2=3515820\tau$，

$t_2=5439213\tau$；$\tau=1$，2，3，…

即使 $\tau=1$，太阳神的牛最少也有 50389082 头，小小西西里岛岂能容得下 5000 多万头牛，显然这是天才的阿基米德为了戏弄厄拉多塞尼等人而杜撰的数学游艺题；从题文也可看出破绽，其已知数据为$\frac{1}{2}+\frac{1}{3}$，$\frac{1}{3}+\frac{1}{4}$，$\frac{1}{4}+\frac{1}{5}$，$\frac{1}{5}+\frac{1}{6}$，$\frac{1}{6}+\frac{1}{7}$，实际问题哪会有这么凑巧的已知数据。在本题的假设之下，各种牛的最少头数为：

白公牛：10366482，白母牛：7206360，

黑公牛：7460514，　黑母牛：4893246，

花公牛：7358060，　花母牛：3515820，

棕公牛：4149387，　棕母牛：5439213。

1.6　数学之神阿基米德

阿基米德（Archimedes，公元前 287～前 212）出生在西西里岛的叙拉古地区一个科学世家，父亲是当时有名的数学家和天文学家，阿基米德就读于亚历山大大学，是欧几里得学生的学生。他的许多学术成果是通过与亚历山大学者们的通信保存下来的。他的贡献涉及数学、力学和天文学等领域，传世的科学著作不少于 10 种，其中含有众多创造性的发现。例如《论球与圆柱》、《论螺线》、《论劈锥曲面体与球体》、《抛物线求积》、《论浮体》、《论杠杆》、《论重心》、《论平板的平衡》等等，其中有不少内容是永远闪光的精彩作品，例如《论球与圆柱》中有下列定理：

①球面积等于大圆面积的 4 倍。

②以球的大圆为底，球直径为高的圆柱体积等于球体积的$\frac{3}{2}$，其表面积是球面积的$\frac{3}{2}$。

阿基米德十分欣赏他得到的这个双$\frac{3}{2}$的和谐优美的定理，留有遗嘱要后人在他的墓碑上刻上圆柱的内切球，后人果真遵嘱实现了他的遗言。

在《论螺线》中，阿基米德定义了一种漂亮的螺线，这种阿基米德螺线的表达式为

$$\rho=a\theta$$

其中$a>0$，θ是转角（弧度制），ρ是动点向径，则从原点出发逆时针旋转一周后动点到达A点，见图1-1，阿基米德证明图中阴影区面积S是以OA为半径的圆面积的$\frac{1}{3}$，即

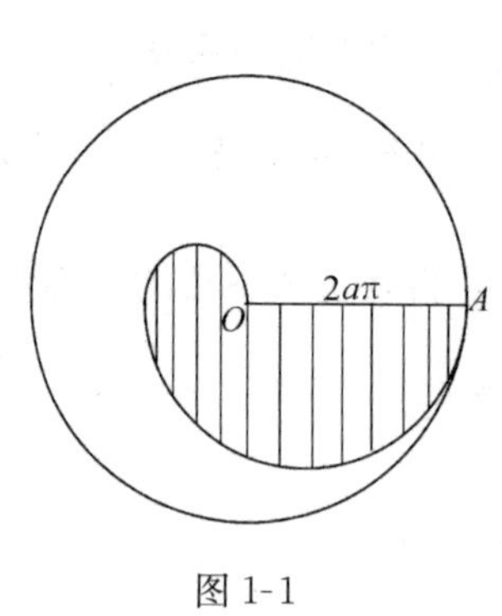

图1-1

$$S=\frac{1}{3}\pi\ (2\pi a)^2$$

$$=\frac{4}{3}a^2\pi^3$$

在《论杠杆》中，阿基米德风趣地比喻说：“给我一个立足点，我可以移动这个地球。”以此来向人们阐明杠杆的省力原理。

他的著作当中，熟练的计算技巧与严格的证明融为一体，是古代数学当中精确性与严格性相统一的典范，是古代精确科学所达到的顶峰。

叙拉古的国王亥洛是阿基米德的好朋友，据传国王亥洛令人制作了一顶王冠，他怀疑王冠不是纯金的，匠人掺了假，有一些银子熔在里边。国王无法找到真凭实据，只好请教多才善算的阿基米德来解决这一难题。阿基米德也是首次遇到如此棘手的问题，他反复思考多日，一天，阿基米德洗浴，突获灵感，赤身跑出浴池大呼“我找到（办法）了，我找到了。”他用阿基米德浮力原理解决了王冠问题。

阿基米德在《论砂粒》一文中涉及相当于10^{68}和$2^{10^{17}}$这样巨大的数，他已经明确指出没有最大的数，他说，无论多大的数都可以表示出来，他已经有了极限的思想。

阿基米德不仅是理论家，而且是实验科学家和技术专家。例如，他制造的大型透镜曾聚焦焚毁了罗马入侵者的战船，创造的投掷机把攻城敌兵打得落荒而逃，还发明过提水灌田的水泵等机械。

阿基米德是一位超凡的学者，17 岁就成了有名的科学家，他专心致志，乐以忘忧。第二次布匿战争中，罗马士兵攻占了叙拉古，冲进他家的院子，当时他正聚精会神在沙盘上研究几何图形，当罗马士兵逼近他时，他忙站起来要求来者不要干扰他的思路，而这个罗马士兵竟举刀砍杀了这位科学巨人的头颅!

数学史家普列尼在《自然史》中称阿基米德是“数学之神”，他与牛顿、欧拉、高斯并称“数坛四杰”。

1.7 草地与母牛的牛顿公式

1707 年，牛顿提出如下草地与母牛问题：

假设每头母牛每天食草量不变，每两头母牛每天食草量相等；每块草地每天长草量不变，每两块草地每天长草量相等，每块草地最初的草量一致。而且已知：

a_1 头母牛在 c_1 天之内把 b_1 块草地上的草吃光了；

a_2 头母牛在 c_2 天之内把 b_2 块草地上的草吃光了；

a_3 头母牛在 c_3 天之内把 b_3 块草地上的草吃光了。

问 a_1，a_2，a_3，b_1，b_2，b_3，c_1，c_2，c_3 有何关系。

令每块草地最初的草量为 M，每块草地每日长草量为 m，每头牛每日食草量为 q。

第 c_1 天晚上 b_1 块草地上的草被 a_1 头牛吃光，这一事实可以表示成

$$b_1M+c_1b_1m-c_1a_1q=0 \tag{1.20}$$

同理可得

$$b_2M+c_2b_2m-c_2a_2q=0 \tag{1.21}$$

$$b_3M+c_3b_3m-c_3a_3q=0 \tag{1.22}$$

从（1.20），（1.21）解得

$$M=\frac{c_1c_2\ (a_1b_2-b_1a_2)}{b_1b_2\ (c_2-c_1)}q,\ m=\frac{b_1c_2a_2-b_2c_1a_1}{b_1b_2\ (c_2-c_1)}q$$

代入（1.22）得

$$\frac{c_1c_2\ (a_1b_2-b_1a_2)}{b_1b_2\ (c_2-c_1)}qb_3+\frac{b_1c_2a_2-b_2c_1a_1}{b_1b_2\ (c_2-c_1)}qc_3b_3-c_3a_3q=0$$

$$b_3c_1c_2\ (a_1b_2-b_1a_2)\ +c_3b_3\ (b_1c_2a_2-b_2c_1a_1)\ -c_3a_3b_1b_2\ (c_2-c_1)\ =0$$

$$\begin{aligned}&a_1b_2b_3c_1c_2-a_2b_1b_3c_1c_2+a_2b_1b_3c_2c_3\\&-a_1b_2b_3c_1c_3+a_3b_1b_2c_1c_3-a_3b_1b_2c_2c_3=0\end{aligned}\qquad(1.23)$$

（1.23）可以用下面的格式表示，见图 1-2。

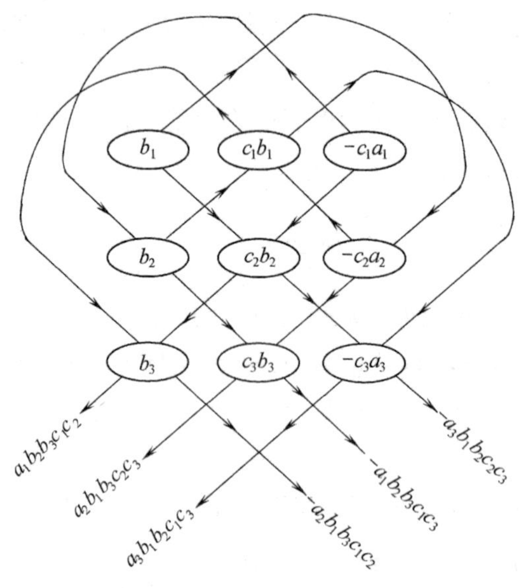

图 1-2

把（1.20），（1.21），（1.22）的系数排成三行，构成一个 3×3 的行列方块，实线串起来的三个数（右下走向）相乘，虚线串起来的三个数相乘加负号，再把此六个积相加即得关系式（1.23）的左端。图 1-2 中的行列方块叫做三阶行列式，（1.23）式是此行列式的值。

牛顿的“草地母牛公式”为三阶行列式

$$\begin{vmatrix}b_1 & b_1c_1 & -a_1c_1\\ b_2 & b_2c_2 & -a_2c_2\\ b_3 & b_3c_3 & -a_3c_3\end{vmatrix}=0\qquad(1.24)$$

或写成

$$\begin{vmatrix} b_1 & b_1c_1 & c_1a_1 \\ b_2 & b_2c_2 & c_2a_2 \\ b_3 & b_3c_3 & c_3a_3 \end{vmatrix}=0 \tag{1.25}$$

如果把（1.20），（1.21），（1.22）中的 M，m，q 视为未知数，由于 M，m，q 是正数，即（1.20），（1.21），（1.22）存在非零解；一般而言

$$\begin{cases} a_1x+b_1y+c_1z=0 \\ a_2x+b_2y+c_2z=0 \\ a_3x+b_3y+c_3z=0 \end{cases}$$

有非零解的充分必要条件是系数的三阶行式为零，即

$$\begin{vmatrix} a_1 & b_1 & c_1 \\ a_2 & b_2 & c_2 \\ a_3 & b_3 & c_3 \end{vmatrix}=0$$

这一结论还可以推广到未知数更多的方程组。

1.8 除法中的余数不可小看

今天是星期一，是本学期的第一天，第 100 天是星期几？现在是零点，100 小时之后是几点钟，等等，对这样的一些问题我们应该有兴趣，也有实用价值和理论推广价值。100÷7，商 14 余 2，余 2 就是星期二；100÷24，商 4 余 4，余 4 就是 4 点钟，推而广之，若 $m\div 7$ 与 $n\div 7$ 都余 r，今天是星期一，第 m 天和第 n 天都是星期 r，$1\leqslant r\leqslant 6$，如果 $r=0$，即除尽的情形，则第 m 天与第 n 天都是星期日。可见同样的余数代表某种相同的性质。

两个整数 m，n 同被正整数 p 来除，若余数相同，则称 m 与 n 对“模” p 是同余的，记成 $m\equiv n \pmod p$。如果 $m\equiv 0 \pmod p$，就是说 m 能被 p 整除。

（1）正整数 n 能否被 3 除尽

设 $n=a_ma_{m-1}\cdots a_0$，a 是各个数位上的数码，则仅当 $a_0+a_1+\cdots+a_m$ 能被 3 除尽时，n 才能被 3 除尽。

事实上，$n=a_m10^m+a_{m-1}10^{m-1}+\cdots+a_110+a_0$，因为 10 被 3 除余 1，或写成 $10\equiv 1 \pmod 3$；100 被 3 除余 1，写成 $100\equiv 1 \pmod 3$，…，

$10^m \equiv 1 \pmod 3$，所以 $n \equiv a_0 + a_1 + \cdots + a_m \pmod 3$，故若 $a_0 + a_1 + \cdots + a_m$ 能被 3 除尽，即 $a_0 + a_1 + \cdots + a_m \equiv 0 \pmod 3$，则 $n \equiv 0 \pmod 3$，即 n 能被 3 除尽。如果 $a_0 + a_1 + \cdots + a_m$ 不能被 3 除尽，则 n 不能被 3 除尽。

（2）正整数能被 9 除尽的充要条件是其各数字之和可被 9 除尽

（3）正整数 n 写成“千进位”形式

$n = a_m 1000^m + a_{m-1} 1000^{m-1} + \cdots + a_1 1000 + a_0$，其中 $0 \leqslant a_i < 1000$，则 n 被 7（或 11 或 13）除尽的充要条件是

$$(a_0 + a_2 + a_4 \cdots) - (a_1 + a_3 + a_5 + \cdots)$$

能被 7（或 11 或 13）除尽。

事实上，由于 1000^2 被 7 除余 1，1000 被 7 除余 -1，则 1000^{2k} 被 7 除皆余 1，1000^{2k+1} 被 7 除皆余 -1（余 -1 就是余 6）。所以

$$n \equiv (a_0 + a_2 + \cdots) - (a_1 + a_3 + \cdots) \pmod 7$$

即仅当 $(a_0 + a_2 + \cdots) - (a_1 + a_3 + \cdots)$ 被 7 除尽时，n 才能被 7 除尽。

同理可证，仅当 $(a_0 + a_2 + \cdots) - (a_1 + a_3 + \cdots)$ 被 11 或 13 除尽时，n 才能被 11 或 13 除尽。

例如，123456789，由于数字和为

$$1+2+3+4+5+6+7+8+9=45$$

45 的数字和是 9，所以 123456789 可被 3 与 9 除尽。

而 1234567891011，由于数字和为

$$1+2+3+4+5+6+7+8+9+1+1+1=48$$

48 的数字之和为 12，12 的数字之和为 3，所以 1234567891011 能被 3 除尽，但不能被 9 除尽。

又例如 $123456 = 123 \times 1000 + 456$，$a_0 = 456$，$a_1 = 123$，$a_0 - a_1 = 456 - 123 = 333$，333 不能被 7，11，13 除尽，所以 123456 也不能被 7，11，13 除尽。

同余方法还可以检验出多位数乘法的错误。

$$a = a_n 10^n + a_{n-1} 10^{n-1} + \cdots + a_1 10 + a_0$$

$$b = b_m 10^m + b_{m-1} 10^{m-1} + \cdots + b_1 10 + b_0$$

$$a \cdot b = c = c_l 10^l + c_{l-1} 10^{l-1} + \cdots + c_1 10 + c_0$$

则应有

$$(a_0+a_1+\cdots+a_n)(b_0+b_1+\cdots+b_m)$$
$$\equiv(c_0+c_1+\cdots c_l)\pmod 9$$

事实上

$$a\equiv(a_0+a_1+\cdots+a_n)\pmod 9$$
$$b\equiv(b_0+b_1+\cdots+b_m)\pmod 9$$
$$c\equiv(c_0+c_1+\cdots+c_l)\pmod 9$$

于是

$$a\equiv 9q_1+r_1,\ (a_0+a_1+\cdots+a_n)=9q_2+r_1$$
$$b\equiv 9q_3+r_2,\ (b_0+b_1+\cdots+b_m)=9q_4+r_2$$
$$c\equiv(c_0+c_1+\cdots+c_l\pmod 9))$$

由于 $ab=c$，则

$$(9q_1+r_1)(9q_3+r_2)\equiv c\equiv(c_0+c_1+\cdots+c_l)\pmod 9)$$

即

$$r_1r_2\equiv(c_0+c_1+\cdots+c_l)\pmod 9$$

而

$$(a_0+a_1+\cdots+a_n)(b_0+b_1+\cdots+b_m)=(9q_1+r_1)(9q_4+r_2)$$

所以

$$(a_0+a_1+\cdots+a_n)(b_0+b_1+\cdots+b_m)\equiv r_1r_2\pmod 9,$$

最后得

$$(a_0+a_1+\cdots+a_n)(b_0+b_1+\cdots+b_m)$$
$$\equiv(c_0+c_1+\cdots+c_l)\pmod 9\tag{1.26}$$

注意，(1.26) 是 $ab=c$ 的必要条件，(1.26) 不满足时，$ab=c$ 一定是错的，但 (1.26) 满足，未必 $ab=c$。

例如，$a=1234$，$b=5678$，问 $ab=12345678$ 是否正确?

由于 $1+2+3+4=10$，$5+6+7+8=26$，$1+2+3+4+5+6+7+8=36$，$10\times 26=260\not\equiv 36\pmod 9$，事实上 260 被 9 除余 8，而 36 可被 9 除尽，(1.26) 式不满足，所以 $ab=12345678$ 不正确。

又问：$1234\times 5678=5678432$ 是否正确?

由于 $5+6+7+8+4+3+2=35$，35 被 9 除也余 8，所以这时 (1.26) 式成立，但 $1234\times 5678=7006652$ 是真的，所以 $1234\times 5678=5678432$ 是错的。

1.9 韩信点兵，多多益善

《孙子算经》成书于公元3世纪前后，魏晋时期著名数学家刘徽曾为《孙子算经》作注，原始作者已不可考，书中有两则“妇孺皆知而乐道之”的名题，一题称为“物不知其数”，一题则是“韩信乱点兵”。“物不知其数”的解决总结出在世界数学史上影响深远的“中国剩余定理”或称“孙子定理”，比内容相同的“高斯定理”早问世1500年左右。

南宋大数学家秦九韶（约公元1202～1261）在他的巨著《数书九章》中又提出一个脍炙人口的“余米推数”问题，并总结出“大衍求一术”。

秦九韶字道古，四川安岳人，曾在川、皖等地为官，1260年贬至广东梅州，次年卒于任所。他博学多才，史称秦九韶“性极机巧，星象、音律、算术以至营建等事，无不精究”，“戏、球、马、弓、剑莫不能知”，尤其是在南宋兵荒马乱的年代，潜心研究数学，实为难能可贵。20多万字的《数书九章》是他1244～1247年为母亲守孝期间写成的，该书立论新颖，构思风趣，是我国乃至世界的数学瑰宝。美国数学史家萨顿（G. Sarton，1884～1956）说，秦九韶是“他的民族，他的时代，以致一切时期最伟大的数学家之一。”

（1）物不知其数与中国剩余定理

题曰：“今有物不知其数，三三数之余二，五五数之余三，七七数之余二，问物几何？”

宋朝时有歌谣口诀称：

三岁孩儿七十稀，
五留廿一事尤奇，
七度上元重相会，
寒食清明便可知。

其中的上元指正月十五元宵节，冬至至清明105天。

明朝程大位的歌诀则唱道：

三人同行七十稀，
五树梅花廿一枝，

七子团圆正月半，

除百零五便得知。

这两首歌谣给出的一个有效算法为：

用 70 乘三三数的余数，用 21 乘五五数之的余数，用 15 乘七七数之的余数，再把三个积相加，减去 105 的若干倍，即可得所求的数的最小值

具体计算过程是

$$2\times70+3\times21+2\times15=233$$

$$233-105=128,\ 128-105=23$$

23 即所求的物件的数目（的最小值）。

事实上，23 加上 105 的任一倍数，亦为所求，105 是 3，5，7 的最小公倍数，$105=3\times5\times7$，如果已求出一数 M，满足被 3 除余 2，被 5 除余 3，被 7 除余 2，则 $M-105k$ 仍然有上述余数，所以有第四句“除百零五便得知”，这里的“除”字是删除，即减去的意思。

在 $2\times70+3\times21+2\times15$ 式中，3×21 中的 $21=3\times7$，2×15 中的 $15=3\times5$，所以 $3\times21+2\times15$ 可被 3 除尽，2×70 中的 $70=2\times(5\times7)$，被 3 除余 2，所以 $2\times70+3\times21+2\times15$ 被 3 除余 2，相似地可以看出此式被 5 除余 3，被 7 除余 2。所以 $2\times70+3\times21+2\times15$ 是所求之数。用同余的记号写，即

$$70\equiv1\ (\mathrm{mod}\ 3),\ 21\equiv1\ (\mathrm{mod}\ 5),\ 15\equiv1\ (\mathrm{mod}\ 7)$$

此实例总结成如下的孙子定理：

设 m_1，m_2，…，m_k 是两两互素的正整数，$m=m_1m_2\cdots m_k$，$m=m_iM_i$，$i=1$，2，…，k，则满足下列方程

$x\equiv b_1\ (\mathrm{mod}\ m_1)$，$x\equiv b_2\ (\mathrm{mod}\ m_2)$，…，$x\equiv b_k\ (\mathrm{mod}\ m_k)$的解为

$$x\equiv M'_1M_1b_1+M'_2M_2b_2+\cdots+M'_kM_kb_k\ (\mathrm{mod}\ m)$$

其中 $M'_iM_i\equiv1\ (\mathrm{mod}\ m_i)$，$i=1$，2，…，$k$。

在“物不知其数”一题中，$m_1=3$，$m_2=5$，$m_3=7$，$k=3$，m_1，m_2，m_3两两互素，即每两个都没有不为 1 的公因数。$m=m_1m_2m_3=3\times5\times7=105$，$105=m_1M_1$，故 $M_1=35$，$105=m_2M_2$，故 $M_2=21$，$105=m_3M_3$，故 $M_3=15$。又要求 $M'_iM_i\equiv1\ (\mathrm{mod}\ m_i)$；$35M'_1\equiv1\ (\mathrm{mod}\ 3)$，故 $M_1'=2$，$21M'_2\equiv1\ (\mathrm{mod}\ 5)$，则 $M'_2=1$，$15M'_3=1\ (\mathrm{mod}\ 7)$，故

$M'_3=1$，于是

$$x\equiv 2\times 35\times 2+1\times 21\times 3+1\times 15\times 2\equiv 233\equiv 23\pmod{105}$$

用《孙子算经》的这种算法，还可解决韩信点兵问题。

（2）韩信乱点兵

据司马迁《史记》："淮阴侯列传第三十二"与"韩信卢绾列传第三十三"载，"韩信者，淮阴人也，始为布衣时，贫无行，不得推择为吏，又不能治生商贾，常从人寄食饮，人多厌之。"足见其贫贱之身世，被人欺凌，受过"胯下之辱"，后发奋习武，熟读兵书，成为统率刘邦全军的元帅，助佐刘邦得天下，可恨刘邦过河拆桥，欲车裂韩信，韩信留下"狡兔死，走狗烹；高鸟尽，良弓藏，敌国破，谋臣亡"的千古哀怨！帝王之中，有几个不是无赖?！假设韩信自幼立志于数学，也许会对人类做出更大的贡献。下面是《孙子算经》上所载"韩信乱点兵"的名题：

韩信有兵一队，若列为五行纵队，则末行一人，成六行纵队，则末行五人，成七行纵队，则末行四人，成十一行纵队，则末行十人，求兵数。

军师答曰："两千一百一十一人或加若干倍的两千三百一十人。"韩信笑曰："多多益善！"

韩信点兵的数学模型是求下列方程的解

$x\equiv 1\pmod 5$，$x\equiv 5\pmod 6$，$x\equiv 4\pmod 7$，$x\equiv 10\pmod{11}$

按孙子定理的记号，$m_1=5$，$m_2=6$，$m_3=7$，$m_4=11$，m_1，m_2，m_3，m_4 两两互素，$m=5\times 6\times 7\times 11=2310$，$M_1=6\times 7\times 11=462$，$M_2=5\times 7\times 11=385$，$M_3=5\times 6\times 11=330$，$M_4=5\times 6\times 7=210$，又要求 $M'_iM_i\equiv 1\pmod{m_i}$，$i=1,2,3,4$，得 $M'_2=M'_3=M'_4=1$，$M'_1=3$，$b_1=1$，$b_2=5$，$b_3=4$，$b_4=10$，于是

$$\begin{aligned}x&\equiv M'_1M_1\times 1+M'_2M_2\times 5+M'_3M_3\times 4+M'_4M_4\times 10\\&\equiv 462\times 3\times 1+1\times 385\times 5+1\times 330\times 4+1\times 210\times 10\\&\equiv 1386+1925+1320+2100\\&\equiv 6731\equiv 2111\pmod{2310}\end{aligned}$$

即韩信的兵有 $2111+k2310$，k 是非负整数。

（3）余米推数

题曰："米铺被盗，去米一般三箩，皆适满，不记细数。今左壁箩

剩一合，中壁箩剩一升四合，右壁箩剩一合。后获贼系甲乙丙三人，甲称当夜摸得马杓，在左壁箩舀入布袋；乙称踢着木履，在中壁箩舀入袋；丙称摸得漆碗，在右壁箩舀入袋，将归食用，日久不知数。索到三器，马杓容满一升九合，木履容一升七合，漆碗容一升二合，欲知所失米数，计赃结断，三盗各几何?”

“合”读 gě（同音葛），十勺为一合，十合为一升；量米器具，由竹木制成，方形或筒形，装满粮食恰为一合。

用现代汉语来讲，题文为：“一米店被盗，米店原有三个装满米的箩，三个箩容量相等，被偷后，左边箩里剩下一合米，中间箩里剩下一升四合米，右边箩里剩下一合米。后把甲乙丙三个小偷抓获，甲供认当夜摸到一只马杓，从左边箩里把米舀入他的布袋；乙供认踢着了一只木鞋，就用木鞋从中间箩里把米舀入他的布袋；丙供认他摸到一只漆碗，用此碗把右边箩里的米舀入他的布袋。三个小偷把盗得的米背回各自的家中食用，他们也糊里糊涂，不知当初偷来了多少米。后经判官索验物证，查明那只马杓可容一升九合，木鞋可容一升七合，漆碗可容一升二合，于是按每个小偷盗去的米的数量给予应得之惩处。问三人各偷去多少米?”

此题的数学模型是：设 x 是箩的容量，以合为单位，欲求的是下面方程的解

$$x \equiv 1 \pmod{19},\ x \equiv 14 \pmod{17},\ x \equiv 1 \pmod{12}$$

引用孙子定理的记号，$m_1=19$，$m_2=17$，$m_3=12$，m_1，m_2，m_3 两两互素；$m=m_1m_2m_3=3876$，$M_1=204$，$M_2=228$，$M_3=323$，$M'_1=15$，$M'_2=5$，$M'_3=11$，$b_1=1$，$b_2=14$，$b_3=1$。于是

$$\begin{aligned} x &\equiv M_1M'_1\times 1+M_2M'_2\times 14+M_3M'_3\times 1 \\ &=3060+15960+3553\equiv 22573\equiv 3193 \pmod{3876} \end{aligned}$$

即每箩至少装米 3193 合，甲盗走的米为 3193－1＝3192 合，乙盗走的米为 3193－14＝3179 合，丙盗走的米为 3192 合。三个小偷盗走的米都不少，也差不太多，应各打四十大板，并处相当于 3000 多合米的罚金。

1.10 素数的故事

(1) 名不符实的冠名

素数并不素，它的定义和名称似乎给人一种印象，认为素数是质朴

简单的一种最基本的数，其实算术中麻烦事大都是由它惹起的。例如，我们知道的哥德巴赫猜想和孪生素数的黎曼猜想；1989 年，Amdabl Six 小组在美国加利福尼亚圣克拉大学用 Amdabl 1200 超级计算机捕捉到一对孪生素数

$$1706595 \times 2^{11235} \pm 1$$

可见素数名不符实。

还有一个在数学史上贻笑大方的名不符实的故事是关于威尔逊定理的事。有一个关于素数的定理，用英国法官威尔逊（J. Wilson，1741～1793）冠名。

威尔逊定理：若 p 为素数，则 p 可整除 $(p-1)!+1$；若 p 为合数，则 p 不能整除 $(p-1)!+1$。

事实上，这条定理是莱布尼茨首先发现，后经拉格朗日证明的；威尔逊的一位擅长拍马屁的朋友沃润（E. Waring）于 1770 年出版的一本书中却吹虚说是威尔逊发现的这一定理，而且还宣称这个定理永远不会被证明，因为人类没有好的符号来处理素数，这种话传到高斯的耳朵里，当时高斯也不知道拉格朗日证明了这一定理，高斯在黑板前站着想了 5 分钟，就向告诉他这一消息的人证明了这一定理，高斯批评威尔逊说："他缺乏的不是符号而是概念。"

两百多年来，全世界的数论教科书上都照样把这一定理称为威尔逊定理，看来还历史以本来面貌，更换本定理的冠名已无必要，也不易纠正这么多年来文献与教材上的称呼了。

威尔逊定理应用很广，例如对较大的素数 p，我们虽然无力算出 $(p-1)!$ 的值，但却知道 $(p-1)!$ 被 p 除的余数是 -1 或 $p-1$。事实上，由于 $(p-1)!+1$ 可被 p 整除，则存在自然数 n，使得 $(p-1)!+1=np$，$(p-1)!=np-1=(n-1)p+(p-1)$，所以 $(p-1)!$ 被 p 除的余数是 -1 或 $p-1$。

由于威尔逊定理戏剧性的冠名以及它的内容的重要性，难怪有人戏称："如果一个人不知道威尔逊定理，那他就白学了算术。"

下面介绍威尔逊定理的一种证明：

设 p 是素数，$p=2$ 时，定理成立不足道。对于奇素数，令 $a \in A=\{2, 3, \cdots, p-2\}$，则 $B=\{a, 2a, 3a, \cdots, (p-1)a\}$ 中不会有对

于除数 p 同余的两个数；事实上，若 αa，$\beta a\in B$，$\alpha a\equiv\beta a\pmod p$，则 $a\mid\alpha-\beta\mid$ 可被 p 除尽，而 $\mid\alpha-\beta\mid a\in B$，但 B 中数不可能被 p 除尽。于是 B 中数被 p 除得到的余数形成的集合 $C=\{1, 2, \cdots, p-1\}$。

设 B 中被 p 除余 1 的数是 γa：

①若 $\gamma=1$，则 $\gamma a=a$，γa 被 p 除余 a，又 $a\geqslant 2$，与 $\gamma a\equiv 1\pmod p$ 矛盾，故 $\gamma\neq 1$。

②若 $\gamma=p-1$，则 $\gamma a=pa-a$，它被 p 除余 a，所以 $\gamma\neq p-1$。

③若 $\gamma=a$，则 $\gamma a=a^2$，由于 $a^2\equiv 1\pmod p$，故应有 $a^2-1=(a+1)\cdot(a-1)\equiv 0\pmod p$，这只能是 $a=1$ 或 $a=p-1$，此与 $a\in A$ 矛盾，故 $\gamma\neq a$。

由①，②，③知 $\gamma\neq a$，且 $\gamma\in A$。

a 不同时，γ 亦相异；若 $a_1\neq a_2$，a_1，$a_2\in A$，且 $\gamma a_1\equiv\gamma a_2\equiv 1\pmod p$，因 γa_1，$\gamma a_2\in B$，而 B 中数关于 mod p 不同余，可见 $a_1\neq a_2$，则 $\gamma_1\neq\gamma_2$。

依次取 a 为 2，3，…，$\frac{p-1}{2}$；使 $\gamma a\equiv 1\pmod p$ 的数 γ 分别为 $\frac{p-1}{2}+1$，$\frac{p-1}{2}+2$，…，$p-2$，即

$$2\times\left(\frac{p-1}{2}+1\right)\equiv 3\times\left(\frac{p-1}{2}+2\right)\equiv\cdots\equiv\frac{p-1}{2}(p-2)\equiv 1\pmod p$$

从而

$$\left[2\times\left(\frac{p-1}{2}+1\right)\right]\left[3\times\left(\frac{p-1}{2}+2\right)\right]\cdots\left[\frac{p-1}{2}(p-2)\right]\equiv 1\pmod p$$

$$2\cdot 3\cdot\cdots(p-2)\equiv 1\pmod p$$

又 $p-1\equiv -1\pmod p$，则

$$(p-1)!=1\cdot 2\cdot 3\cdot\cdots\cdot(p-2)(p-1)\equiv -1\pmod p$$

从而 $(p-1)!+1$ 可被 p 除尽。

若 p 是合数，p 有因数 q，$1<q\leqslant p-1$，从而 $(p-1)!$ 可被 q 整除；$(p-1)!+1$ 不能被 q 整除，亦不能被 p 整除。

(2) 不能实施的素数判别法

威尔逊定理给出了一个判别法：

整数 $p\geqslant 2$ 是素数当且仅当 $(p-1)!+1$ 可被 p 整除。

从字面上看，这个定理已经明白无误地给出了一个简洁的 $+-\times\div$ 算法，可以判断任何一个正整数是不是素数。可惜 $(p-1)!$ 太无情了，使得我们没有那么多时间和抄写空间（纸张或计算机内存）来弄清 $(p-1)!$ 是几！例如 1876 年，法国数学家卢卡斯（A. Lucas）用手和笔发现了一个 39 位的素数

$$\begin{aligned}p&=2^{127}-1\\&=170141183460469231731687303715884105727\end{aligned}$$

即使有朝一日某国某人算出了 $[(2^{127}-1)-1]!$，以每页书可排 2000 个阿拉伯数字计算，$[(2^{127}-1)-1]!$ 可以印成 500 页的书至少 2×10^{33} 本，比全世界的总藏书量还多得多！何况，还有比 $2^{127}-1$ 更大的素数待判定呢！

可见，威尔逊定理只有理论的价值，是一个无实施价值的判别法，或者说，它是一个无效的坏算法。

我们渴望设计出有效算法来判别任给的正整数是否是素数。这种迫切性从费马数和哥德巴赫猜想等问题上，可以感觉到。

所谓费马数，是指形如

$$F_n=2^{2^n}+1$$

的数，其中 $n=0$，1，2，…

$$F_0=3,\ F_1=5,\ F_2=17,\ F_3=257,\ F_4=65537,$$
$$F_5=4294967297$$

F_0 到 F_4 容易判定它们都是素数，F_5 是 42 亿多的大数，费马当年无力判断 F_5 是否素数，他只是大胆猜想 F_n 每个都是素数。1732 年，欧拉算出 $F_5=641\times 6700417$，从而否定了费马关于费马数素性的猜想。

1880 年，法国数学家卢卡斯算出

$$F_6=274177\times 67280421310721$$

1971 年，有人对 F_7 得出素因子分解，1981 年，有人得出 F_8 的素因子分解。

1980 年，有人得出 F_{9448} 的一个因子是

$$19\times 2^{9450}+1$$

1984 年，有人得出 F_{23471} 的一个因子是

$$5\times2^{23473}+1$$

1986 年，有人用超级计算机连续运算十天得知 F_{20} 是合数。

至今知道的素费马数还只是 F_0，F_1，F_2，F_3，F_4。

这个问题不能彻底解决的要害是今日没有搞出判别素数的有效算法，也有一种潜在的厄运，那就是判定一个数是否是素数和移动河内塔上的盘子一样，本质上就不存在有效算法。

(3) 素数病毒越来越多

把 π 的小数点删去，π 就改写成了一个阿拉伯数字的无穷序列，问：长几的前缀是素数？

例如，3 与 31 是素数；314159 是第三个素前缀；1979 年美国数学家贝利（R. Baillie）等人发现 π 上的第四个素前缀

31415926535897932384626433832795028841

敢问：π 还有第五个素前缀吗？第六个，第七个…… 呢？

把 π 换成 e，换成 $\sqrt{2}$，$\sqrt{3}$，…，$\sqrt[3]{2}$，$\sqrt[3]{3}$… lg2，lg3…再问同类问题，又该怎么解答呢？

即使是温和一些的问题，例如下面问题仍然是悬案

$$\underbrace{11\cdots1}_{n\text{个}1}=10^{n-1}+10^{n-2}+\cdots+10+1=\frac{1}{9}(10^n-1)$$

当 n 为素数时，例如 $\frac{1}{9}(10^{47}-1)$，$\frac{1}{9}(10^{59}-1)$，$\frac{1}{9}(10^{71}-1)$，$\frac{1}{9}(10^{73}-1)$，$\frac{1}{9}(10^{83}-1)$，$\frac{1}{9}(10^{97}-1)$ 等等，是否是素数？或更一般地，问 $\underbrace{11\cdots11}_{n\text{个}1}$ 是否是素数？

其中 n 为任意指定的自然数。

真是心血来潮，随便一问就会难倒人！这样提出问题会使人对素数产生一种反感。在形形色色应接不暇的问题当中，似应首选那些具有重要应用背景或理论背景，又有能力解决的问题去研究。

(4) 重要的问题是落实算术基本定理

算术基本定理告知，任一大于 1 的整数都可以唯一地表示成某些素数的乘积，即 $n=p_1p_2\cdots p_m$，其中 n 是任意给定的大于 1 的整数，p_1，

p_2，…，p_m 是被 n 唯一确定的素数。

问题是，如何由 n 具体地求出 p_1，p_2，…，p_m？

这是一个有重要实用背景和计算机计算的时间复杂度理论背景的大问题。是数论的中心课题之一，也是计算机科学的主攻方向之一。

假设某年某人设计出了一个有效算法，能在多项式时间内求得 $n=p_1p_2\cdots p_m$ 中的 p_1，p_2，…，p_m 的值，那么当 n 是素数时，n 就是 p_1，即此算法可以有效地判定素数，从而可以在多项式时间内解决前面提出的诸多问题，例如费马数 F_n 是否素数（n 是任意给定的自然数），以及无理数（例如 π）的前缀是否素数等问题。这里说的“多项式时间”是指对一个问题，存在一个多项式 $p(n)$，n 是要判定的整数的输入长，即它的位数的一个倍数。

在实用上，例如在保密通讯与密码破译当中，需要对大合数进行素因子分解，一般这种大合数有百位之大，所以目前各军事大国都集大量人力物力，研究这种合数素分解问题，但至今并未听说有明显进展。

素数判定和合数素分解，可能类似与求拉姆赛数那样，一个数一个搞法，不能形成普遍的有效算法，这就太不好办了。

如果真搞出素分解算法，则对任给定的大偶数，可以在多项式时间内表示成两个素数之和或发现哥德巴赫猜想的反例。事实上，对于任意的 $2k$，表示成 $1+(2k-1)$，$2+(2k-2)$，$3+(2k-3)$，…，对这些和中的每对数加以判定，若都是素数，则可把 $2k$ 表示成两素数之和，否则就反驳了哥德巴赫。

我们期望的这种素分解的有效算法能解决这么多非常之难的问题，可见设计出它的难度是诸多数论难题难度之集大成，即使这种算法存在，也是十分之难以设计出来，我们甚至还应想到它根本就不存在，以避免望梅止渴，水中索月。

1.11 生产全体素数

随便拿出一个自然数，问我们是不是素数，一般是无言以对的，但却有一个公式，以自然数对为双亲，从理论上说，能生育出所有的素数：

$$f(m,n)=\frac{n-1}{2}(|[m(n+1)-(n!+1)]^2-1|-$$

$$\{[m(n+1)-(n!+1)]^2-1\})+2$$

是素数，其中 m，n 是自然数，且 $f(m,n)$ 的值域是全体素数。

这个公式的证明很容易。事实上，若 $[m(n+1)-(n!+1)]^2\geqslant 1$，则$f(m,n)=2$，得到素数。若 $[m(n+1)-(n!+1)]^2=0$，则 $f(m,n)=n+1$，又 $m(n+1)-(n!+1)=0$，$m(n+1)=n!+1$。即 $n+1$ 可整除 $n!+1$，由威尔逊定理，$n+1$ 是素数，即 $f(m,n)$ 也算出素数，至此知 $f(m,n)$ 只能是素数。

下证 $f(m,n)$ 的值域是全体素数集合。

任取定一素数 p，由威尔逊定理，$(p-1)!+1$ 被 p 整除，取

$$n=p-1,\ m=\frac{1}{p}[(p-1)!+1]$$

则

$$mp=(p-1)!+1,\ n+1=p$$

$$m(n+1)=mp=(p-1)!+1=n!+1$$

于是 $m(n+1)-(n!+1)=0$，$f(m,n)=n+1=p$，由 p 的任意性知 $f(m,n)$ 的值域是全体素数的集合。

还可以证明，每个奇素数，$f(m,n)$ 恰取到一次。

事实上

$$f(m,n)=\begin{cases}2,[m(n+1)-(n!+1)]^2\geqslant 1\\ n+1,m(n+1)=n!+1\end{cases}$$

$f(m,n)$ 取到的奇素数中形如 $p=n+1$，在使 $f(m,n)=n+1$ 的数组 (m,n) 中，只有 $n=p-1$，这时 $m(n+1)=n!+1$，$m=\frac{n!+1}{n+1}$，于是 $(m,n)=\left(\frac{n!+1}{n+1},n\right)=\left(\frac{(p-1)!+1}{p},p-1\right)$ 是唯一的使 $f(m,n)=p=n+1$ 的一对自然数 m，n。

公式 $f(m,n)$ 给出了产生全体素数的一个算法，只可惜它其实是个坏算法，为计算出奇素数 p，要计算 $(p-1)!$，p 很大时，$(p-1)!$ 实际上是算不出来的，空间和时间都不够用；而且这个公式还有一个讨厌的地方，就是大多数情形，算出的都是 2 这个最小素数。

看起来，如何产生素数，如何鉴别素数，仍然是困扰数学家的严重课题。

1.12 算术小魔术

(1) 立方和等于和平方

法国著名数学家刘维尔(J. Liouville,1809~1882)说:4 的因数有1,2,4,这些因数的因数个数分别是 1,2,3,再看 $1^3+2^3+3^3=1+8+27=36=(1+2+3)^2$,这恰为公式

$$(1+2+3+\cdots+n)^2=1^3+2^3+\cdots+n^3$$

的特例。一般而言,任取一自然数 N,它的因数有 1,n_1,n_2,…,n_k,N,这些因数的因数个数分别为 1,m_1,m_2,…,m_k,$k+2$,是否公式

$$\begin{aligned}&1^3+m_1^3+m_2^3+\cdots+m_k^3+(k+2)^3\\&=(1+m_1+m_2+\cdots+m_k+k+2)^2\end{aligned}$$

成立!

下面把上述“戏法”表演如下:

1: 因数为 1;因数的因数个数为 1

$$1^3=1^2$$

2: 因数为 1,2;因数的因数个数分别为 1,2

$$1^3+2^3=9=(1+2)^2$$

3: 因数为 1,3;因数的因数个数分别为 1,2

$$1^3+2^3=(1+2)^2=9$$

5: 因数为 1,5;因数的因数个数分别为 1,2

$$1^3+2^3=(1+2)^2=9$$

6: 因数为 1,2,3,6;因数的因数个数分别为 1,2,2,4,

$$1^3+2^3+2^3+4^3=81=(1+2+2+4)^2$$

我们发现,上述规律对素数 p 是永远成立的,事实上,素数 p 的因数为 1 与 p,因数的因数个数分别为 1,2,$1^3+2^3=(1+2)^2=9$。

下面只对合数来验证。

8: 因数为 1,2,4,8;因数的因数个数分别为 1,2,3,4

$$1^3+2^3+3^3+4^3=(1+2+3+4)^2=100$$

100: 因数为 1,2,4,5,10,20,25,50,100;因数的因数个数分别为 1,2,3,2,4,6,3,6,9

$$1^3+2^3+3^3+2^3+4^3+6^3+3^3+6^3+9^3$$
$$=1+8+27+8+64+216+27+216+729=1296$$
$$(1+2+3+2+4+6+3+6+9)^2=1296$$

(2) 6174 号陷阱

任取一个四位数 $A_1A_2A_3A_4$，A_1，A_2，A_3，A_4 不全相等，用 A_1，A_2，A_3，A_4 这 4 个数字排出一个最大四位数，再排出一个最小自然数，对两者之差再重复这种操作，结果如何？

1234：　用 1，2，3，4 组成的最大的数为 4321，最小的数为 1234，差为

$$4321-1234=3087$$

3087：　重复上述操作得

$$8730-378=8352$$

8352：　重复上述操作得

$$8532-2358=6174$$

6174：　重复上述操作得

$$7641-1467=6174$$

再重复进行上述操作，永远得出 6174，至此已落入“6174 号陷阱”！6174 成了“不动点”。

再看 9990

9990：　$9990-999=8991$

8991：　$9981-1899=8082$

8028：　$8820-288=8532$

8532：　$8532-2358=6174$

经上述四步即掉入 6174 号陷阱。

最后再看一个实例 8964：

8964：　$9864-4689=5175$

5175：　$7551-1557=5994$

5994：　$9954-4599=5355$

5355：　$5553-3555=1998$

1998：　$9981-1899=8082$

8082：　$8820-288=8532$

8532：　$8532-2358=6174$

经七步终于掉入 6174 号陷阱。

可以证明最多经过七步，运算结果必掉入 6174 号陷阱，即任意四位数，只要其数字不全相等，则“由这四个数字组成的最大数与最小数之差”的反复操作，在七步之内必得出 6174，之后再执行上述运算，则永远得出 6174。上述实例 8964 已是最复杂的陷阱了（要经过七步才陷入）。

（3）数字的平方和非 1 则 4

任取定一个自然数，求其数字平方和，再求所得结果的数字平方和，反复执行，最终结果是几？

1：　$1^2=1$

2：　$2^2=4$，$4^2=16$，$1^2+6^2=37$，$3^2+7^2=58$，$5^2+8^2=89$，

$8^2+9^2=145$，$1^2+4^2+5^2=42$，$4^2+2^2=20$，$2^2+0^2=4$

可见从 2 开始，会反复（周期地）出现结果 4 和 4，16，37，58，89，145，42，20 的循环。

3：　$3^2=9$，$9^2=81$，$1^2+8^2=65$，$6^2+5^2=61$，

$1^2+6^2=37$

从此进入从 2 开始的运算，可见从 3 开始，会进入 4，16，37，58，89，145，42，20 的循环。

看一个较大数 12345678：

$$\begin{aligned}&1^2+2^2+3^2+4^2+5^2+6^2+7^2+8^2\\=&1+4+9+16+25+36+49+64\\=&204\end{aligned}$$

$2^2+4^2=20$，从此进入从 2 开始的过程，变成 4，16，37，58，89，145，42，20 的循环。

可以证明最终结果对任何自然数不是 1 就是 4，16，37，58，89，145，42，20 的循环。

结果为 1 的实例也不少，例如非零数字是一个 6 与一个 8 的自然数或非零数字是四个 5 的自然数。

（4）外接正方形四个顶点皆为零

作一个正方形的外接正方形，使两者的边呈 45°角，再如此依次作

外接正方形，如图 1-3。我们首先在原始正方形的四个顶点任意写上四个自然数，在其外接正方形的每个顶点上写出它与其内接正方形相邻的顶上数字之差的绝对值，如此递推，有限次之后，则会出现外接正方形四个顶上皆为零的结果。

例如原始正方形四顶上写的是 1966，经过四轮演化，最后四顶处皆变成零！见图 1-3。

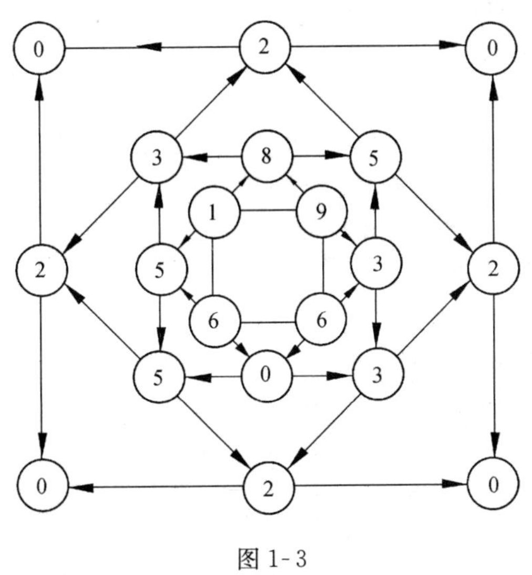

图 1-3

不信，你在原始正方形的四角顶任意写别的自然数，例如 1，9，8，9 试试看，也会是零结果。

以上四个小魔术的证明不是很难，动点脑筋，＋，－，×算一算而已，有时间的读者可以自己写出证明。

1.13 自然数三角阵揭秘

把自然数集合排列成如下的三角阵，排列

```
                                        ⋰
                                    82  …
                                65  83  …
                            50  66  84  …
                        37  51  67  85  …
                    26  38  52  68  86  …
                17  27  39  53  69  87  …
            10  18  28  40  54  70  88  …
         5  11  19  29  41  55  71  89  …
      2  6  12  20  30  42  56  72  90  …
   1  3  7  13  21  31  43  57  73  91  …
      4  8  14  22  32  44  58  74  92  …
         9  15  23  33  45  59  75  93  …
            16  24  34  46  60  76  94  …
                25  35  47  61  77  95  …
                    36  48  62  78  96  …
                        49  63  79  97  …
                            64  80  98  …
                                81  99  …
                                   100  …
                                        ⋱
```

方式很简单：第 1 列为 1；第 2 列为 2，3，4；第 3 列为 5，6，7，8，9，每列比前一列多排两个数，一列接一列地读下去，恰读出自然数序列，形成一个三角阵，“1 当头的行”是此三角阵的对称轴。

这个三角阵里的故事很多，我们仔细观察，就会发现它们：

①每一行和每一斜行相邻两数的差可排成公差是 2 的等差数列。

例如横行 1，3，7，13，21，31，……相邻两数的差的数列是

$$2,\ 4,\ 6,\ 8,\ 10,\ \cdots \tag{1.27}$$

斜行 3，6，11，18，27，38，51，66，……相邻两数的差的数列是

$$3,\ 5,\ 7,\ 9,\ 11,\ 13,\ 15,\ \cdots \tag{1.28}$$

式 (1.27)，(1.28) 都是公差是 2 的等差数列。

②每横行开头是奇数时，全行皆奇数；开头是偶数时，全行皆

偶数。

③相邻两列每对左右相邻的数之差是常数。例如 17 开头和 26 开头的两列，17 与 27，18 与 28，19 与 29，20 与 30，……都相差 10。

④相邻的两横行上下相邻的两数之差是常数。

⑤斜下方边界上的一行是自然数的平方组成的数列，1，4，9，16，25，…

事实上，它的第 n 个数是这个数所在的一个三角形中最大的数，而这个三角形可以改排成 $n\times n$ 的正方形，所以这个数是 n^2。

⑥1 开头的横行中的数皆形如 n^2-n+1，n 是该数的项号码。

例如 $1=1^2-1+1$，$3=2^2-2+1$，$7=3^2-3+1$，$13=4^2-4+1$，等等。

事实上，由①，第 n 项为

$1+2+4+6+\cdots+(n-1)\ 2=n^2-n+1$

⑦1 开头的横行中，若视 7 为第一项，则第 $3k$ 项皆 3 的倍数，$k=1，2，\cdots$

事实上，这种项为 $3k+2$ 号位置，即 $n=3k+2$，n 是此行的项号。由⑥知这种项的值是

$$(3k+2)^2-(3k+2)+1=9k^2+9k+3$$

所以是 3 的倍数。

⑧在 1 开头的横行中，若视 13 为第一项，则第 $7k$ 项皆 7 的倍数，$k=1，2，\cdots$

⑨在 1 开头的横行中，若视 21 为第一项，则第 $13k$ 项皆 13 的倍数，$k=1，2，\cdots$

一般而言，设 m 是 1 开头的横行中的一个数，它在此行中的项号为 n，视原第 $n+1$ 项为（$k=1$）第一项，则第 mk 项皆 m 的倍数，$k=1，2，\cdots$

事实上，新编号码的第 mk 项，相当于原号码的第 $mk+n$ 项，此项的值为

$$\begin{aligned}&(mk+n)^2-(mk+n)+1\\=&m^2k^2+2nmk+n^2-mk-n+1\\=&(m^2k^2+2nmk-mk)+(n^2-n+1)\\=&m^2k^2+2nmk-mk+m\end{aligned}$$

此数是 m 的倍数。

即由 1 开头的横行中，每个数的倍数周期性地出现，周期恰为该数本身。

⑩由 1 开头的这一横行中任相邻两数之积仍在此行中，此积在行中的项号是两因数中较小者所在的列的底部的平方数加 1。

例如 $3\times7=21$，在此行中，3 的底部是 4，$4+1=5$，即 21 在第 5 项。

事实上，第 n 位的数是 n^2-n+1，第 $n+1$ 位的数是 $(n+1)^2-(n+1)+1$，它们的积为

$$
\begin{aligned}
&[n^2-n+1][(n+1)^2-(n+1)+1]\\
=&(n^2-n+1)(n^2+n+1)=(n^2+1)^2-n^2\\
=&(n^2+1)^2-(n^2+1)+1
\end{aligned}
$$

即此积在第 n^2+1 项，是两个乘数中较小数 n^2-n+1 的底部平方数 n^2 加 1。

对其他的横行也可讨论相应的规律。

这个三角阵写起来倒是容易，它身上却包藏了如此之丰富的规律性；再回想我们随手写出的一个高次代数方程，写起来当然只是举手之劳，但讨论它是否有实根等问题时，却不是等闲之事了；还有，我们随便写一个函数值，例如 $\sin\alpha$，$\lg A$，α，A 是给定正数，怎样判定它是无理数还是有理数呢?

貌似平凡简单的事物当中往往含有深刻复杂的数学内容，数学家不愁无事可干。

1.14　一种加法密码

我军司令部收到我特工人员从敌军阵地发回的信号抄收如下：

0 0 1 1 0 1 0 0 1 0 1 0 1 0 1 1 0 1 1
1 1 0 0 0 0 0 1 1 1 0 0 1 1 1 1 0 0 0
1 0 1 0 1 0 1 1 0 0 0 0 1 1 0 1 1 1 0
1 1 0 1 0 0 1 0 0 1 1 1 0 1 1 1 0 0 0
0 1 1 1 1 0 0 1 1 1 1 1 1 0 1 0 1 0 1
0 1 1 1 1 1 0 0 1 1 1 0 0 1 0 0 1 1 1
1 1 1 0 0 0 1 0 1 0 1 0 1 1 1 0 1 1 0
1 1

我司令部收报员立刻向首长报告了电文的中译内容：

柳暗花明又一村

司令员明白这是特工人员克服了重重困难已按领导部署完成了任务。

那么这份密电的发收人员是凭什么收发的呢？原来他们手中都握有一份绝密的密码簿，一般密码簿都十分烦琐，是一本书状的本子，而这种密码簿仅仅是如 40 页的一张卡片。

我们把上面密码卡上竖列的 5 个数从上向下为序记成 α_1，α_2，α_3，α_4，α_5，则此列的号码恰为

$$\alpha_1+2\alpha_2+4\alpha_3+8\alpha_4+16\alpha_5 \tag{1.29}$$

例如第十列为 $\alpha_1=0$，$\alpha_2=1$，$\alpha_3=0$，$\alpha_4=1$，$\alpha_5=0$，所以（1.29）式算出 $2+8=10$，恰为该列号码 10。对于（1.29）式，我们改写成

$$\begin{aligned}&\alpha_1+2\alpha_2+4\alpha_3+8\alpha_4+16\alpha_5\\&=(\alpha_1,\ \alpha_2,\ \alpha_3,\ \alpha_4,\ \alpha_5)\cdot(1,\ 2,\ 4,\ 8,\ 16)\end{aligned} \tag{1.30}$$

下面用公式（1.30）来算抄得的信号，5 个码为一段，得出

$(0,\ 0,\ 1,\ 1,\ 0)\cdot(1,\ 2,\ 4,\ 8,\ 16)=4+8=12=L$

$(1,\ 0,\ 0,\ 1,\ 0)\cdot(1,\ 2,\ 4,\ 8,\ 16)=1+8=9=I$

$(1,\ 0,\ 1,\ 0,\ 1)\cdot(1,\ 2,\ 4,\ 8,\ 16)=1+4+16=21=U$

$(1,\ 0,\ 1,\ 1,\ 1)\cdot(1,\ 2,\ 4,\ 8,\ 16)=1+4+8+16=29=$ˇ

$(1,\ 0,\ 0,\ 0,\ 0)\cdot(1,\ 2,\ 4,\ 8,\ 16)=1=A$

$(0,\ 1,\ 1,\ 1,\ 0)\cdot(1,\ 2,\ 4,\ 8,\ 16)=2+4+8=14=N$

$(0,\ 1,\ 1,\ 1,\ 1)\cdot(1,\ 2,\ 4,\ 8,\ 16)=2+4+8+16=30=$ˋ

$(0,\ 0,\ 0,\ 1,\ 0)\cdot(1,\ 2,\ 4,\ 8,\ 16)=8=H$

$(1,\ 0,\ 1,\ 0,\ 1)\cdot(1,\ 2,\ 4,\ 8,\ 16)=1+4+16=21=U$

$(1,\ 0,\ 0,\ 0,\ 0)\cdot(1,\ 2,\ 4,\ 8,\ 16)=1=A$

$(1,\ 1,\ 0,\ 1,\ 1)\cdot(1,\ 2,\ 4,\ 8,\ 16)=1+2+8+16=27=$—

$(1,\ 0,\ 1,\ 1,\ 0)\cdot(1,\ 2,\ 4,\ 8,\ 16)=1+4+8=13=M$

$(1,\ 0,\ 0,\ 1,\ 0)\cdot(1,\ 2,\ 4,\ 8,\ 16)=1+8=9=I$

$(0,\ 1,\ 1,\ 1,\ 0)\cdot(1,\ 2,\ 4,\ 8,\ 16)=2+4+8=14=N$

$(1,\ 1,\ 1,\ 0,\ 0)\cdot(1,\ 2,\ 4,\ 8,\ 16)=1+2+4=7=G$

$(0,\ 0,\ 1,\ 1,\ 1)\cdot(1,\ 2,\ 4,\ 8,\ 16)=4+8+16=28=$ˊ

$(1,\ 0,\ 0,\ 1,\ 1)\cdot(1,\ 2,\ 4,\ 8,\ 16)=1+8+16=25=Y$

0	1	2	3	4	5	6	7	8	9	10	11	12	13	14	15	16	17	18	19	20	21	22	23	24	25	26	27	28	29	30	31
	A	B	C	D	E	F	G	H	I	J	K	L	M	N	O	P	Q	R	S	T	U	V	W	X	Y	Z	—	/	√	\	
0	1	0	1	0	1	0	1	0	1	0	1	0	1	0	1	0	1	0	1	0	1	0	1	0	1	0	1	0	1	0	1
0	0	1	1	0	0	1	1	0	0	1	1	0	0	1	1	0	0	1	1	0	0	1	1	0	0	1	1	0	0	1	1
0	0	0	0	1	1	1	1	0	0	0	0	1	1	1	1	0	0	0	0	1	1	1	1	0	0	0	0	1	1	1	1
0	0	0	0	0	0	0	0	1	1	1	1	1	1	1	1	0	0	0	0	0	0	0	0	1	1	1	1	1	1	1	1
0	0	0	0	0	0	0	0	0	0	0	0	0	0	0	0	1	1	1	1	1	1	1	1	1	1	1	1	1	1	1	1

$(1, 1, 1, 1, 0) \cdot (1, 2, 4, 8, 16) = 1+2+4+8 = 15 = O$

$(1, 0, 1, 0, 1) \cdot (1, 2, 4, 8, 16) = 1+4+16 = 21 = U$

$(0, 1, 1, 1, 1) \cdot (1, 2, 4, 8, 16) = 2+4+8+16 = 30 = $ \`

$(1, 0, 0, 1, 1) \cdot (1, 2, 4, 8, 16) = 1+8+16 = 25 = Y$

$(1, 0, 0, 1, 0) \cdot (1, 2, 4, 8, 16) = 1+8 = 9 = I$

$(0, 1, 1, 1, 1) \cdot (1, 2, 4, 8, 16) = 2+4+8+16 = 30 = $ \`

$(1, 1, 0, 0, 0) \cdot (1, 2, 4, 8, 16) = 1+2 = 3 = C$

$(1, 0, 1, 0, 1) \cdot (1, 2, 4, 8, 16) = 1+4+16 = 21 = U$

$(0, 1, 1, 1, 0) \cdot (1, 2, 4, 8, 16) = 2+4+8 = 14 = N$

$(1, 1, 0, 1, 1) \cdot (1, 2, 4, 8, 16) = 1+2+8+16 = 27 = $ ¯

故此密码译成

Liǔ àn huā míng yòu yì cūn。

汉语译文即为

柳暗花明又一村。

02 几何篇

埃及王问道："几何之法，更有捷径否？"欧几里得对曰："夫几何一途，若大道然，王安得独辟另途也？"

——李善兰　（中国数学家，1811—1882）《几何原本》中译本序

2.1　无字数学论文

(1) 勾股定理的证明（图 2-1）

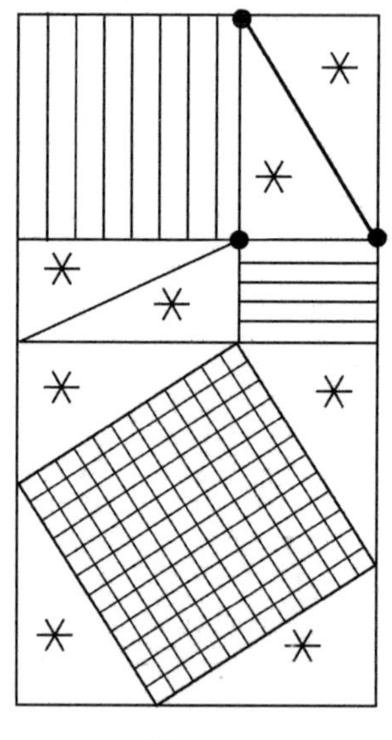

图 2-1

(2) 椭圆的定义（图 2-2）

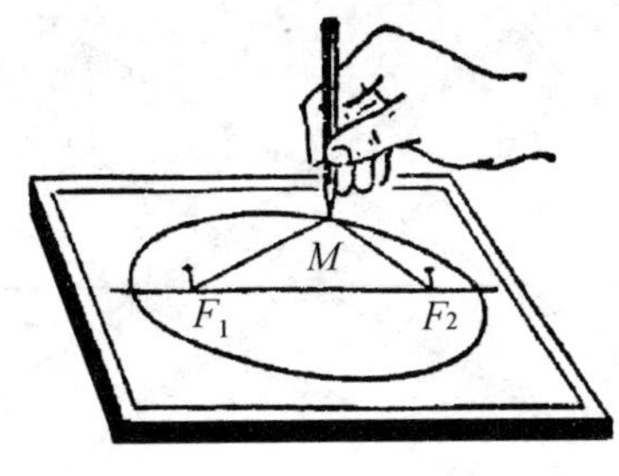

图 2-2

(3) 角的三等分器原理（图 2-3）

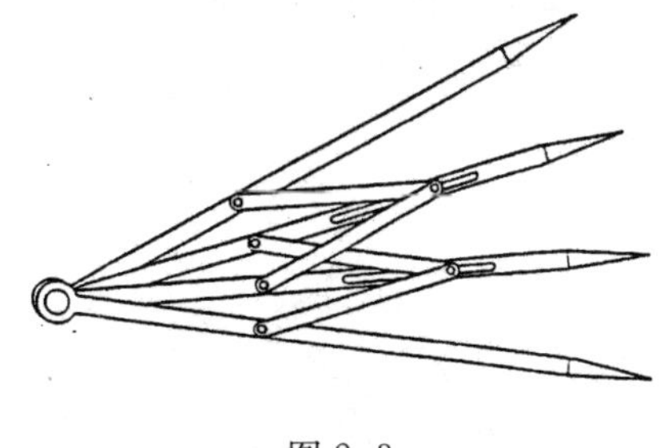

图 2-3

(4) 用双边直尺平分角（图 2-4）

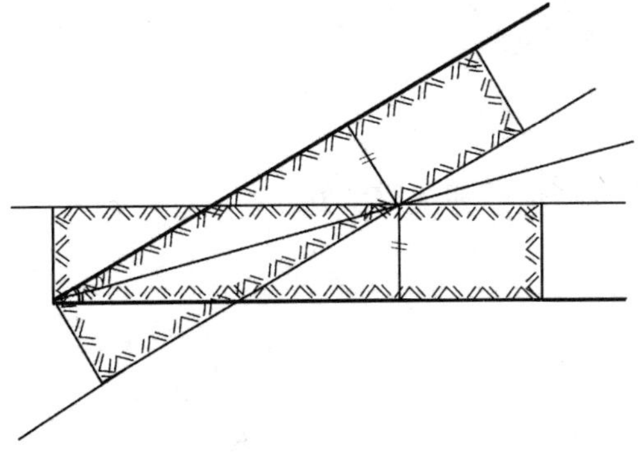

图 2-4

(5) 用双边直尺过直线上一点作直线的垂线（图 2-5）

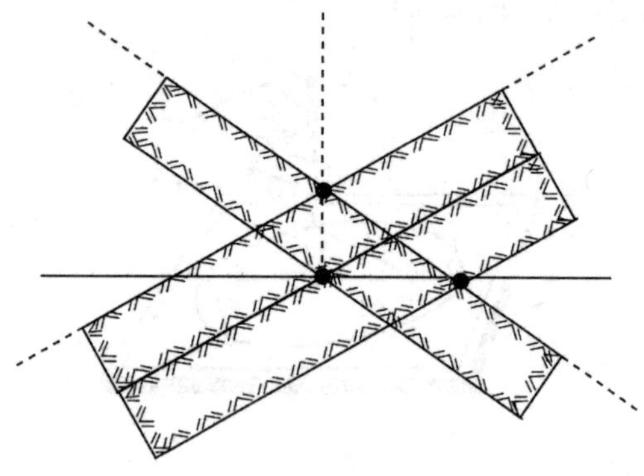

图 2-5

(6) 用双边直尺作已知角的二倍角（图 2-6）

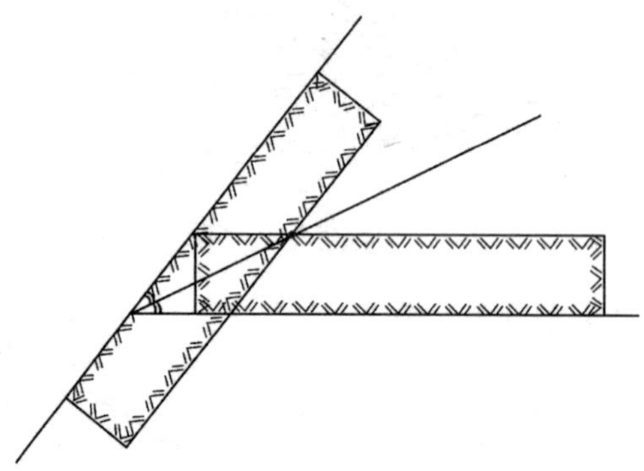

图 2-6

(7) 用双边直尺把已知线段平分（图 2-7）

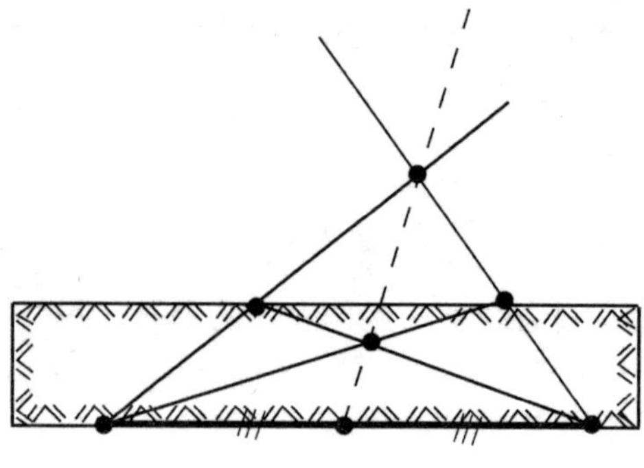

图 2-7

(8) 用双边直尺过直线外一点作直线的平行线（图 2-8）

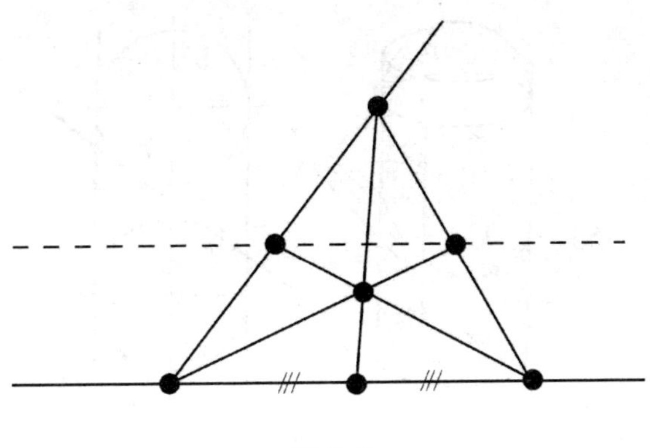

图 2-8

(9) 用一只圆规把已知线段延长 n 倍（$n=8$ 的情形）（图2-9）

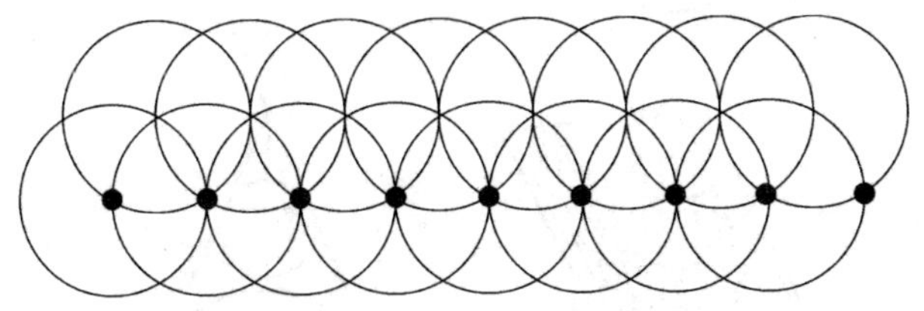

图 2-9

(10) 用一只圆规把已知线段 n 等分（$n=3$ 的情形）（图 2-10）

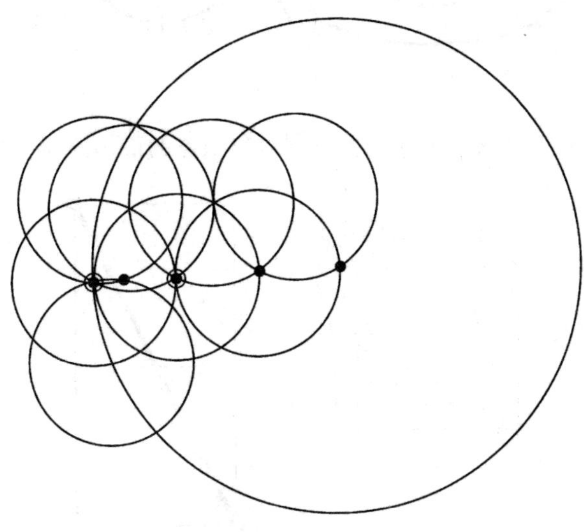

图 2-10

（11）斜切香肠为什么切出椭圆（图 2-11）

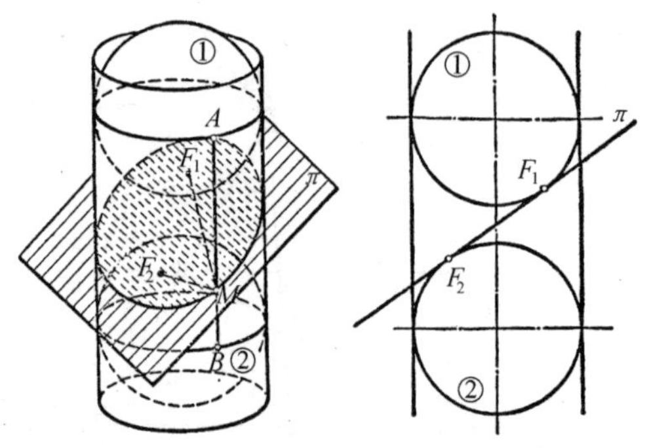

图 2-11

（12）斜切胡萝卜为什么切出椭圆（图 2-12）

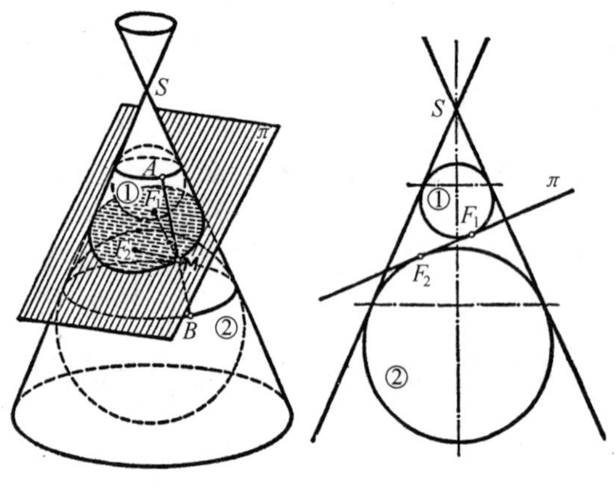

图 2-12

（13）求立方体表面上从一顶点到对角顶点的最短路径（图 2-13）

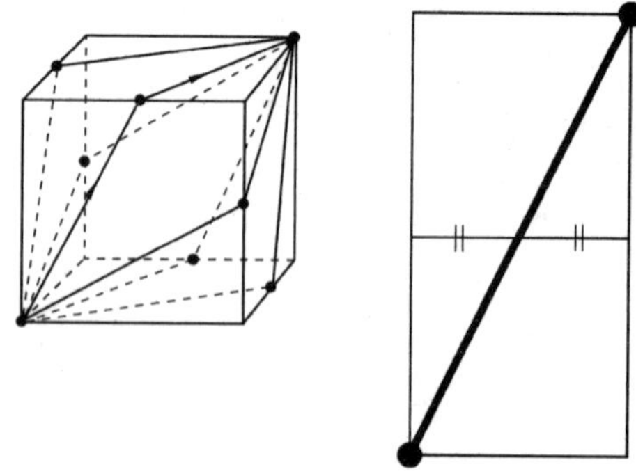

图 2-13

（14）证明：$AH=\frac{1}{2}BC$，其中$\triangle ABC$是直角三角形，$ACFG$，$ABDE$是正方形（图 2-14）

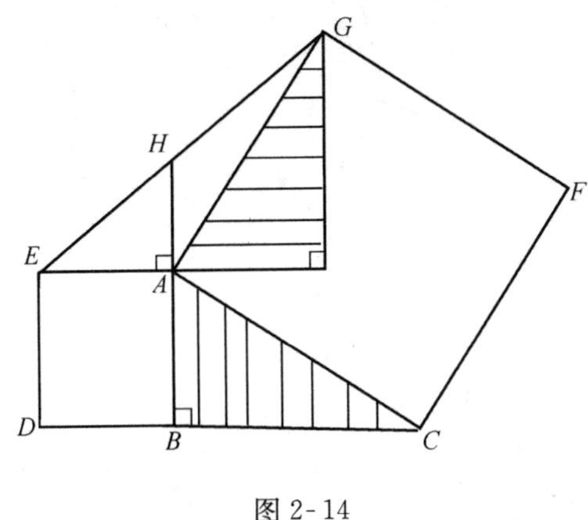

图 2-14

（15）拓扑学家为什么不能区别实心油炸面圈和咖啡杯（图2-15）

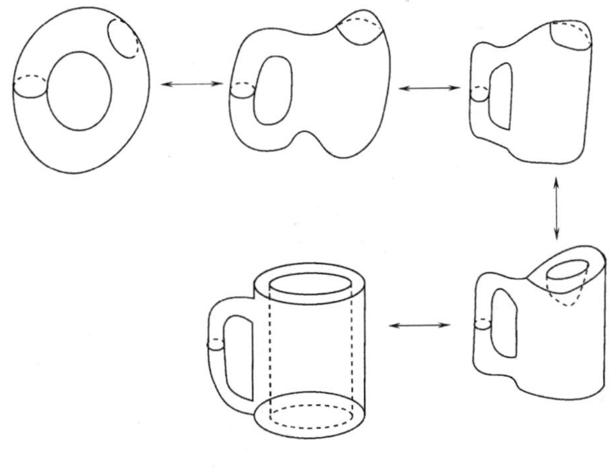

图 2-15

（16）切一刀，把两张煎饼都平分，其中一张煎饼是正六边形，另一张是正八边形（图 2-16）

（17）切一刀，把三块点心都平分，其中一个是球形的，一个是立方体，另一个是圆柱体（图 2-17）

（18）切两刀，把一块正六边形的煎饼切成四等份（图 2-18）

（19）蚂蚁不必绕过边界就可爬遍纸带的表面（图 2-19）

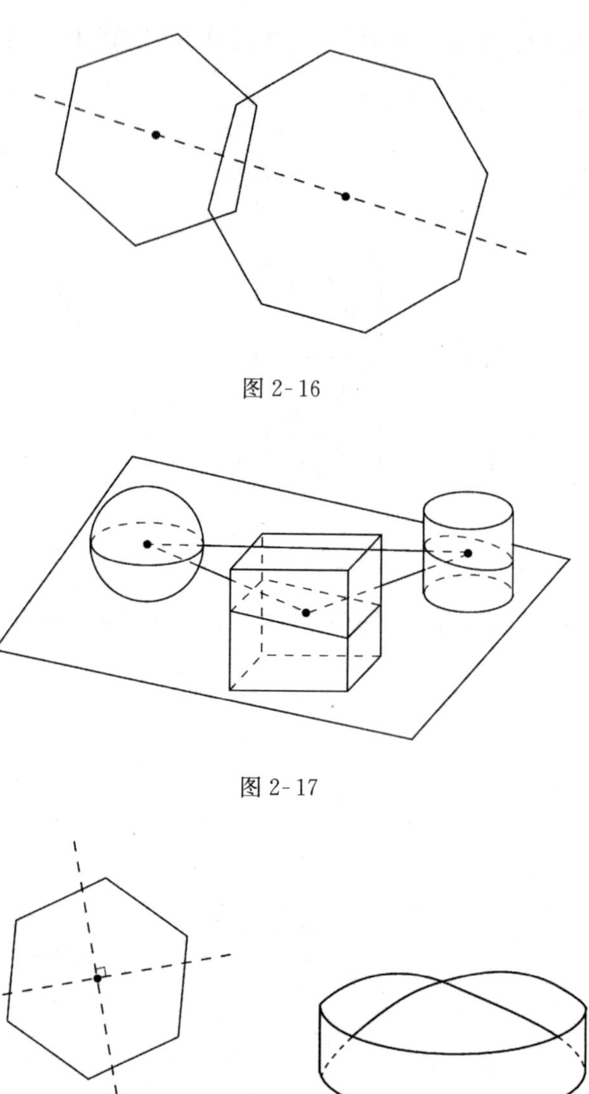

图 2-16

图 2-17

图 2-18　　图 2-19

2.2　蜂巢颂

18 世纪，法国科学家雷奥乌姆尔（Reaumur）和马拉尔蒂（Maraldi）等，认真观测蜂巢，发现它外形是正六棱柱，下底是正六边形，顶部是三个全等的菱形，三个菱形与棱柱轴线成等角，三者彼此斜依而下倾，棱柱侧面皆全等的直角梯形，见图 2-20。

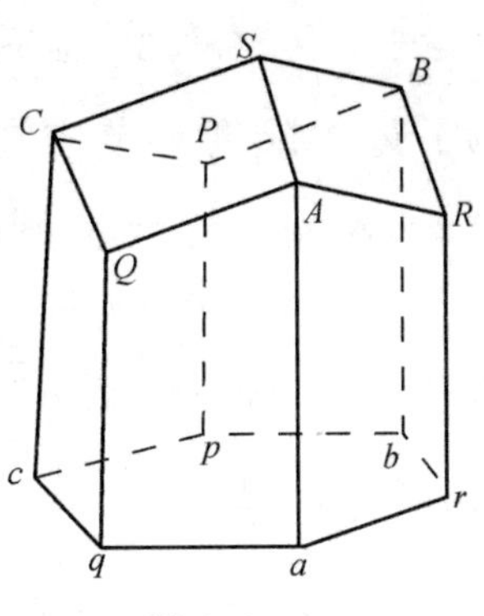

图 2-20

如此精美的蜂房造形，竟出自小小的蜜蜂之口足，实在令人不可理解，莫非这些可爱的小动物除去勤劳无私、集体观念强、尊老爱幼等君子品质之外，还有非凡的智慧?

欣赏了蜂巢的艺术性之后，科学家在深思这种奇特结构的实用价值，猜想这种蜂房的顶盖设计可能是节省其建筑材料蜂蜡的最佳选择；雷奥乌姆尔就这种猜测请教瑞士数学家、巴黎科学院院士科尼希（Koenig），科尼希严格证明了人们关于蜂巢最优性的猜测是真的，科尼希的论证如下。

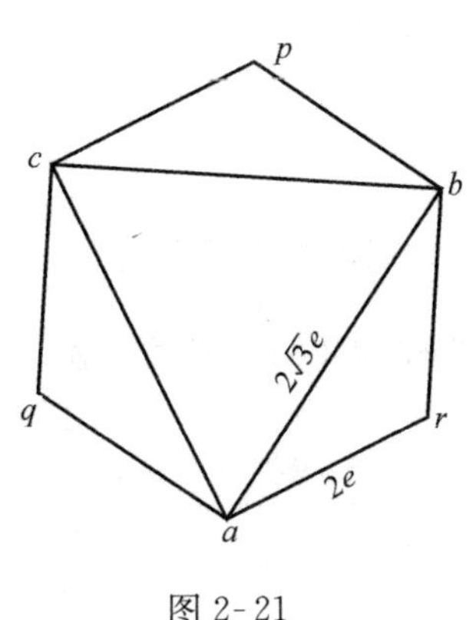

图 2-21

设蜂巢底面的正六边形 $arbpcq$ 边长为 $2e$，则 $ac=ab=bc=2\sqrt{3}\,e=AB=AC=BC$ 见图 2-21。

显然平面 $ABC/\!/$平面 PQR，设此二平面距离为 x，又 Q 点到平面 ABC 的距离与 S 点到平面 ABC 距离相等，所以 S 到 ABC 的距离也是 x。设菱形对角线 $SP=SR=SQ=2y$，又 SR 在棱柱轴上投影为 $2x$，SR 在平面 PQR 上的投影为 $2e$，由勾股定理得

$$y^2=x^2+e^2 \tag{2.1}$$

设 P'，Q'，R' 分别是 P，Q，R 在平面 ABC 上的投影，则 $AR'BP'CQ'$ 是边长 $2e$ 的正六边形。用 $AR'BP'CQ'$ 做房顶与用蜜蜂的房顶造成的容积是一样的，这是因为蜜蜂在平面 ABC 上侧增加的空间是三棱锥 $S\text{-}ABC$，而在平面 ABC 的下侧减少了三个三棱锥 $P\text{-}BP'C$，$Q\text{-}AQ'C$，$R\text{-}AR'B$，这四个三棱锥同高 x，$\triangle BP'C+\triangle AQ'C+\triangle AR'B$ 的面积$=\triangle ABC$ 的面积。但两种结构的表面积不同，蜜蜂的设计省去了正六边形 $AR'BP'CQ'$ 的面积 $6e^2\sqrt{3}$，以及六个直角三角形 $\triangle PP'B$，$\triangle PP'C$，$\triangle QQ'A$，$\triangle QQ'C$，$\triangle RR'A$，$\triangle RR'B$，这六个三角形面积共计 $6ex$，但增加了三个菱形 $PBSC$，$QCSA$，$RASB$，这三个菱形总面

积为 $6\sqrt{3}ey$，蜜蜂实际节省的面积为

$$6e^2\sqrt{3}+6ex-6e\sqrt{3}y=6\sqrt{3}e^2-6e\left[y\sqrt{3}-x\right]$$

为了最大限度地节省屋顶面积，只需让 $\sqrt{3}y-x$ 最小。令 $v=\sqrt{3}x-y$，$u=\sqrt{3}y-x$，则由（2.1）式得

$$u^2-v^2=2\left(y^2-x^2\right)=2e^2,\quad u^2=v^2+2e^2$$

因 $u=\sqrt{3}y-x>0$，故 $v=0$ 时，即 $y=\sqrt{3}x$ 时，u 取得最小值 $\sqrt{2}e$，这时 $x=\frac{\sqrt{2}}{2}e$；$y=\frac{\sqrt{6}}{2}e$。

下面计算由三个全等棱形来封盖正六棱柱所得的蜂房，容积一定时，为使其表面积最小，各种应有的数据。

$SR=2y=\sqrt{6}e<AB=2\sqrt{3}e$，即 SR 是屋顶菱形的短对角线，于是在 S 点的三个菱形的内角都是钝角。

设 $\angle SAR=2\varphi$，则 $\tan\varphi=\frac{SR}{AB}=\frac{2y}{2e\sqrt{3}}=\frac{\sqrt{6}}{2\sqrt{3}}=\frac{\sqrt{2}}{2}$，$\tan2\varphi=\frac{2\tan\varphi}{1-\tan^2\varphi}=\sqrt{8}$，$\cos2\varphi=\frac{1}{3}$，$2\varphi=70°32'$，菱形的钝角为 $109°28'$。

下面求出菱形的对角线 SP，SQ，SR 与棱柱轴线所构成的角 μ。显然 $\tan\mu=\frac{2e}{2x}=\sqrt{2}$，由于 $\tan\varphi=\frac{\sqrt{2}}{2}$，所以 $\mu=90°-\varphi=54°44'$。

菱形的面与棱柱横截面所成的角 θ 满足

$$\theta=90°-\mu=\varphi=35°16'$$

梯形 $AarR$ 的锐角 ψ 满足 $\tan\psi=\frac{2e}{x}=2\sqrt{2}=\tan2\varphi$，所以 $\psi=70°32'$，梯形 $AarR$ 的钝角为 $109°28'$。

以 S，P，Q，R 为顶的四个三面角相等。

以 A，B，C 为顶的三个四面角相等。

由于以上所述的三面角相等，四面角相等，以及以 Aa，Rr，Bb，Pp，Cc，Qq 为棱的二面角为 $120°$，所以蜂房上除下底为面的二面角是 $90°$ 外，其余的一切二面角都是 $120°$。

法国的马拉尔蒂实地测量的结果：

菱形的钝角为 $109°28'$，锐角 $70°32'$，与理论结果完全一致，瑞士

的科尼希实地测量的结果是：

菱形的钝角为 109°26′，锐角 70°34′，与理论结果只差 2′。

蜜蜂没有计算机，蜜蜂没有设计蓝图，蜜蜂没有指挥施工的工程师，却能营造出与数学家的理论分析一致的最优结构。蜜蜂不仅会酿蜜，而且是天才的建筑师！

2.3 蝴蝶定理

1815 年，西欧《男士日记》杂志上刊出一份难题征解，题目如下：

过圆的弦 AB 的中点 M 引任意两条弦 CD，EF，连接 ED，CF 分别交 AB 于 P，Q 两点，求证 $PM=QM$（见图 2-22）。

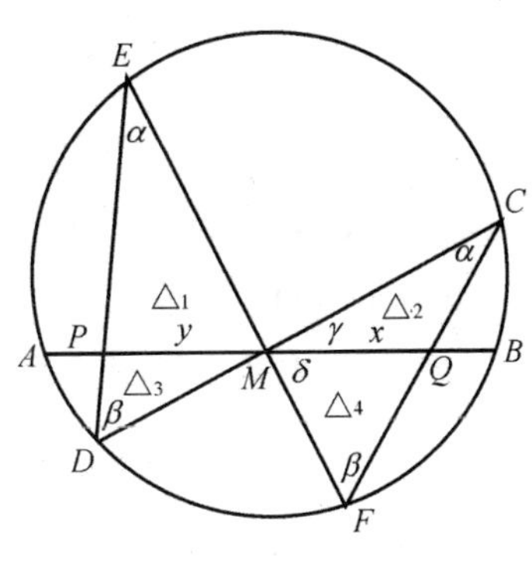

图 2-22

由于图形酷似一只蝴蝶，该命题取名为“蝴蝶定理”。一直过了四年无人作答。1819 年 7 月，一位自学成才的中学数学教师霍纳（W. Horner，1786～1837）给出第一个证明，但该证明方法繁琐难懂。从 1819 年开始，人们努力寻求简洁易懂的新证明，直到 1973 年，中学教师斯特温（Steven）给出了第一个十分初等、十分通俗的简捷证法，之后，又不断有新的证法发表。

下面介绍斯特温的证明。

令 $MQ=x$，$MP=y$，$AM=BM=a$，$\angle E=\angle C=\alpha$，$\angle D=\angle E=\beta$，$\angle CMQ=\angle DMP=\gamma$，$\angle FMQ=\angle EMP=\delta$。

用 $\triangle_1$，$\triangle_2$，$\triangle_3$，$\triangle_4$ 分别代表 $\triangle EPM$，$\triangle CQM$，$\triangle DPM$，$\triangle FQM$ 的面积，则

$$\frac{\triangle_1}{\triangle_2}\cdot\frac{\triangle_2}{\triangle_3}\cdot\frac{\triangle_3}{\triangle_4}\cdot\frac{\triangle_4}{\triangle_1}$$

$$=\frac{EP\cdot EM\sin\alpha}{CM\cdot CQ\sin\alpha}\cdot\frac{MC\cdot MQ\sin\gamma}{PM\cdot DM\sin\gamma}\cdot\frac{PD\cdot DM\sin\beta}{FM\cdot QF\sin\beta}\cdot\frac{FM\cdot QM\sin\delta}{EM\cdot PM\sin\delta}$$

$$=\frac{EP \cdot PD \cdot MQ^2}{CQ \cdot FQ \cdot MP^2}=1$$

由相交弦定理

$$EP \cdot DP=AP \cdot PB=(a-y)(a+y)=a^2-y^2$$

$$CQ \cdot FQ=BQ \cdot QA=(a-x)(a+x)=a^2-x^2$$

由于 $EP \cdot PD \cdot MQ^2=CQ \cdot FQ \cdot MP^2$，得

$$(a^2-y^2)x^2=(a^2-x^2)y^2$$

$$a^2x^2-x^2y^2=a^2y^2-x^2y^2,\ a^2x^2=a^2y^2$$

由于a，x，y皆正数，故得$x=y$，即$MQ=MP$，证毕。

斯特温的证明简捷漂亮之处在于：

①平面几何的综合证法（即“看图说话”的方法，用几何的定理公理来摆事实讲道理）不易下手，改用了代数的方法。

②欲证$x=y$，它们含在四个三角形中，用面积公式$\triangle=\frac{1}{2}ab\sin C$把$x$与$y$引入等式之中。

③利用面积公式建立等式时，从一似乎“言之无物”的恒等式$\frac{\triangle_1}{\triangle_2} \cdot \frac{\triangle_2}{\triangle_3} \cdot \frac{\triangle_3}{\triangle_4} \cdot \frac{\triangle_4}{\triangle_1}=1$入手，抄入面积公式时，同一分数的分子分母中 sin 下的角取等角，以便把三角函数约掉，只剩下线段比。

④用相交弦定理把$EP \cdot PD$与$CQ \cdot FQ$化成x，y的表达式。

斯特温的证明通俗到初中的孩子们都能在 5 分钟内看懂的程度，对于这样一个困惑数学家很久的难题，该证明真是漂亮无比。

由于椭圆面是正圆柱面斜截面图 2-11。圆柱的底是此椭圆面的投影，若此椭圆上有一弦$A'B'$，中点是M'，过M'引椭圆两弦$C'D'$，$E'F'$，连$E'D'$，$C'F'$分别交$A'B'$于P'，Q'两点，则此带“，”的图形的投影即图 2-22，而且$MP=MQ$当且仅当$M'P'=M'Q'$，所以蝴蝶定理对椭圆也成立。

2.4 拿破仑三角形

拿破仑·波拿巴（Napoleon，1769～1821），出生在地中海的科西

嘉岛，毕业于法国炮兵学校，后任炮兵军官。此人对射击、测量中的几何与三角颇有研究，1804 年加冕成为“法兰西第一帝国”的皇帝，建立资产阶级的军事专政，称帝前与当时著名数学家拉普拉斯、拉格朗日等讨论过数学问题，以这位野心家和独裁者命名的“拿破仑三角形”就是他数学活动的代表作。

以任意给定的三角形的三边为边向形外和形内分别做三个正三角形，形外的三个三角形的中心为顶的三角形称为拿破仑外三角形，形内的三个三角形的中心为顶的三角形称为拿破仑内三角形。拿破仑发现：

拿破仑外三角形与拿破仑内三角形都是正三角形。

拿破仑崇尚实力与科学，例如他与拉普拉斯和拉格朗日私交甚厚，并封二位数学家为伯爵，任命他们为内阁大臣，经常向二位请教数学问题。

下面介绍拿破仑三角形是正三角形的证明。

设$\triangle ABC$的拿破仑外三角形是$\triangle PQR$，见图 2-23，其中 P，Q，R 分别是正三角形$\triangle BCA'$，$\triangle ACB'$，$\triangle ABC'$的外心，先证$\odot P$，$\odot Q$，$\odot R$ 交于一点 D，事实上，设$\odot Q$，$\odot R$ 交于一点 D，连接 AD，BD，CD，由于$\angle B'=\angle C'=60°$，则$\angle ADC=\angle ADB=120°$，于是$\angle BDC=120°$，又$\angle A'=60°$，故$\odot P$ 过 D 点（图 2-23 中$\angle BAC<120°$；不然，$\angle BCA<120°$）。

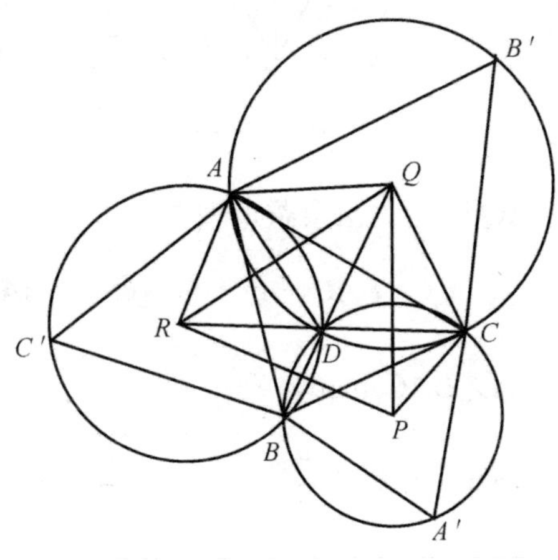

图 2-23

连 AR，AQ，DQ，DP，CP，CQ，DR，则 $\triangle ARQ\cong\triangle DRQ$，$\triangle DPQ\cong\triangle CPQ$，于是 $\angle AQR=\angle DQR$，$\angle DQP=\angle CQP$，又 $\angle AQC=120°$，所以，$\angle RQP=\frac{1}{2}\angle AQC=60°$；同理可得 $\angle PRQ=\angle RPQ=60°$，于是 $\triangle PQR$ 是正三角形。

下面考虑拿破仑内三角形 $\triangle P'Q'R'$，见图 2-24，其中 $\triangle PQR$ 是 $\triangle ABC$ 的拿破仑外三角形，已有 $PQ=QR=RP$。设 $AC=b$，$AB=c$，$BC=a$，则有 $AQ=\frac{\sqrt{3}}{3}b$，$AR=\frac{\sqrt{3}}{3}c$，$\angle CAQ=\angle BAR=30°$，所以 $\angle QAR=60°+\angle BAC$。

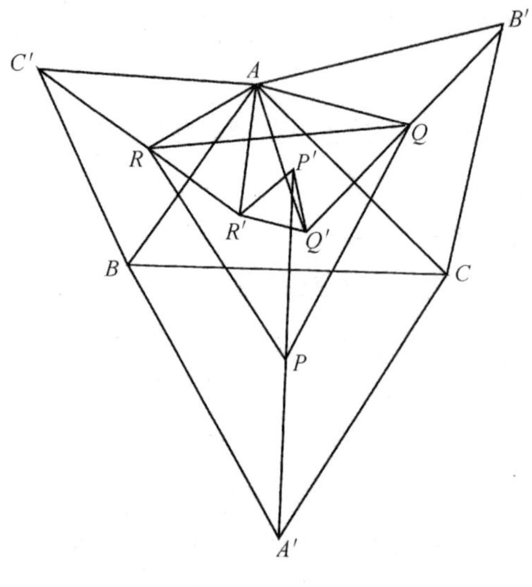

图 2-24

在 $\triangle AQR$ 和 $\triangle AQ'R'$ 中，由余弦定理得

$$QR^2-Q'R'^2=\frac{2}{3}bc\,[\cos(\angle BAC-60°)-\cos(\angle BAC+60°)]$$

$$=\frac{4}{3}bc\sin\angle BAC\sin 60°$$

$$=\frac{2}{3}\sqrt{3}\,bc\sin\angle BAC$$

同理可得

$$PQ^2-P'Q'^2=\frac{2}{3}\sqrt{3}\,ab\sin\angle BCA$$

$$PR^2-P'R'^2=\frac{2}{3}\sqrt{3}ac\sin\angle ABC$$

又 $bc\sin\angle BAC=ab\sin\angle BCA=ac\sin\angle ABC=2\triangle ABC$ 的面积，又 $QR=PQ=PR$，所以 $Q'R'=P'Q'=P'R'$，即拿破仑内三角形是正三角形。

由于拿破仑外三角形$\triangle PQR$ 的面积为

$$\frac{1}{2}QR^2\sin60°=\frac{\sqrt{3}}{4}QR^2$$

拿破仑内三角形$\triangle P'Q'R'$的面积为

$$\frac{1}{2}Q'R'\sin60°=\frac{\sqrt{3}}{4}Q'R'^2$$

所以

$$\begin{aligned}\triangle PQR-\triangle P'Q'R'&=\frac{\sqrt{3}}{4}(QR^2-Q'R'^2)\\&=\frac{\sqrt{3}}{4}\frac{2}{3}\sqrt{3}bc\sin\angle BAC\\&=\triangle ABC\end{aligned}$$

（$\triangle ABC$ 等同时表示该三角形的面积），即拿破仑外三角形与内三角形面积之差恰为原三角形的面积。

2.5 高斯墓碑上的正 17 边形

1801 年，高斯在他的代表作《算术研究》一书中解决了用圆规直尺对圆周进行 17 等分的千年难题。欧几里得时代，已经有用规尺把圆周三等分和五等分的做法，令人不解的是在以后的两千多年当中，几何学家谁也不会用规尺把圆周 17 等分。高斯 19 岁时用代数方法解决了这一问题，轰动了当时的数学界。高斯逝世后，人们为了缅怀这位“数学家之王”，在他的墓碑上刻了一个正 17 边形的美丽图案。

用复数 $a+ib$ 表示坐标为（a，b）的点，$a+ib$ 可以写成

$$a+ib=r(\cos\theta+i\sin\theta)$$

其中 $r=\sqrt{a^2+b^2}$ 是点（a，b）到原点的距离，θ 是点（a，b）的向径与 x 轴之夹角。单位圆上的点可用 $\cos\theta+i\sin\theta$ 来表示。

棣美弗（A. Demoivre，1667～1754）给出复数 n 次幂公式

$$(\cos\varphi+i\sin\varphi)^n=\cos n\varphi+i\sin n\varphi$$

正 n 边形的一个顶点在（1，0），则它的全体顶点是

$$\varepsilon_1=\cos\varphi+i\sin\varphi$$
$$\varepsilon_2=\cos 2\varphi+i\sin 2\varphi$$
$$\varepsilon_3=\cos 3\varphi+i\sin 3\varphi$$
$$\cdots\cdots$$
$$\varepsilon_{n-1}=\cos(n-1)\varphi+i\sin(n-1)\varphi$$
$$\varepsilon_n=\cos n\varphi+i\sin n\varphi=1,\ \varphi=\frac{2\pi}{n}$$

于是此正 n 边形的顶点是方程 $Z^n=1$ 的 n 个根。我们只需求出 $Z^n=1$ 的除 1 之外的其他 $n-1$ 个根，则可以画出一个正 n 边形了，这 $n-1$ 个根满足

$$\frac{Z^n-1}{Z-1}=Z^{n-1}+Z^{n-2}+\cdots+Z^2+Z+1=0$$

为得到正 17 边形，应该解方程

$$Z^{16}+Z^{15}+\cdots+Z^2+Z+1=0 \tag{2.2}$$

取 $\varphi=\dfrac{2\pi}{17}$，$\varepsilon=\varepsilon_1=\cos\varphi+i\sin\varphi$。$\varepsilon_1$，$\varepsilon_2$，…，$\varepsilon_{17}$ 为正 17 边形的顶点（$\varepsilon_0=\varepsilon_{17}$）。

考虑下列各点：

$$Z_0=\varepsilon,\ Z_1=\varepsilon^3,\ Z_2=\varepsilon^9,\ Z_3=\varepsilon^{10},\ Z_4=\varepsilon^{13},\ Z_5=\varepsilon^5,$$
$$Z_6=\varepsilon^{15},\ Z_7=\varepsilon^{11},\ Z_8=\varepsilon^{16},\ Z_9=\varepsilon^{14},\ Z_{10}=\varepsilon^8,$$
$$Z_{11}=\varepsilon^7,\ Z_{12}=\varepsilon^4,\ Z_{13}=\varepsilon^{12},\ Z_{14}=\varepsilon^2,\ Z_{15}=\varepsilon^6$$

不难验证 $Z_i^3=Z_{i+1}$，$i=0$，1，2，…，15。令

$$x_1=Z_1+Z_3+Z_5+Z_7+Z_9+Z_{11}+Z_{13}+Z_{15}$$
$$=\varepsilon^3+\varepsilon^{10}+\varepsilon^5+\varepsilon^{11}+\varepsilon^{14}+\varepsilon^7+\varepsilon^{12}+\varepsilon^6,$$
$$x_2=Z_0+Z_2+Z_4+Z_6+Z_8+Z_{10}+Z_{12}+Z_{14}$$
$$=\varepsilon+\varepsilon^9+\varepsilon^{13}+\varepsilon^{15}+\varepsilon^{16}+\varepsilon^8+\varepsilon^4+\varepsilon^2,$$

由于 Z_i（$i=0$，1，2，…，15）是（2.3）的根，故

$$x_1+x_2=-1$$

经计算得知

$$x_1x_2=-4$$

所以 x_1，x_2 是二次方程

$$x^2+x-4=0$$

的两个根

$$x_1=\frac{-1-\sqrt{17}}{2},\ x_2=\frac{-1+\sqrt{17}}{2}$$

$u+v=17$ 时，ε^u 与 ε^v 关于实轴对称，见图 2-25。

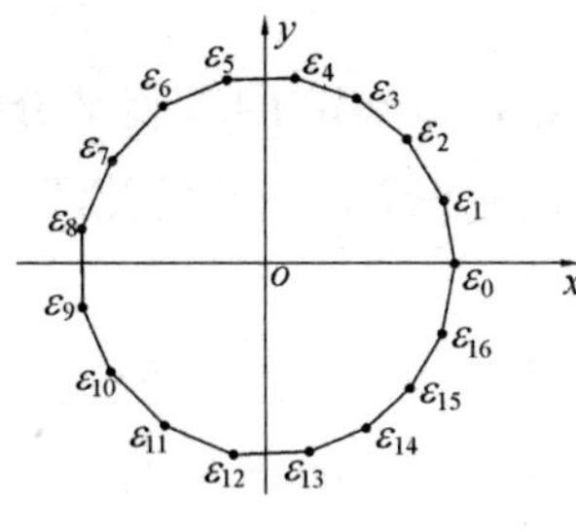

图 2-25

考虑

$$U=Z_0+Z_4+Z_8+Z_{12}=\varepsilon+\varepsilon^{13}+\varepsilon^{16}+\varepsilon^4$$
$$u=Z_2+Z_6+Z_{10}+Z_{14}=\varepsilon^9+\varepsilon^{15}+\varepsilon^8+\varepsilon^2$$
$$V=Z_1+Z_5+Z_9+Z_{13}=\varepsilon^3+\varepsilon^5+\varepsilon^{14}+\varepsilon^{12}$$
$$v=Z_3+Z_7+Z_{11}+Z_{15}=\varepsilon^{10}+\varepsilon^{11}+\varepsilon^7+\varepsilon^6$$

于是

$$U+u=x_2,\ V+v=x_1$$
$$Uu=Vv=\varepsilon^1+\varepsilon^2+\cdots\varepsilon^{16}=-1$$

U 与 u 是二次方程 $t^2-x_2t-1=0$ 的解；V 与 v 是二次方程 $t^2-x_1t-1=0$的解。解得

$$U=\frac{x_2+\sqrt{x_2^2+4}}{2},\ u=\frac{x_2-\sqrt{x_2^2+4}}{2}$$

$$V=\frac{x_1+\sqrt{x_1^2+4}}{2},\ v=\frac{x_1-\sqrt{x_1^2+4}}{2}$$

令

$W=Z_0+Z_8=\varepsilon+\varepsilon^{16}$，$w=Z_4+Z_{12}=\varepsilon^{13}+\varepsilon^4$

则 $W+w=U$，$Ww=V$，W 与 w 是方程 $t^2-Ut+V=0$ 的两个实根，$W=\frac{U+\sqrt{U^2-4V}}{2}$，$w=\frac{U-\sqrt{U^2-4V}}{2}$。

由以上分析可得正 17 边形的做法步骤如下：

①用规尺作线段 $x_1=\frac{-1-\sqrt{17}}{2}$，$x_2=\frac{-1+\sqrt{17}}{2}$（已知圆半径为 1）。

②用规尺作线段 U，V。

③用规尺作线段 W。

④在实轴上标出 W 点，作 OW 的垂直平分线与单位圆交于 A，B 两点，从（1，0）点到 A 点（或 B 点）的弦即为此圆内接正 17 边形的边长。

高斯的上述做法是几何、代数与复数的完美结合之典范。等分圆周的实例并非同一档次的问题，有的平凡原始，例如三等分，四等分和五等分，有的则植根于深刻的理论山巅之上。在代数基本定理（在复数范围内 n 次方程有 n 个根）和复数理论建立之前，凭任欧几里得、阿基米德乃至牛顿等大人物如何聪明，也未能解决貌似初等的作正 17 边形的问题；数学当中有不少这种性质的问题，表面上看，提法朴素初等，人人可以弄清楚是在要求干什么，甚至和已经解决了的问题似乎同类，但百思不得其解，其难度隐藏在某些尚未发现的数学理论之中，只能等待纯数学搞出那个可以解决该问题的理论之后，才会得出该问题的解答，作正 17 边形和化圆为方等规尺作图就是这种性质的问题。

2.6 椭圆规和卡丹旋轮

1657 年，荷兰数学家施古登（F. Schooten，1615～1660）提出如下的有趣问题：

平面上给定三角形的两个顶点沿平面上一个角的两边滑动，求第三个顶点的轨迹。

在上述施古登问题提出一千多年前，鲍克勒斯（B. Proclus，410～485）提出并解决了下面类似的问题：

一条动直线上有三个点，其中两个点沿一个固定的直角的两个边滑动，求第三点的轨迹。

事实上，把直角的两条边视为正 x 轴与正 y 轴，直线上的点 A 在 x 轴上滑动，B 点在 y 轴上滑动，见图 2-26。C 点坐标为(x, y)，设直线

与 x 轴夹角为 φ，则

$$x=a\cos\varphi,\ y=b\sin\varphi$$

其中 $BC=a$，$AC=b$，于是

$$\frac{x^2}{a^2}+\frac{y^2}{b^2}=1$$

可见 C 点在椭圆 $\frac{x^2}{a^2}+\frac{y^2}{b^2}=1$ 上，C 点在 AB 线段之外时，相似地可以知道 C 点的轨迹仍为椭圆。

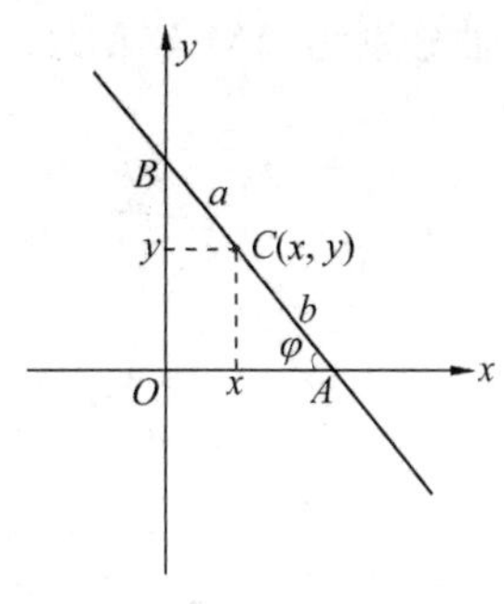

图 2-26

用鲍克勒斯轨迹可以制作一个椭圆规：

在木制十字架上开两个成直角的槽，一根杆子的两端各有一只滑钉固定在杆子上，杆子的某点上固定一支铅笔，当两端钉子在槽内滑动时，铅笔画出椭圆。

我们发现，鲍克勒斯轨迹中的直角是施古登轨迹中那个角的特殊情形，直线上的三个点 A，B，C 是施古登轨迹中那个三角形的顶点。所以施古登轨迹是鲍克勒斯轨迹的推广。

设 α 是平面上固定的角，$\triangle ABC$ 的顶 A 与 B 在 α 两边上滑动，以 AB 为弦以 α 为弦 AB 所对的圆周角作圆 O，过中心 O 与 C 的直线与 $\odot O$ 交于 D 点与 E 点，当$\triangle ABC$ 的 A，B 顶在$\angle\alpha$ 边上滑动时，此动圆始终过$\angle\alpha$ 的顶点 F，动圆直径长不变。$\angle EFD$ 始终是直角，见图 2-27。从 D，E，C 三点来看，此三点是一条动直线上的三个点，E 与 D 分别在一个直角两边上滑动，由鲍克勒斯轨迹知，C 点的轨迹是椭圆。

意大利数学家卡丹（Cardano，1501～1576）设计了一个所谓卡丹旋轮：一个圆盘沿另一大圆盘的内沿滚动，大圆盘半径是小圆盘的 2 倍。

卡丹问：小圆盘上任标定的一点的轨迹是什么？

卡丹答：该轨迹是一个椭圆。

设开始时标志点 M 在小圆盘直径 AB 上，且 A 与大圆盘中心 O 重合，B 在大圆盘边界上 D 点。作大圆盘正交的直径 CD 与 EF，见图 2-28。滚动的过程可视为 A，M，B 在动直线上，A，B 两点沿直角边滑动，求 M 点的轨迹，由鲍克勒斯轨迹知，M 点的轨迹是一个椭圆，其

半轴分别为 AM 与 MB。

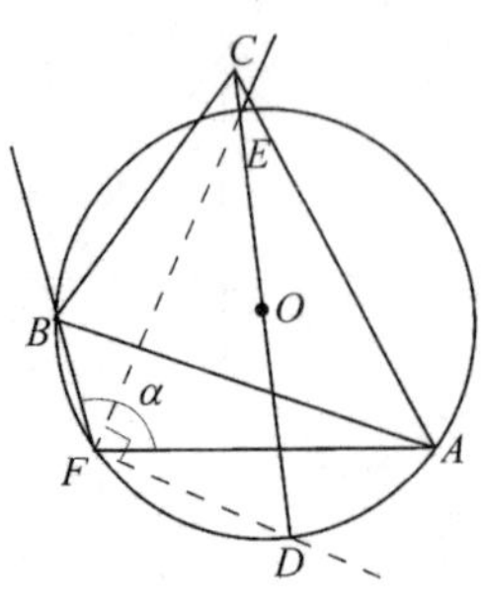

图 2-27

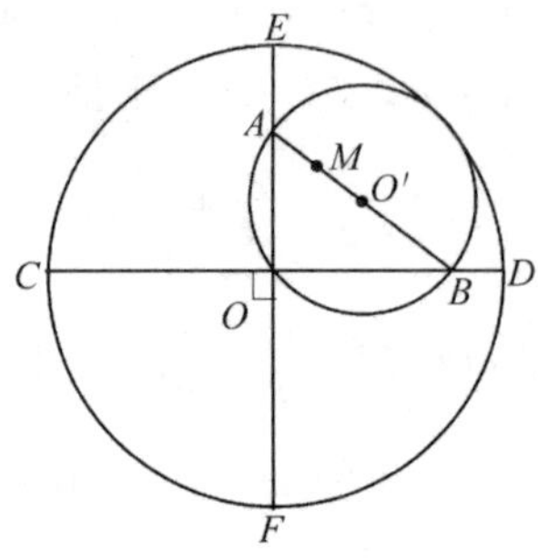

图 2-28

市场上有一种称为“大白兔繁花规”的数学玩具，大白兔形的塑料板上挖掉一个圆片，内侧制成小齿牙，另有五只较小的圆盘，半径不一定如卡丹旋轮那样是白兔身上圆孔半径之半，小圆盘边缘也有齿牙，每个小圆盘上钻有小孔若干，把圆珠笔尖插入小孔，且使小圆盘沿大白兔身上的孔滚动，则圆珠笔在下面垫的纸上画出奇妙对称的图案。此游戏明显是受了卡丹旋轮的启发发明的，不难证明，仅当小圆盘的公转周期与其自转周期之比是有理数时，才能画出封闭曲线。卡丹旋轮的公转周期与自转周期之比是 2，所以它画出的是闭曲线（椭圆），建议读者自制一套或选购一套繁花规玩玩看，画出的图案一定使你赏心悦目。

2.7 阿尔哈达姆桌球

公元 1000 年左右，阿拉伯数学家阿尔哈达姆（965～1039）提出下面的桌球问题：

一张圆形弹子台上有两个弹子球，用什么方法冲击一球，使该球碰到台边折回后恰撞击到另一只球？

上述问题的等价提法有：

①在已知圆内作一个两腰分别过圆内两个已知点的圆内接等腰三角形。

②在一个圆的圆周上找一点，使其与圆内两已知点的距离之和最小。

③在一个球面凹面镜上找一点，使由一个已知点射来的光线在此点

反射到另一已知点。

阿尔哈达姆的名字很啰嗦，英文译名为 Abu Ali al Hassan ibn al Hassan ibn Alhaitham，有时被译成阿尔哈森（Alhazen）。很多有名的数学家研究过阿尔哈达姆问题，例如黎卡提、休金斯、巴诺等知名人物。

下面介绍①这种提法的解答。

设 O 为已知圆心，r 是半径，圆内已知点为 P（A，B）和 p（a，b），直角坐标系的原点为 O。

设$\triangle MSs$ 是已作出的圆内接等腰三角形，记$\angle SMO=\Phi$，$\angle sMO=\varphi$，则 $\Phi=\varphi$，见图 2-29。设 PM，OM，pM 与 x 轴夹角分别为 Λ，μ，λ，则

$$\Phi=\Lambda-\mu，\ \varphi=\mu-\lambda$$

$$\tan\Phi=\frac{\tan\Lambda-\tan\mu}{1+\tan\mu\tan\Lambda}，\ \tan\varphi=\frac{\tan\mu-\tan\lambda}{1+\tan\mu\tan\lambda}$$

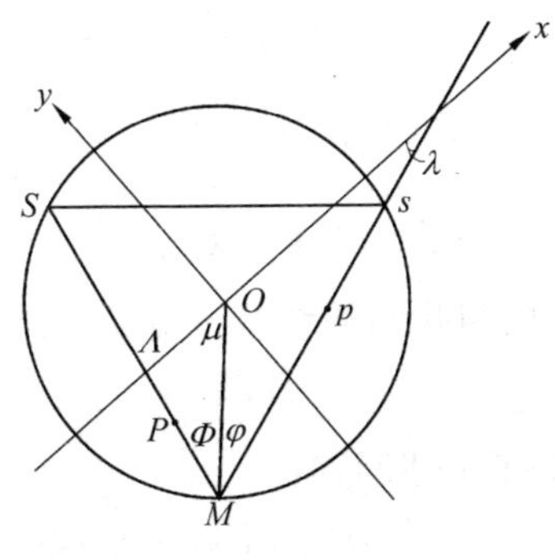

图 2-29

设 M 的坐标是（x，y），则

$$\tan\Lambda=\frac{y-B}{x-A}，\ \tan\mu=\frac{y}{x}，\ \tan\lambda=\frac{y-b}{x-a}$$

由于 $\tan\Phi=\tan\varphi$，故有

$$\frac{\dfrac{y-B}{x-A}-\dfrac{y}{x}}{1+\dfrac{y}{x}\,\dfrac{y-B}{x-A}}=\frac{\dfrac{y}{x}-\dfrac{y-b}{x-a}}{1+\dfrac{y}{x}\,\dfrac{y-b}{x-a}}$$

$$\frac{Ay-Bx}{x^2+y^2-Ax-By}=\frac{bx-ay}{x^2+y^2-ax-by}$$

令

$$Ab+Ba=H,\ Aa-Bb=K$$
$$A+a=h,\ B+b=k$$

则得

$$H(x^2-y^2)-2Kxy+(x^2+y^2)[hy-kx]=0,$$
$$x^2+y^2=r^2$$

于是

$$L: H(x^2-y^2)-2Kxy+r^2(hy-kx)=0$$

L 是双曲线，即所求的 M 点是双曲线 L 与圆的交点。

由于双曲线与圆可以有四个交点，所以此题可有四个解。

有些特殊情形值得一提，例如 P 与 p 到圆心 O 相距都是 c，取 Pp 的垂直平分线为 x 轴，则 $A=a$，$B=-b$，$H=0$，$K=c^2$，$h=2a$，$k=0$。

于是 L 变成

$$L': -2c^2xy+2ar^2y=0$$
$$y=0 \text{ 或 } x=a\frac{r^2}{c^2}$$

由于所求点 M 在 $x^2+y^2=r^2$ 上，对于 $y=0$，得 $x=\pm r$，即 M 是 x 轴与圆的两个交点。此与我们的经验一致，印证了上面的分析是符合实际的。

阿尔哈达姆还解决了下述问题：

怎样冲击圆台桌球的弹子球，使其两次碰壁后返回原位。

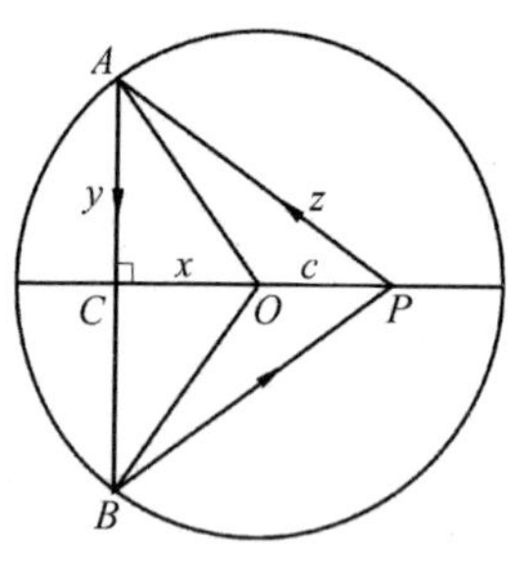

图 2-30

设球桌半径为 r，中心为 O，球原位在 P 点，$OP=c$ 已知，若球第一次碰壁在 A 点，第二次碰壁在 B 点，再反射通过 P 点，见图 2-30，则 OA，OB 是 $\triangle ABP$ 的内角平分线。设 AB 与 OP 交于 C，$OC=x$，$AC=y$，$AP=z$，在 $\triangle APC$ 中，由内角平分线定理，$\frac{y}{z}=\frac{x}{c}$；由勾股定理得

$$r^2=x^2+y^2,\ z^2=y^2+(x+c)^2$$

$$2cx^2+r^2x-cr^2=0$$

$$x=\frac{-r^2\pm\sqrt{r^4+8c^2r^2}}{4c}$$

只能取"+"号，即

$$x=\frac{-r^2+\sqrt{r^4+8c^2r^2}}{4c}$$

$$=\frac{-r^2+r\sqrt{r^2+8c^2}}{4c}$$

求得 C 点后，过 C 作 OP 的垂线与圆的交点即为所求的碰壁点。

2.8 费尔巴哈九点圆

三角形三边中点，三条高的垂足，垂心到三个顶点线段的中点，这九个点是否共圆?

1765 年，欧拉回答说："是。" 1822 年，费尔巴哈再次发现此圆，由于当时的传媒比欧拉时代发达，所以人们一般把此圆称为费尔巴哈圆或九点圆，而不称其为欧拉圆，1821 年数学家彭色列（Poncelet）给出第一个九点共圆的证明，1822 年费尔巴哈汇总和补充了关于九点圆的论述，写成一本小册子公开出版。

下面介绍彭色列的证明（此证明经后人多次修改）。

设 A'，B'，C' 分别是 $\triangle ABC$ 三条边 BC，AC 和 AB 的中点，D 是高 AD 的垂足，见图 2-31，则 $DA'B'C'$ 是等腰梯形。$DA'B'C'$ 是一个圆 $\odot O$ 的内接四边形，即 $\triangle A'B'C'$ 的外接圆 $\odot O$ 上有三角形高的垂足，于是 $\triangle ABC$ 三条高的垂足 D，E，F 都在此圆上。

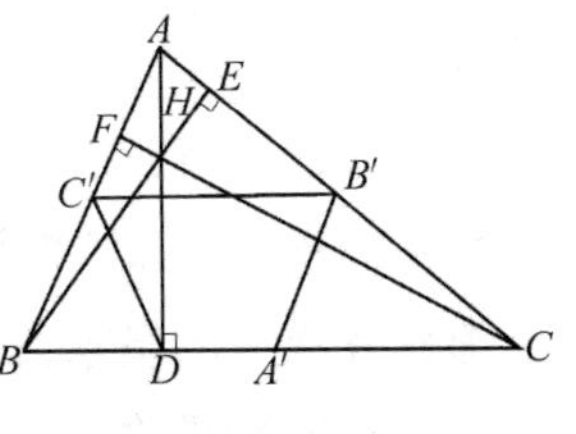

图 2-31

设 $\triangle ABC$ 的垂心是 H，下证 AH，BH，CH 的中点也在 $\odot O$ 上。对 $\triangle HBC$ 而言，D，E，F 也是其三高的垂足，由上面所证，过 $\triangle HBC$ 三边中点的圆也过 D，E，F。即 HB，HC 之中点在 $\odot O$ 上，同理 HA 的中点也在 $\odot O$ 上，即 $\odot O$ 是欲求证的九点圆。

显然九点圆半径是$\triangle ABC$外接圆半径之半。

2.9 倍立方问题的丝线解法

公元前四世纪，古希腊的智人学派（也称巧辩学派）提出并研究三大几何作图问题：

倍立方问题，化圆为方问题和三等分角问题。

当时限定只许用圆规直尺来解，直到19世纪才证明了用圆规与直尺不可能解决上述三大几何作图问题。1837年，旺策尔（P. Wantzel）证明了倍立方与三分角的不可能性，1882年，林德曼（C. Lindemann）证明了π的超越性，从而推断只用圆规直尺不能化圆为方，即不能用规尺作一个与已知圆等面积的正方形。

关于倍立方的提出，传说很多。埃拉托塞尼（Eratosthenes，公元前226～前195年）在名著《柏拉图》一书中写道：太阳神阿波罗向提洛岛的人们宣布，瘟疫即将流行，为了摆脱灾难，必须把德里安祭坛的体积扩大，变成现在这个立方体祭坛体积的2倍，而且要求仍然是一个立方体。工匠们百般努力，百思不得其解，于是去请教柏拉图，柏拉图提醒大家，神发布这个谕示，并不是想得到一个体积加倍的祭坛，而是以此难题来责难希腊人对数学的忽视和对几何学的冷淡。

埃拉托塞尼是国王托勒密（Ptolemy）之子的家庭教师，他把自己关于倍立方的工作上报给托勒密国王，引起了国王的重视，在全国悬赏征解。

又传古代一位希腊悲剧诗人描述过名叫弥诺斯的匠人为皇族格劳科斯修坟的故事。弥诺斯说，原来设计的每边都是百尺的立方体坟墓，对于殉葬者众多的皇家而言还嫌太小，要求他把其体积加倍。

当时古希腊关于倍立方的传说满天飞，可见人们对这一问题的重视和兴趣。

虽然1895年著名数学家克莱茵已经对三大作图问题作了总结，严格证明了它们用规尺绝不可解，彻底解决了两千多年的悬案，但用其他几何方法还是可以准确地（非测量地）解决这三个问题的。

设k是立方体的棱长，x是所求立方体的棱长，使得以x为棱的立方体体积为以k为棱长的立方体体积的2倍，这就是倍立方问题，这时

$$x^3=2k^3$$

希腊数学家梅纳奇马斯（Menaechmus，公元前 375～325）考虑两条抛物线

$$x^2=ky,\ y^2=2kx$$

的交点，由于 $x^4=k^2y^2=2k^3x$，所以这两个抛物线的交点横坐标为 $x^3=2k^3$，此交点横坐标即为所求的立方体之棱长。

笛卡儿（Descartes，1596～1650）只用上面两条抛物线中的一条就求得了 x。事实上，上述两抛物线的交点（x，y）满足

$$x^2+y^2=ky+2kx$$

$$(x^2-2kx+k^2)+\left[y^2-ky+\left(\frac{k}{2}\right)^2\right]=k^2+\frac{k^2}{4}$$

$$(x-k)^2+\left(y-\frac{k}{2}\right)^2=\frac{5}{4}k^2,$$

这是一个中心在$\left(k,\ \frac{k}{2}\right)$，半径为$\frac{\sqrt{5}}{2}k$ 的圆，此圆过两抛物线的交点，所以为求两抛物线交点的横坐标 x，只需求上述圆与抛物线 $x^2=ky$ 或 $y^2=2kx$ 之一的交点（圆比抛物线容易作出）。

上述方法要做抛物线，这件事用规尺不能完成。

下面介绍一种巧妙的“丝线作图法”：

①画出边长为 k 的正三角形△ABC，延长 CA 到 D，使得 $AD=k$。

②做射线 DB，AB。

③取丝线一条，在其上标出两点 E，F，使 $EF=AB=k$。

④拉直丝线，使其通过 C 点，且 E，F 点分别落在射线 DB 和 AB 上。

于是 $CE=k\sqrt[3]{2}$，即 CE 为体积加倍的立方体的棱长。

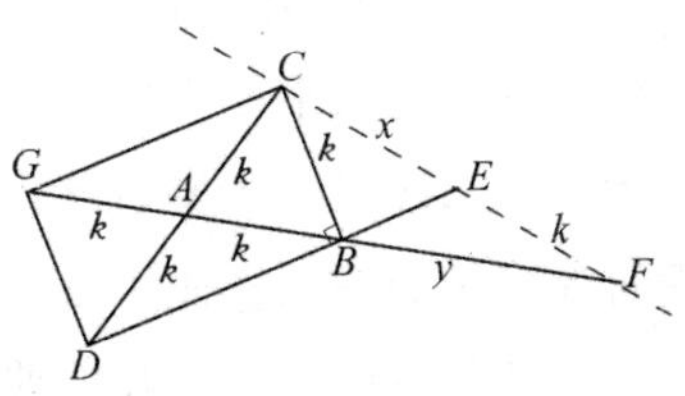

图 2-32

事实上，设 $x=CE$，$y=BF$，见图 2-32，△DBC 是直角三角形，在△BCF 中，由余弦定理

$$CF^2=CB^2+BF^2-2CB\cdot BF\cos\angle CBF$$

即

$$(x+k)^2=k^2+y^2-2ky\cos 120^\circ=k^2+y^2+ky$$

$$(x+k)^2-k^2=y^2+ky$$

延长 BA 到 G，使 $BA=AG=k$，则 $GC/\!/BE$，于是

$$\frac{k}{y}=\frac{x}{2k}，\ xy=2k^2$$

$$\begin{cases} xy=2k^2 \\ x^2+2kx=y^2+ky \end{cases}$$

解得　$x=k\sqrt[3]{2}=CE$。

2.10　现代数学方法的鼻祖笛卡儿

笛卡儿 1596 年生于法国都兰，贵族出身，科学史上的传奇人物，伟大的数学家、物理学家、哲学家和生物学家。我们只从数学的角度介绍他的事迹与思想。

笛卡儿 20 岁毕业于普互捷大学法律系，但他既不想成为世袭贵族，对法律亦无兴趣，他具有许多创新的思想，绝不因循守旧和迷信古人，敢于向传统挑战，他勤于思考，他的名言是："我思，故我在。"他不仅读书破万卷，而且对社会、对宇宙深入观察，努力实践。他说："我遇到的一切我都仔细研究，目的是从中引出有益的东西。"他无固定职业，行思古怪，终生未娶，心怀大志，专心科学，变卖家产，著作等身。1629 年，移居荷兰，深居简出，著书立说。主要著作有：《方法论》，《论世界》，《形而上学的沉思》，《哲学原理》，《几何学》。《几何学》中译本 1992 年由武汉出版社出版。全书分三篇，第一篇的内容是规尺作图，引入平面坐标系来建立几何问题的方程，包含着解析几何的要旨；第二篇进一步发展解析几何的思想和方法，讨论如何由坐标与方程研究多种曲线的性质。

笛卡儿发明的解析几何使变量和运动进入数学，是初等数学向高等数学发展的转折点，为函数论和微积分等现代数学主流的创立奠定了基础，也为几何学开拓了有力的研究方法，所以笛卡儿被科学史家公认为现代数学方法的鼻祖。

笛卡儿认识到欧几里得几何学过分强调证明技巧和过分依赖图形，酷似少儿"看图说话"，不利于几何学的进步，而代数又完全受制于法则和公式，过于抽象，缺乏直观性。他主张把两者联姻，形成数学分支

间的杂交优势，解析几何是笛卡儿对他那个时代以及之后的世代数学家们恩赐的无价的数学财富。

笛卡儿强调通过数学建模来解决科学上的实际问题，他在《方法论》一书中宣言：

把一切问题化成数学问题，把一切数学问题化成代数问题，把一切代数问题化成单个方程来求解！

今天听来，他的话说得有点过头，但在许多场合，上述观点是可行的；事实上，他那个时代尚未建立系统的非线性数学（例如非线性微分方程和混沌等），所以上述“笛卡儿纲领”中的“一切”二字似应修正。

笛卡儿重视直觉，他说：“我们不应该只服从别人的意见或自己的猜测，而是仅仅去寻找清楚而明白的直觉所能看到的东西，以及根据确实的资料做出的判断，舍此之外，别无求知之道。”他还说过：“数学不是思维的训练，而是一门建设性的有用的科学，研究数学是为了造福人类。”

笛卡儿身体一直不健康，不得不躺在床上看书和思考，据说解析几何就是他躺着想出来的。1649 年，瑞典年轻的皇后克利斯蒂娜邀请笛卡儿辅导她学习数学，笛卡儿看她喜爱数学，聪慧刻苦，为人正派，就答应了她，每天清晨为这位特殊的学生授课，由于瑞典气候寒冷，笛卡儿不久染患肺炎，第二年（1650 年）2 月，这位伟大的科学家与世长辞。

2.11 三等分角的阿基米德纸条

阿基米德想出了一个绝招，用一个纸条即可三等分任意给定的角，现介绍如下。

任给一角 Φ，以此角顶点 O 为圆心，以 r 为半径作圆⊙O，⊙O 与此角两边分别交于 A，B 两点，见图 2-33。

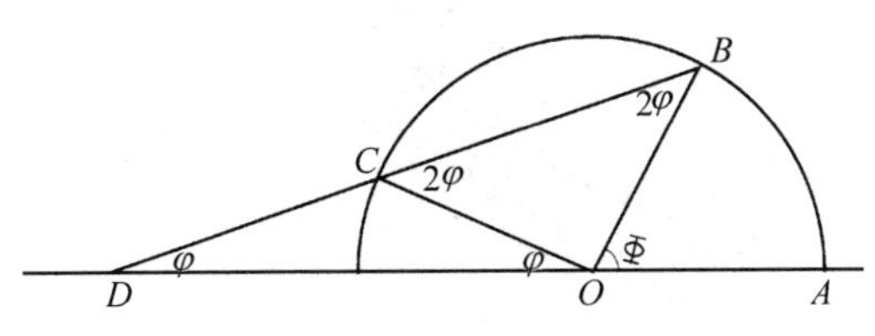

图 2-33

取一矩形纸条，在其边缘上标出相距为 r 的两点 C，D；令纸条的边缘过 B 点，且使 C 点落在⊙O 上，D 点落在 AO 的延长线上，则

$$\angle BDA=\varphi=\frac{1}{3}\Phi$$

事实上，$CD=OC=OB=r$，$\angle OCB=\angle OBC=2\angle CDO=2\varphi$，于是$\triangle OBD$ 的外角 $\Phi=\angle OBC+\angle CDO=2\varphi+\varphi=3\varphi$，即$\angle BDA$ 是已知角 Φ 的$\frac{1}{3}$。

木工师傅中巧如鲁班者大有人在，不知何年何人用“鲁班尺”发明了三等分任一角的方法；所谓鲁班尺，或称木工尺，是形如图 2-34 的直角尺。在过尺的拐角内点 B 与尺边 BD 垂直的尺边缘直线上取一点 C，使 BC 等于尺宽 AB；任给一角$\angle EOF$，先用鲁班尺画一条与 OE 相距为尺宽 AB 的平行线 l，见图2-35。使鲁班尺的边缘上的点 A 落在 l 上，C 点落在 OF 上，且边缘线 BD 过 O 点，如图 2-36。则沿边缘 DB 画出的直线 l'与 OF 的夹角是$\angle EOF$ 的$\frac{1}{3}$。事实上，作 $AG\perp OE$，G 为垂足，则直角三角形$\triangle OAG\cong\triangle OAB\cong\triangle OBC$，故$\angle AOG=\angle AOB=\angle BOC=\frac{1}{3}\angle EOF$。

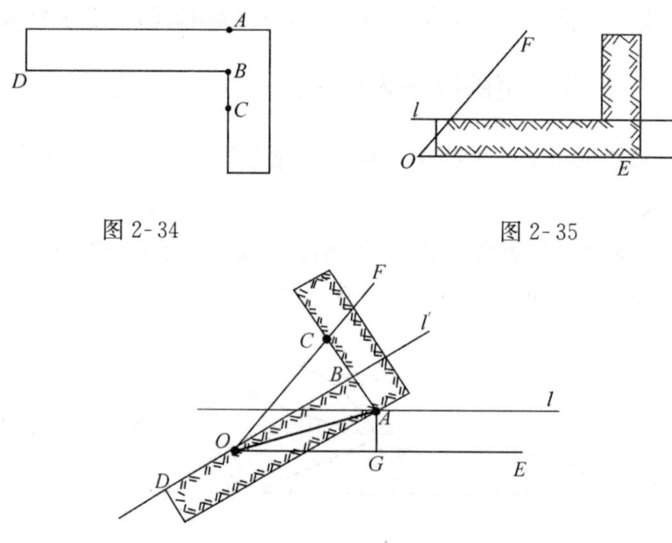

图 2-34

图 2-35

图 2-36

2.12 化圆为方的绝招

作一个正方形，使其面积和已知圆的面积相等，这就是化圆为方问题。

问题是数学的灵魂，为了解决化圆为方问题，古希腊数学家希庇亚斯发明了一条称为“割圆曲线”的奇怪曲线（当然这条曲线用规尺是作不成的）。割圆曲线是这样制成的：

把线段 AB 绕 A 点顺时针匀速旋转 90°到 AD 位置，同时与 AD 平行的直线 BC 匀速平移到 AD 位置，动线段 AB 与动直线 BC 的交点形成的曲线称为割圆曲线，见图 2-37 中的粗实线。在同一时间内，BC 平移到 $B'C'$，AB 转到 AB''，AB'' 与 $B'C'$ 交于 E 点，动点 E 的轨迹 BG 即为割圆曲线，它把以 A 为中心的以 AB 为半径的 $\frac{1}{4}$ 圆切割成两块，故有其名谓之割圆曲线。

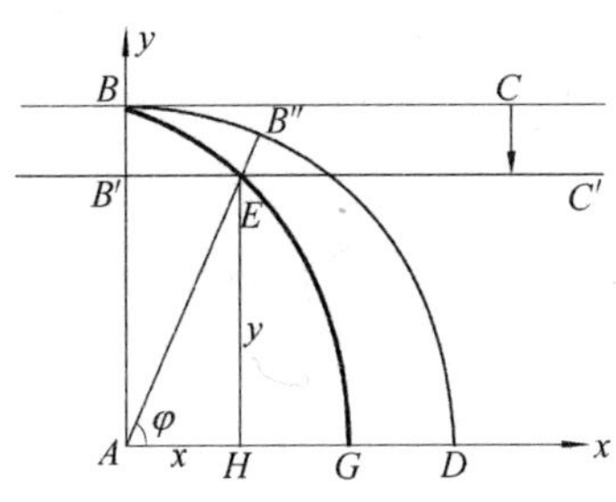

图 2-37

下面导出割圆曲线的方程。记 $AB=a$，$AH=x$，$EH=y$，$\angle EAD=\varphi$，则 $\tan\varphi=\frac{y}{x}$，$\varphi=\arctan\frac{y}{x}$；又

$$\frac{\varphi}{\frac{\pi}{2}}=\frac{EH}{AB}=\frac{t}{T}$$

其中 T 是 AB 转动 90°所用时间，t 是 AB'' 转角 φ 所用时间，于是

$$\varphi=\frac{\pi}{2a}y,\quad y=\frac{2a}{\pi}\varphi=\frac{2a}{\pi}\arctan\frac{y}{x}$$

$$y=x\tan\frac{\pi y}{2a}\text{ 或 }x=\frac{y}{\tan\frac{\pi}{2a}y}$$

下面求 AG 的长度

$$AG=\lim_{y\to 0}\frac{y}{\tan\frac{\pi}{2a}y}$$

又 $\tan\frac{\pi}{2a}y=\dfrac{\sin\frac{\pi}{2a}y}{\cos\frac{\pi}{2a}y}$，而 $\cos\frac{\pi}{2a}y$ 当 $y\to0$ 时以 1 为极限，所以

$$AG=\lim_{y\to0}\frac{y}{\sin\frac{\pi}{2a}y}=\lim_{y\to0}\frac{\frac{\pi}{2a}y}{\sin\frac{\pi}{2a}y}\cdot\frac{2a}{\pi}$$

令 $\frac{\pi}{2a}y=t$，只需求出 $\lim\limits_{t\to0}\frac{\sin t}{t}$。由图 2-38，$\triangle OAB$ 面积 $=\frac{1}{2}\sin t$，$\triangle OAT$ 面积 $=\frac{1}{2}\tan t$，扇形 OAB 面积 $=\frac{1}{2}t$，所以

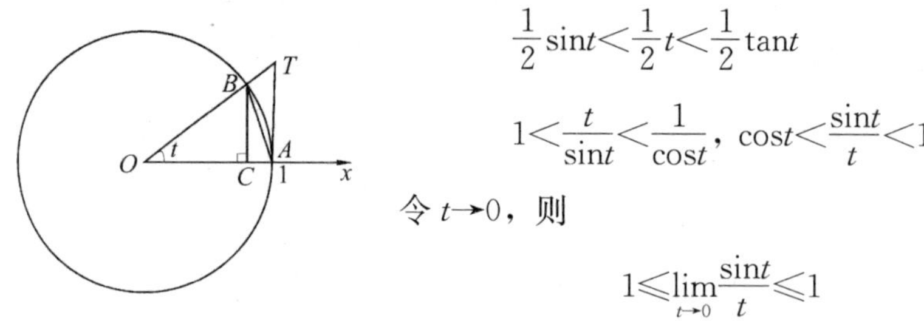

$$\frac{1}{2}\sin t<\frac{1}{2}t<\frac{1}{2}\tan t$$

$$1<\frac{t}{\sin t}<\frac{1}{\cos t},\quad \cos t<\frac{\sin t}{t}<1$$

令 $t\to0$，则

$$1\leqslant\lim_{t\to0}\frac{\sin t}{t}\leqslant1$$

图 2-38

即 $\lim\limits_{t\to0}\frac{\sin t}{t}=1$（显然 t 是负值时，此极限亦为 1）。

至此知 $AG=\frac{2a}{\pi}$，于是 AG，AB 皆已知线段，且

$$\frac{AG}{AB}=\frac{AB}{\frac{1}{2}\pi a}$$

割圆曲线作成后，AG 已画出，于是 $\frac{1}{2}\pi a$ 是已知三线段的第四比例项，用规尺可作出长 $\frac{1}{2}\pi a$ 的线段 l，以 l 为长，以 $2a$ 为宽作矩形，则此矩形面积为 πa^2，即为已知圆的面积，令 $b^2=2la$，作 l 与 $2a$ 的比例中项 b，以 b 为边的正方形即与已知圆等积的正方形。

下面讨论把弯月亮形化成等面积的正方形的问题。所谓弯月亮形是指两圆相交于两点，在一圆内部而在另一圆外部的平面区域，图 2-39 的阴影部分就是两个弯月亮。

和化圆为方不能用规尺完成的难度有些区别的是，有些弯月亮是可以用规尺作出的。

①内外弓形角分别为45°和90°的弯月亮可以规尺作出，见图2-40。

由于弓形角$\angle GAB=90°$，$\angle CAB=45°$，其中C点在弯月亮的弧上，则$\triangle ABC$是等腰直角三角形，$AB^2=AC^2+BC^2$；又由于

$$\frac{\text{弓形}ACE}{\text{弓形}ABD}=\frac{AC^2}{AB^2},\ \frac{\text{弓形}BCF}{\text{弓形}ABD}=\frac{BC^2}{AB^2}$$

于是

$$\frac{\text{弓形}ACE+\text{弓形}BCF}{\text{弓形}ABD}=\frac{AC^2+BC^2}{AB^2}=1$$

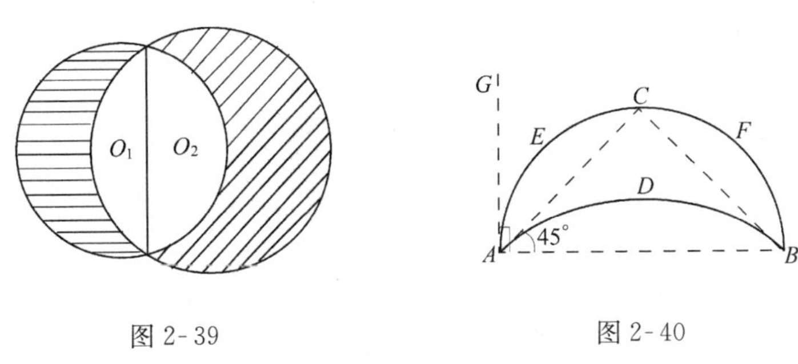

图2-39　　图2-40

从而得知弯月亮的面积等于$\triangle ABC$的面积。由于可以用规尺把$\triangle ABC$化成等积的正方形，所以可把弯月亮$ACBD$用规尺化成等积的正方形。

②若弯月亮的外弧上的弦$AA_1=A_1A_2=\cdots=A_{n-1}A_n=A_{n-1}B$，满足$AA_1^2+A_1A_2^2+\cdots+A_{n-1}A_n{}^2=AB^2$，又$AA_1$弦在外弧上构成的弓形角与$AB$弦在内弧上构成的弓形角相等，则弯月亮可用规尺化成等积正方形，见图2-41。

与①推理相似地可得外弧上的n个弓形的面积和等于内弧与AB弦组成的弓形面积，于是弯月亮的面积与多边形$AA_1A_2\cdots A_{n-1}A_n$的面积相等，而多边形$AA_1A_2\cdots A_{n-1}A_n$可以用规尺化成等积的三角形，此三角形再用规尺化成等积的正方形，于是终于用规尺把弯月亮化成等积的正方形。

但并不是任何弯月亮形都可以用规尺化成等面积的正方形。例如图2-42中AB是大半圆直径，$AC=CD=DB$，则以AC为直径的半圆的面积加上三个弯月亮的面积等于梯形$ABDC$的面积，由于梯形可以规尺等积化方，所以三个弯月亮加一个半圆可以规尺化方，而已知半圆

不可规尺等积化方，所以这三个弯月亮之和不可规尺化方，从而一个这种弯月亮不可规尺化方。

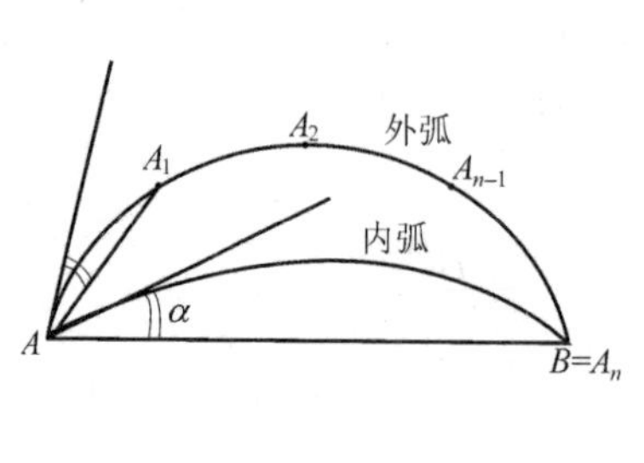

图 2-41

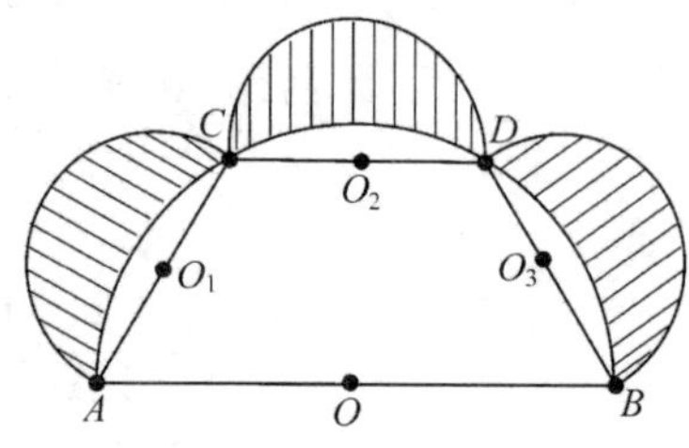

图 2-42

2.13 逆风行舟

我们讨论一个很现实、很有趣的数学问题：

帆船如何顶北风向正北最快地航行？

显然，这也是奥林匹克运动会帆船运动员们最关心的问题之一。

首先考虑下面的问题：

当帆面与风向所成的角为 α，与船的轴线所成的角是 β 时，帆船的航速 c 是多少？

设帆面与风向垂直时，风对帆面的压力是 P，当$\alpha\neq90°$时，垂直于帆面的风压 $p'<P$，$p'=P\sin\alpha$。再把 p'分解成沿船轴线方向的分量 $p=p'\sin\beta$ 和垂直于船轴线的分量 $q=p'\cos\beta$，从而风加在航行方向上的压力为（图2-43）

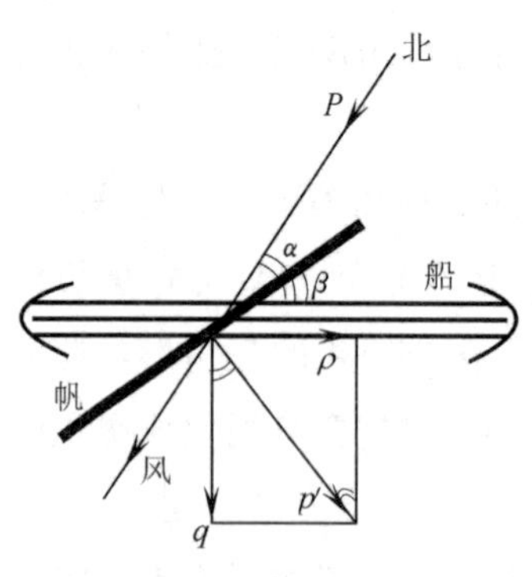

图 2-43

$$p=P\sin\alpha\sin\beta$$

帆船的速度 c 与 p 成正比

$$c=kp=kP\sin\alpha\sin\beta$$

k 是正常数。显然 $\alpha=\beta=90°$时，即风是北风，船向南行，帆与船轴垂直时，船速最大，这时 $c_{\max}=kP$，令 $kP=C$，C 是最大船速。

下面讨论如何向北最快航行。这时船的轴线与风夹角 $\alpha+\beta$，船速向北分量为 $c'=c'\cos(\alpha+\beta)=C\sin\alpha\sin\beta\sin\gamma$，$\alpha+\beta+\gamma=90°$。下面确定 α，β，γ 的值，使 c' 最大。

如果 $\alpha+\beta=\alpha'+\beta'$，$\alpha$，$\beta$，$\alpha'$，$\beta'$ 皆锐角，由于

$2\sin\alpha\sin\beta=\cos(\alpha-\beta)-\cos(\alpha+\beta)$

$2\sin\alpha'\sin\beta'=\cos(\alpha'-\beta')-\cos(\alpha'+\beta')$

所以当且仅当 $|\alpha-\beta|>|\alpha'-\beta'|$ 时，$\sin\alpha\sin\beta<\sin\alpha'\sin\beta'$。

考虑 $\alpha+\beta+\gamma=\alpha'+\beta'+\gamma'=90°$，其中 $\alpha'=30°$，$\gamma=\gamma'$，$\alpha'+\beta'=\alpha+\beta$，且 $\alpha=30°+\varepsilon_1$，$\beta=30°-\varepsilon_2$，α，β，γ，α'，β'，γ'，皆锐角，ε_1，$\varepsilon_2>0$，则 $|\alpha-\beta|=\varepsilon_1+\varepsilon_2$，$\beta'=30°-\varepsilon_2+\varepsilon_1$，$|\alpha'-\beta'|=|\varepsilon_1-\varepsilon_2|<|\alpha-\beta|$，所以

$$\sin30°\sin\beta'\sin\gamma'>\sin\alpha\sin\beta\sin\gamma \tag{2.3}$$

又 $\beta'+\gamma'=60°$，所以

$$\sin30°\sin30°\geqslant\sin\beta'\sin\gamma' \tag{2.4}$$

由（2.3）和（2.4）得

$$\sin30°\sin30°\sin30°\geqslant\sin\alpha\sin\beta\sin\gamma \tag{2.5}$$

即 $\alpha=\beta=\gamma=30°$时，c'最大。至此得知：

船的轴线与朝北方向成 60°，且帆面平分这个角时，向北航行最快，这时最大北上速度为

$$c'=C\sin30°\sin30°\sin30°=\frac{C}{8}$$

即是顺风向南行最大速度的$\frac{1}{8}$，见图 2-44。

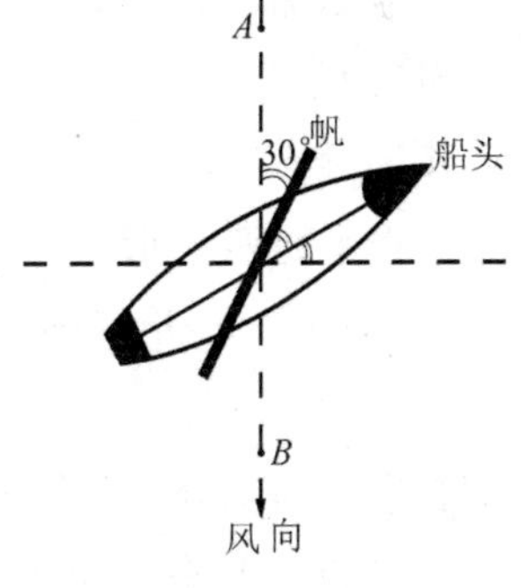

图 2-44

只要使你的船头指向与逆风方向成 60°，再把帆面转到这个 60°角的平分位，不管何方来风，总会使你向逆风方向航行得最快。这一结论也适用于无动力有舵渔船的漂流，水流相当于风，舵相当于帆。

为了达到预定地点 A，可以扭转船头若干次，使船头交替地在风向 AB 直线的两侧且使风向、船轴向和帆面间的角度仍为上述的角度。

看见没有，处于逆境，巧借阻力，迂回曲折，仍可达到目标！

2.14 天上人间怎么这么多的圆和球

天上的行星、月球和太阳等星体，自然界的雨点露珠，橘子苹果，诸多天然之物，为什么那么多球状体？还有几乎人人爱好的足球、篮球，等等，乃至我们的眼球头颅，也都是球状物，德国著名数学家斯坦纳（S. Steiner，1796～1863）揭穿了其中的天机。

一个有关的传说是，古罗马皇帝的女儿吉冬去非洲创立迦太基国，成为该国首任女皇，她欲在海边购买一块土地，吉冬向土地出售者提出要买“一张兽皮的土地”，即把一张兽皮剪成了细条，结成一条长绳，她说买下这条绳围住的那么多土地，于是双方谈妥价钱。之后聪明的吉冬把绳作成半圆弧，此半圆直径在海岸线上，她心里明白，这时面积最大。

事实上，在等长的平面闭曲线所围面积当中，以圆面积最大。反之，在面积相等的平面图形中，圆的周长最小。

显然只需考虑凸的平面图形，即那些连接内部任意两点的线段，此线段完全属于这个图形所围的区域内部的图形。

为证明上述有关圆的命题，先讨论梯形。

在上下底的长度与高固定的梯形中，等腰梯形的两腰之和最短。

考虑梯形 $ABCD$，见图 2-45，关于 AD 的中垂线为 l，B 的对称点为 B'，C_0 为 CB' 中点，C_0 关于 l 的对称点为 B_0，则 $BB_0=B'C_0$。于是等腰梯形 AB_0C_0D 与 $ABCD$ 底与高分别等长，它们等面积。

作平行四边形 $DCHB'$，于是 $DH<DC+CH$。而 $DH=2DC_0=DC_0+AB_0$，$CH=DB'=AB$，故

$$AB_0+DC_0<AB+DC$$

即在底边与高分别相等的梯形中，等腰梯形的两腰和最小。

设 Ω 是具有已知面积 S 而周长最短的平面图形，我们往证 Ω 是圆。

任作一直线 L，因为 Ω 是凸的，所以可以找到 Ω 上的两个点 P_1，P_2，使得过 P_1 与 P_2 垂直于 L 的两条直线所夹的带形之外无 Ω 上的点，设过 P_1，P_2 的垂线与 L 交于 Q_1，Q_2 两点，我们把线段 Q_1Q_2 进行 2^n 等分，过每一等分点作 L 的垂线，把 Ω 划分成 2^n 个长条区域，由于 n 充分大，长条很窄，可以把每个长条视为一个梯形，见图 2-46。对任一

长条 $ABDC$，以 L 直线为对称轴作等腰梯形 $A'B'D'C'$，使它与 $ABDC$ 是等高等底的梯形，于是

$$AB+CD\geqslant A'B'+C'D'$$

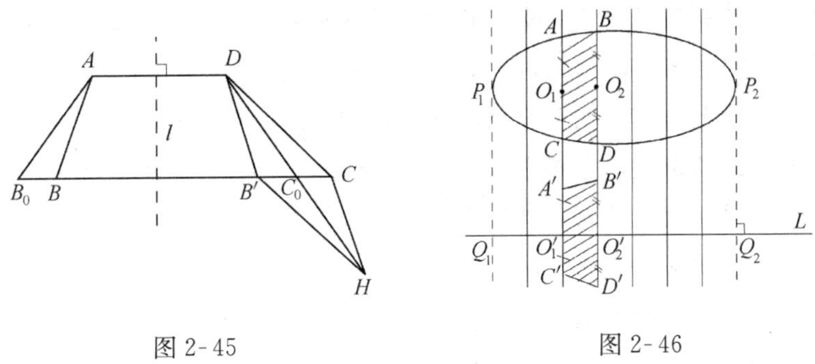

图 2-45　　图 2-46

上式等号仅在 $ABDC$ 也是等腰梯形时成立。又 Ω 的周长是等积平面图形中的最小者，则由 $A'B'D'C'$ 这种等腰梯形并成的平面图形 Ω' 不但与 Ω 等积而且周长也与 Ω 的周长相等，则每个小梯形 $ABDC$ 皆等腰梯形，所以 Ω 有与 L 平行的一条对称轴 L'，L' 过 AC 中点 O_1。由 L 的任意值知 Ω 在任何方向上都有对称轴，这种图形一定是圆，即得知：

在等积的平面图形中，圆的周长最短。

下面论证其逆命题亦成立，即等长的平面闭曲线所围面积，圆面积最大。

事实上，设任一不为圆的平面图形 Ω 与圆 C 的周长都是 l，记 S_ω 是 Ω 的面积，S_C 是 C 的面积，若 $S_\omega\geqslant S_C$，考虑与 C 同心且面积为 S_ω 的圆 C'，则 C' 的周长 $l'\geqslant l$，但从前面论证知，这时应有在 C' 与 Ω 这两个平面图形中，圆 C' 的周长比 Ω 的周长短，即 $l'<l$，矛盾。故应有 $S_\omega<S_C$。

上述平面图形的结论可以推广到空间，有以下结论：

在表面积相等的所有立体当中，球有最大体积；在体积相等的所有立体当中，球有最小表面积。

论证球的最优性的思路与论证圆的最优性的思路相似，只不过把等腰梯形改成下面的三棱柱 $ABC-A'B'C'$：$ABC-A'B'C'$ 有与侧棱垂直的对称平面。且易证下面事实，侧棱 AA'，BB'，CC' 有定长 a，b，c，且 AA'，BB'，CC' 分别位于三条给定的直线上的所有三棱柱中，有与

侧棱垂直的对称平面者，其底面面积之和$\triangle ABC+\triangle A'B'C'D$最小。

对于吉冬女皇“一张兽皮的土地”，如果她围的土地不是以海岸线一段为直径的半圆，则以海岸线为对称轴的一个平面图形Ω不是圆，这里Ω边界线的“陆地部分”由兽皮条构成，与2倍长兽皮条围成的圆相比，Ω的面积小，可见吉冬的半圆是围地最多的。

从理论上讲，我们上面已论证出这种结论：吃苹果和橘子时，丢掉了一定数量的果皮，显然希望剩下的果肉越多越好，这就应当使苹果和橘子等水果是球形的；自然界真是数学家的奶娘，她已经按数学上最优化的要求长出了许多球状的水果。

反过来讲，例如雨点露珠，水的表面张力像一张收缩的橡皮膜一样地尽量缩小表面积。正如上述数学理论指出的，这一定质量的水滴应当是球状的，难怪自然界的球状物那么多，自然界“尽量节省皮肤”的原理被数学家道破了。

2.15 平面几何定理为什么可以机器证明

数学定理的机器证明是现代数学的重要成就，我国在这方面已有很突出的贡献，例如吴文俊教授、张景中教授和杨路教授等著名数学家在用计算机作平面几何定理的证明等项目上已取得了世界领先的成绩。下面用实例说明平面几何定理何时可以用计算机证明。

例如，已知锐角$\triangle ABC$，向$\triangle ABC$外作正方形$ACDF$，$BCEG$，求证$BD\perp AE$。

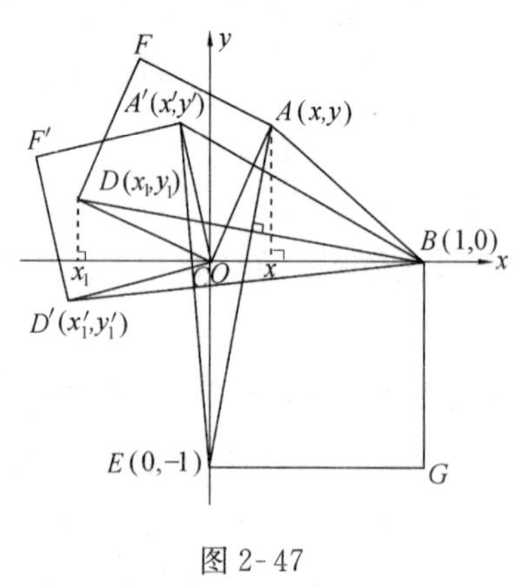

图2-47

(1) 适当安装直角平面坐标系，把平面几何定理的已知和求证化成代数问题

图2-47中C点取为原点，B点坐标不妨设其为(1，0)，A点在上半平面，于是E点坐标是(0，-1)，记D点坐标为(x_1，y_1)，则已知条件可写成

$$\begin{cases} x_1^2=y^2 & (2.6) \\ x_1x+yy_1=0 & (2.7) \end{cases}$$

求证

$$\frac{y_1-0}{x_1-1}\cdot\frac{y+1}{x}=-1$$

即求证

$$y_1(y+1)+x(x_1-1)=0 \tag{2.8}$$

是恒等式。

(2)(2.6)、(2.7)、(2.8)方程联立，消去 x_1，y_1 化成只含 x 与 y 两个变元的恒等式

由方程（2.7）和（2.8）得

$$y_1-x=0,\ y_1=x$$

由方程（2.8）得 $y_1=\frac{-x_1x}{y}$，代入 $y_1=x$ 得

$$-x_1x=xy$$

两边平方得

$$x_1^2x^2=x^2y^2$$

由方程（2.6）得

$$y^2x^2=x^2y^2$$

这是一个恒等式，故不论 A 点如何运动，都有 $AE\perp BD$。

方程（2.6）、(2.7)、(2.8）联立消去 x_1，y_1 等参数的过程可用计算机来完成。

一般地，把几何问题化成代数问题之后，如果消元法得到的多项式 $f(x_1, x_2, x_3, \cdots, x_k)=0$ 不明显为恒等式，可用“数值实验”的方法来验证它是否是恒等式。

例如 $x^3-1=(x-1)(x^2+x+1)$ 是恒等式，当时我们是直接进行$x-1$与 x^2+x+1 的多项式乘法便算出了 x^3-1，其实还有比此妙得多的办法：

令 $x=0$，则得 $x^3-1=0^3-1=-1$，$(x-1)(x^2+x+1)=(0-1)(0^2+0+1)=-1$，左=右。

令 $x=1$，则得 $x^3-1=1^3-1=0$，$(x-1)(x^2+x+1)=0$，左=右。

令 $x=-1$，则得 $x^3-1=(-1)^3-1=-2$，$(x-1)(x^2+x+1)=$

$(-1-1)((-1)^2-1+1)=-2$，左=右。

令 $x=2$，则得 $x^3-1=2^3-1=7$，$(x-1)(x^2+x+1)=(2-1)(22+2+1)=7$，左=右。

至此已经证出 $x^3-1=(x-1)(x^2+x+1)$ 是恒等式。

事实上，如果它不是恒等式而是三次方程，由代数基本定理，它至多有三个实根，而今有四个两两相异的实数都满足它，可见它不是方程，而是恒等式。

对于两个变元的等式 $f(x,y)=0$，其中 $f(x,y)$ 是 x 最高次数为 m 次，y 的最高次数为 n 次的多项式，m，n 为自然数，则取 x 的 $m+1$ 个特殊值，例如 $x=0$，1，2，…，m，取 y 的 $n+1$ 个特殊值，例如 $y=0$，1，2，…，n，组成 $(m+1)(n+1)$ 组 (x,y) 的数组

$$(0,0),(1,0),(2,0),\cdots,(m,0)$$
$$(0,1),(1,1),(2,1),\cdots,(m,1)$$
$$\cdots$$
$$(0,n),(1,n),(2,n),\cdots,(m,n)$$

如果对这些特殊的 x，y 之取值，$f(x,y)$ 皆取零值，则可判定 $f(x,y)=0$是恒等式。

事实上，$f(x,y)=0$ 可以写成

$$a_0(y)x^m+a_1(y)x^{m-1}+\cdots+a_{m-1}(y)x+a_m(y)=0 \qquad (2.9)$$

其中 a_0，a_1，…，a_m 是 y 的多项式，次数最高者为 n 次多项式。

由于用 $(0,0)$，$(1,0)$，…，$(m,0)$ 代入（2.10）得出

$$a_0(0)x^m+a_1(0)x^{m-1}+\cdots+a_m(0)=0$$

所以 $a_0(0)x^m+a_1(0)x^{m-1}+\cdots+a_m(0)\equiv 0$，同理得

$$a_0(1)x^m+a_1(1)x^{m-1}+\cdots+a_m(1)\equiv 0$$
$$a_0(2)x^m+a_1(2)x^{m-1}+\cdots+a_m(2)\equiv 0$$
$$\cdots\cdots$$
$$a_0(n)x^m+a_1(n)x^{m-1}+\cdots+a_m(n)\equiv 0$$

于是 $a_0(y)\equiv a_1(y)\equiv\cdots\equiv a_m(y)\equiv 0$，进而 $f(x,y)\equiv 0$。

对于多个变量的等式 $F(x_1,x_2,\cdots,x_n)=0$，其中 F 是 x_1，x_2，…，x_n的多项式，对它们的最高次数分别为 x_1 为 m_1 次，x_2 为 m_2 次，…，x_n 为 m_n 次，令 x_1 取值 0，1，2，…，m_1，x_2 取值 0，1，2，

$\cdots$，m_2，$\cdots$，x_n 取值 0，1，2，$\cdots$，m_n，把每个数组（x_1，x_2，$\cdots$，x_n）＝（a_1，a_2，$\cdots$，a_n）代入$F=0$后得 F（a_1，a_2，$\cdots$，a_n）＝0，$a_i\in$ {0，1，2，$\cdots$，m_i}，$i=1$，2，$\cdots$，n，则可判 F（x_1，x_2，$\cdots$，x_n）$\equiv0$。上述数组有（m_1+1）（m_2+1）$\cdots$（m_n+1）个。

下面用著名的“西摩松线”来说明机器证明的步骤。

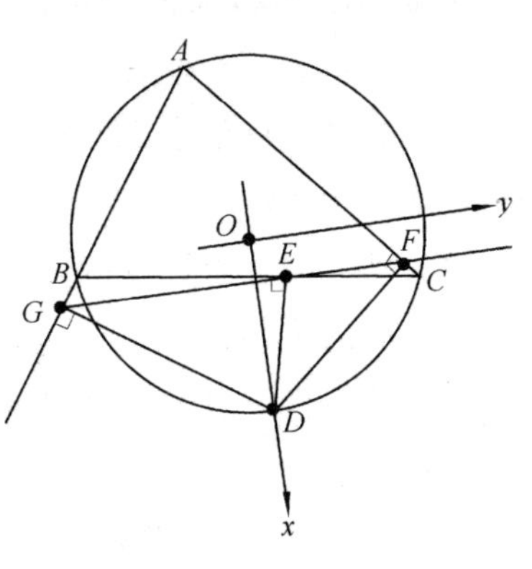

图 2-48

西摩松定理 在$\triangle ABC$ 的外接圆上（图 2-48）任取一点 D，自 D 向 BC，CA，AB 引垂线，垂足依次为 E，F，G，则 E，F，G 三点共线（此直线称为西摩松线）。

取坐标系：外接圆圆心 O 为原点，D 点坐标为（1，0），此外，还有六个点A（x_1，y_1），B（x_2，y_2），C（x_3，y_3），E（x_5，y_5），F（x_6，y_6），G（x_7，y_7）。由已知条件，E，F，G 分别在 BC，AC，AB 上，于是有

$$\begin{cases}x_5=\lambda x_2+(1-\lambda)x_3\\y_5=\lambda y_2+(1-\lambda)y_3\end{cases}$$
$$\begin{cases}x_6=\mu x_3+(1-\mu)x_1\\y_6=\mu y_3+(1-\mu)y_1\end{cases}$$
$$\begin{cases}x_7=\rho x_1+(1-\rho)x_2\\y_7=\rho y_1+(1-\rho)y_2\end{cases}$$

再由已知条件，A，B，C 在单位圆上，故有

$$x_1^2+y_1^2=1,\ x_2^2+y_2^2=1,\ x_3^2+y_3^2=1$$

又已知 $DE\perp BC$，$DF\perp AC$，$DG\perp AB$ 得

$$\begin{cases}[\lambda x_2+(1-\lambda)x_3-1](x_2-x_3)+\\ [\lambda y_2+(1-\lambda)y_3](y_2-y_3)=0\\ [\mu x_3+(1-\mu)x_1-1](x_3-x_1)+\\ [\mu y_3+(1-\mu)y_1](y_3-y_1)=0\\ [\rho x_1+(1-\rho)x_2-1](x_1-x_2)+\\ [\rho y_1+(1-\rho)y_2](y_1-y_2)=0\end{cases}$$

欲证 E，F，G 共线，即求证

$$\frac{y_5-y_6}{y_5-y_6}=\frac{y_5-y_7}{x_5-x_7}$$

等价于求证

$$(x_5-x_6)(y_5-y_7)-(x_5-x_7)(y_5-y_6)=0$$

上面的已知和求证的各代数式（多项式）中有 x_1，y_1，x_2，y_2，x_3，y_3，x_5，y_5，x_6，y_6，x_7，y_7，λ，μ，ρ 15 个变量，有 13 个方程，可以用消去法从中消去 12 个变量，只留下 x_1，x_2，x_3 这三个自由变量组成的等式 $f(x_1, x_2, x_3)=0$。

这一消元过程由计算机去做。

接下去的工作是用计算机求 $f(x_1, x_2, x_3)$ 在一些指定点上的值，如果这些指定点上的 f 值皆零，则 $f(x_1, x_2, x_3)\equiv 0$，从而西摩松定理证毕；这些指定点可如下指定：

设 x_1 在 f 中最高次数为 n_1，则取 $x_1\in\{0, 1, 2, \cdots, n_1\}$，$x_2$ 在 f 中最高次数为 n_2，则取 $x_2\in\{0, 1, 2, \cdots, n_2\}$，$x_3$ 在 f 中最高次数为 n_3，则取 $x_3\in\{0, 1, 2, \cdots, n_3\}$，进而取指定点为

$$\begin{cases}(0,0,0),(0,0,1),(0,0,2),\cdots\\(0,0,n_3-1),(0,0,n_3)\\(0,1,0),(0,1,1),(0,1,2),\cdots\\(0,1,n_3-1),(0,1,n_3)\\\qquad\cdots\cdots\\(0,n_2,0),(0,n_2,1),(0,n_2,2),\cdots\\(0,n_2,n_3-1),(0,n_2,n_3)\end{cases}$$

$$\begin{cases}(1,0,0),(1,0,1),(1,0,2),\cdots\\(1,0,n_3-1),(1,0,n_3)\\\qquad\cdots\cdots\\(1,n_2,0),(1,n_2,1),(1,n_2,2),\cdots\\(1,n_2,n_3-1),(1,n_2,n_3)\end{cases}$$

$$\cdots\cdots$$

$$\begin{cases}(n_1, 0, 0), (n_1, 0, 1), (n_1, 0, 2), \cdots \\ (n_1, 0, n_3-1), (n_1, 0, n_3) \\ \qquad \cdots\cdots \\ (n_1, n_2, 0), (n_1, n_2, 1), (n_1, n_2, 2), \cdots \\ (n_1, n_2, n_3-1), (n_1, n_2, n_3)\end{cases}$$

共计（n_1+1） （n_2+1） （n_3+1）个点需要用计算机（器）代入 $f(x_1, x_2, x_3)$来求值，如果皆等于零，则证毕。

上面这些“活儿”用手来干当然烦人，但用计算机来干只需几秒钟即可完成。目前已有代数方程组消元的现成软件，用以得到一个单个的欲证其为恒等式的等式；也有现成软件来求多项式在指定点的值。

数学上已有理论（例如代数基本定理）的思想性与现代计算机的运算技术相结合，正在把数学家们从繁琐的证明书写和无味的数字或符号运算的桎梏中解救出来，并能用机器证明各种难以证明的数学定理和解决众多数学难题。例如 1997 年人造机器 IBM 公司的“深蓝计算机”在国际象棋盘上运筹博弈，战胜了国际天王级象棋大师卡斯帕罗夫，使人们为之瞠目结舌，叹为观止。

已知与求证中不涉及不等式的初等几何问题，总可以如上面西摩松定理那样，把它用机器化成一个多项式等于零的问题，再用机器证明该多项式是零多项式，即恒等于零，从而完成几何问题的证明。

2.16 勾三股四弦五精品展

(1) 中华牌 345 三角形

我国数学名著《周髀算经》中载名句：“句广三，股修四，径隅五。”译成白话文即勾三股四弦五，说的是公元前 1100 年前的大禹时代，商高已知直角三角形的斜边是 5，短直角边（勾）是 3，长直角边（股）是 4。周髀二字的“周”是周朝，即《周髀算经》是周朝的数学著作，“髀”是股骨，周朝时人们用牛股骨作成测日光影子的工具，见图 2-49。

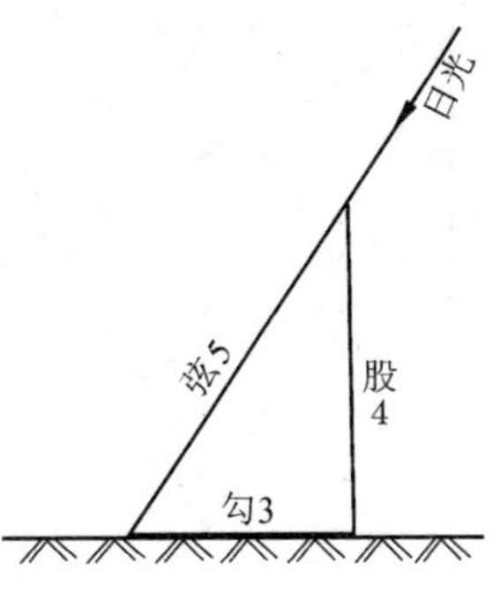

图 2-49

我国的赵君卿于公元 222 年为《周髀算

经》作注，证明了勾股定理。赵君卿又名赵爽，是三国时代吴国人，他的证明看图2-50不言自明。

事实上

$$\begin{aligned} c^2 &= \frac{ab}{2}+\frac{ab}{2}+\frac{ab}{2}+\frac{ab}{2}+(a-b)^2 \\ &= 2ab+a^2+b^2-2ab \\ &= a^2+b^2 \end{aligned}$$

即 $a^2+b^2=c^2$，若 $a=3$，$b=4$，则 $c=5$，即勾 3 股 4 弦 5，图 2-50 中勾 3 股 4 弦 5 的三角形共四个，下面称三边比为 3∶4∶5 的直角三角形为 345 三角形，图 2-51 中的 345 三角形有 8 个：①，②，③，④，⑤，⑥，⑦，⑧。

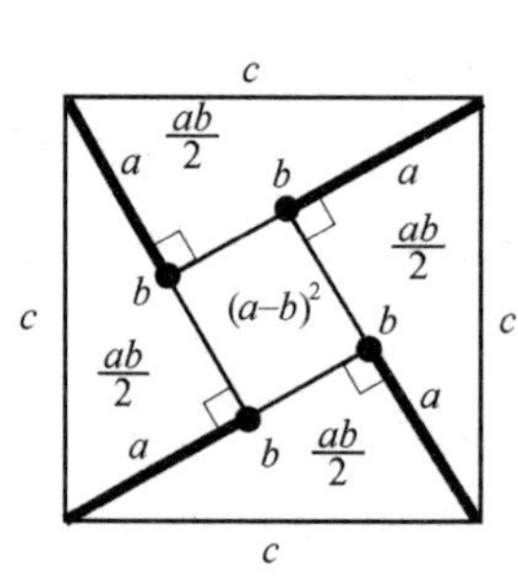

图 2-50

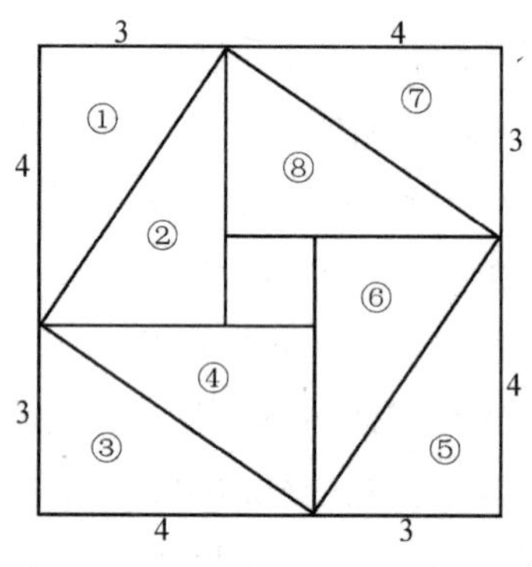

图 2-51

(2) 徒手在正方形纸片上作出 24 个 345 三角形

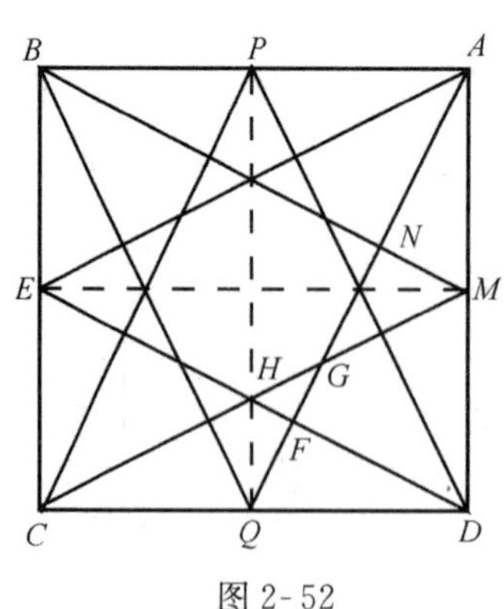

图 2-52

只有一张正方形纸片，其上无任何标志，如何徒手地在这张正方形上显现出 24 个 345 三角形？

如图 2-52，容易证明与△GHF 全等的三角形共计八个，与△GMN 全等的三角形共计八个，与△AEF 全等的三角形共八个，其中 E，P，M，Q 是正方形各边中点，这四个中点可以由正方形纸片对折得到，进而沿 DE，DP，BQ，

BM，AQ，AE，CM，CP 折叠，即得图 2-52 中各折痕线段和各三角形。而且容易看出$\triangle GHF \backsim \triangle GMN \backsim \triangle AEF$，下面只欠证$\triangle AEF$ 是 345 三角形。

事实上，设正方形边长为 2，则正方形面积为 4，$\triangle CEQ$ 面积是 $\frac{1}{2}$，$\triangle ABE$ 与$\triangle ADQ$ 面积和是 2，于是$\triangle AEQ$ 的面积为

$$4-2-\frac{1}{2}=1\frac{1}{2}=\frac{1}{2}AQ\times EF=\frac{\sqrt{5}}{2}\times EF$$

于是 $EF=\frac{3}{\sqrt{5}}$，由勾股定理得 $AF=\frac{4}{\sqrt{5}}$，故$\triangle AEF$ 是 345 三角形，得到 24 个 345 三角形。

常言道，工欲善其事，必先利其器；事实上，人手乃是世间最灵巧的工具，而最聪明者莫过于人脑，电脑永远不及人脑；上面不动用任何工具即造出 24 个 345 三角形即显示了手和脑的优势。

（3）方圆之中的 345 三角形

图 2-53 中，$ABCD$ 是正方形，F 是 DC 中点，以 F 为中心以 FD 为半径画圆，AGH 是此圆切线，G 是切点，H 在线段 BC 上，则$\triangle ABH$ 是 345 三角形。事实上，设 $AB=1$，则 $AG=1$，设 $HC=x$，则 $HG=x$，$BH=1-x$ 由勾股定理得

$$(1+x)^2=1^2+(1-x)^2,\ x=\frac{1}{4}$$

于是 $AB=1$，$BH=\frac{3}{4}$，$AH=\frac{5}{4}$，可见$\triangle ABH$ 是 345 三角形。

E 是 AB 中点，由相似性，$\triangle AKE$ 与$\triangle FGK$ 也是 345 三角形；延长 FG 至 J，J 在 BC 上，则$\triangle HGJ$ 与$\triangle FCJ$ 也是 345 三角形。

作 $GP /\!/ BC$，P 在 DC 上；连接 DJ。与 EF 交于 I，作 $IM /\!/ AB$，M 在 AD 上；连接 AI。经简单计算知 $DM=\frac{1}{3}$，进而$\triangle FPG$，$\triangle EMI$，$\triangle AIE$，$\triangle AME$，$\triangle AMI$ 都是 345 三角形。

由于矩形 $AEIM$ 的对角线把此矩形划分成两个 345 三角形，所以从此矩形对角线交点作其边的平行线分得的四个小矩形仍有原矩形的性质，即每个小矩形的两条对角线画出四个 345 三角形，如此可得 $4+4^2+4^3+\cdots$个 345 三角形，即可得任意多个 345 三角形。

经过简单计算可以断定图 2-54 至图 2-58 中的阴影三角形是 345 三角形。

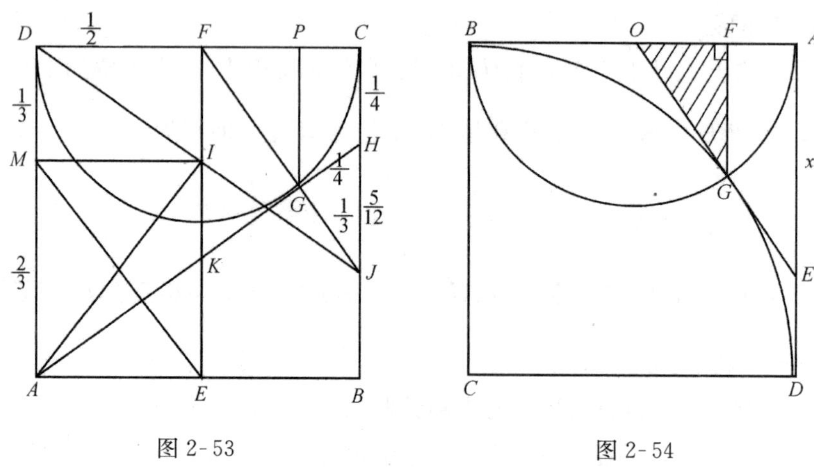

图 2-53　　　　图 2-54

图 2-54 中 O 是 AB 中点，$ABCD$ 是单位正方形，G 是半圆⊙O 与 $\frac{1}{4}$圆⊙C 的交点；于是 OGE 是⊙C 的切线，在△OAE 中，由勾股定理，$\left(\frac{1}{2}^{2}\right)+x^2=\left[\frac{1}{2}+(1-x)\right]^2$，$x=\frac{2}{3}$，$OA=\frac{1}{2}$，$OE=\frac{5}{6}$，所以△$OAE$ 是 345 三角形，由相似性，△OGF 也是 345 三角形。

图 2-55～图 2-58 各三角形（带阴影者）为什么是 345 三角形，请读者验算一下。

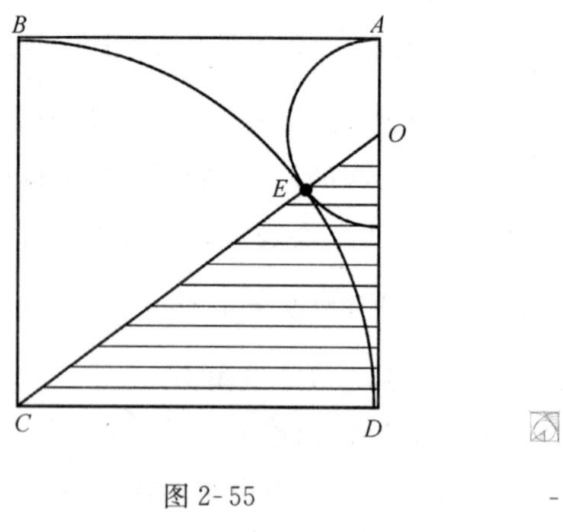

图 2-55

-56

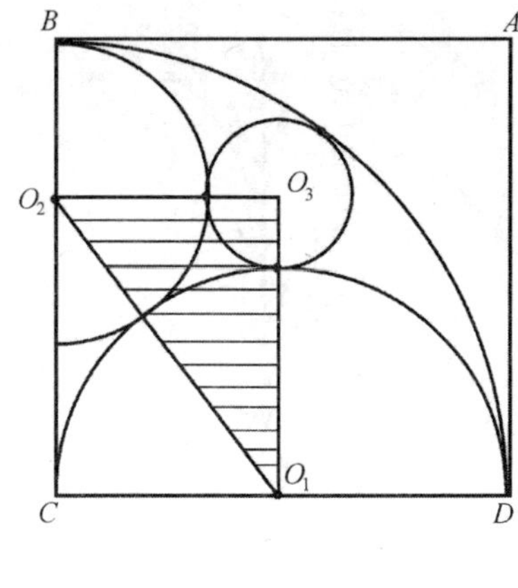

图 2-57

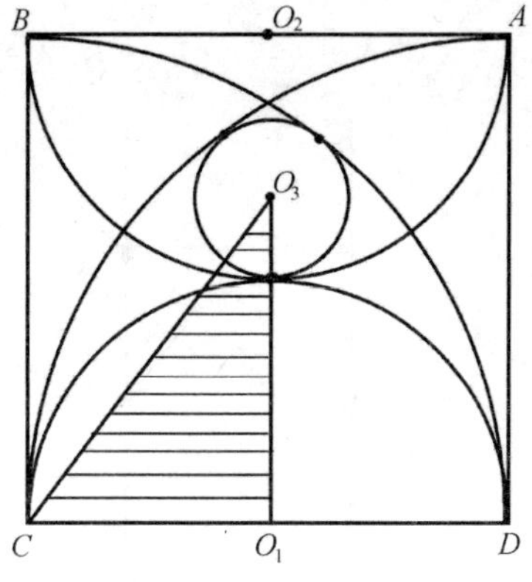

图 2-58

2.17 雪花几何

放眼宇宙，细看犬牙交错的海岸线，美丽对称而边缘并不平滑的雪花，以及天上的云朵，山中的枫叶……绝大多数的客观实物，并不像欧几里得几何中讨论的点、线段、圆、立方体、球等乃至笛卡儿的解析几何中的椭圆，椭球等那样单纯，复杂是宇宙的本性。有不少东西大处和小处的结构有相似性，例如太阳系，地球绕着太阳转，月亮又绕着地球转，月亮上的氢原子核外又有绕其旋转的电子，等等，这种无限嵌套的精细的层次结构实乃大自然的几何学。

（1）春风杨柳

春天到了，从一枝长 1 的柳条的$\frac{1}{3}$与$\frac{2}{3}$处各长出长为$\frac{1}{3}$的新枝，见图 2-59，分叉点把树枝分成 5 段，每段又从其$\frac{1}{3}$与$\frac{2}{3}$处长出新枝，此刚长出的新枝之长是该段长的$\frac{1}{3}$，如此生长下去，最后得到枝繁叶茂的一棵杨柳树。

算一算枝条的总长度：

第一次生长了两个枝条，全长为$1\times\frac{5}{3}$；

第二次又长出了十个枝条，全长为 $1\times\frac{5}{3}\times\frac{5}{3}=\left(\frac{5}{3}\right)^2$；如此递推，

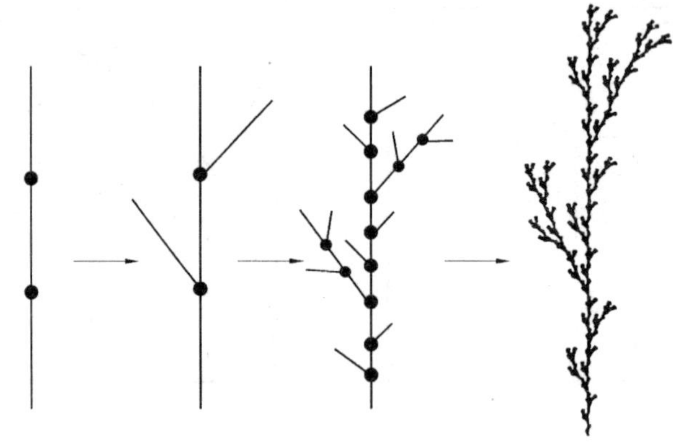

图 2-59

第 n 次又生长了若干枝条，全长为 $\left(\frac{5}{3}\right)^n$，当 n 很大时，$\left(\frac{5}{3}\right)^n$ 是十分巨大的数字，从理论上讲，如果无限生长下去，此树的枝条总长就是无穷的了。当然，由于自然条件的限制，真实的树木是不可能无限地增长的，由于天灾人祸和生物自身的衰老，到一定限度就不会再增长了。

(2) 隆冬雪花

E_0 是单位长线段；E_1 是 E_0 除去中间 $\frac{1}{3}$ 线段代之以底边在除去的线段上的正三角形的另两边所得的折线，E_1 上有四条线段；同样的操作用于 E_1 的每一线段得到 E_2 折线，以此类推，即 E_k 是把 E_{k-1} 的每个线段中间的 $\frac{1}{3}$ 用以它为底的“向外的”正三角形的另两边替代而得。当 k 趋于无穷时，则得一曲线，见图2-60。

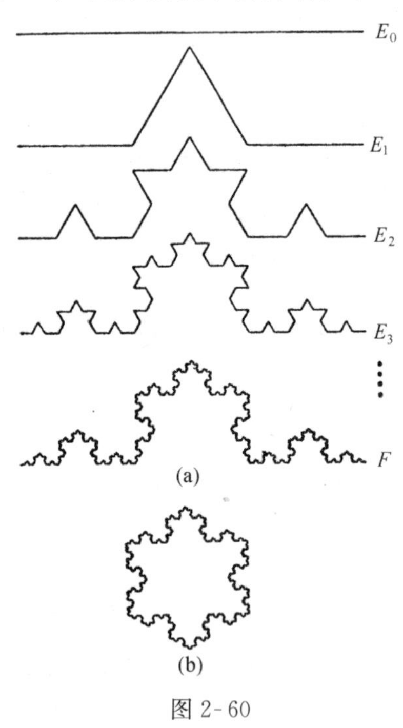

图 2-60

这条曲线是 1904 年由数学家科克（H. V. Koch）首创的，你细瞧海岸线，就有类似的形状。

Koch 曲线留在 E_0 上的部分是康托尘集。

三条 Koch 曲线围成一片雪花，见图 2-60（b）和图 2-61。

图 2-61

下面算一下雪花边界线的长度。由于每操作一步，所得折线是上一代折线的$\frac{4}{3}$，所以第 n 次 E_n 的长度是$\left(\frac{4}{3}\right)^n$，当 n 足够大时，$\left(\frac{4}{3}\right)^n$ 是十分巨大的数字，当 n 趋于无穷时，雪花边界长是无穷大。

再算一下雪花的面积。

E_1 与 E_0 夹的面积

$$A=\frac{1}{2}\times\frac{1}{3}\times\frac{\sqrt{3}}{6}=\frac{\sqrt{3}}{36}$$

E_2 比 E_1 多了四个小三角形，它们的面积是$\frac{4}{9}A$，依此类推得

$$B=\left[1+\frac{4}{9}+\left(\frac{4}{9}\right)^2+\left(\frac{4}{9}\right)^3+\cdots\right]A=\frac{9}{5}A=\frac{\sqrt{3}}{20}$$

B 是 E_0 与 Koch 曲线夹的面积，雪花总面积 C 为边长为 1 的正三角形加上 $3B$，即

$$C=\frac{3\sqrt{3}}{20}+\frac{\sqrt{3}}{4}=\frac{2}{5}\sqrt{3}$$

我们看到有限面积的边界却是无穷长的曲线。

(3) 清凉坐垫

用三条中位线把一个正三角形划分成四个正三角形，去掉中间的那个小正三角形；对于剩下的小正三角形，再用其三条中位线划分且舍去中间的小正三角形，如此不停地进行正三角形“去心”，最后得到的平面点集就成了一个满身大孔小孔的清凉坐垫，见图 2-62。

若原来正三角形的面积是 A，则剩下的点集的面积为

$$\lim_{n\to\infty}\left(\frac{3}{4}\right)^n=0$$

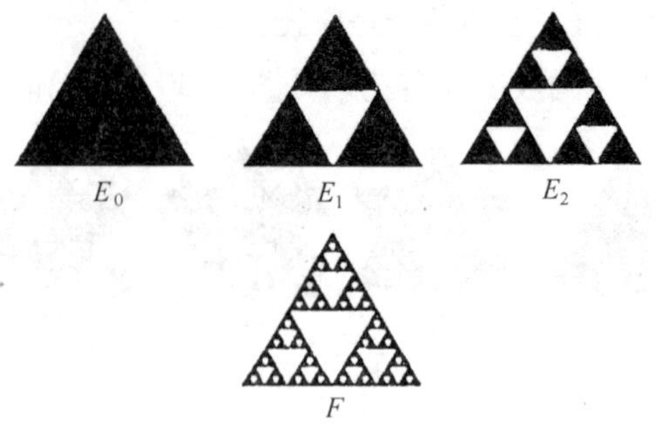

图 2-62

从以上几个精彩的实例我们领会到，自然界许多东西都是由本来十分简单的事物为基础用简单的步骤的重复作用产生出来的，联想到为什么相对少量的遗传物质可以发育成复杂的器官，例如大脑乃至整个生物机体，还可以理解仅占人体质量 5%的血管何时可以布满人体的每一部分等这些生物的“魔术”表现。

2.18 最优观点与最大视角

1471 年，德国数学家 J·米勒（Miller）提出如下问题：

一尊英雄塑像，高 H 米，塑像底座高 p 米，一人从远处注视塑像朝它走去，此人眼离地面 h 米，问此人走到哪一点观看塑像时，觉得塑像最大（即视角最大）？

如果人的水平视线与塑像有交点，则离塑像越近，视角越大，感到塑像也越大。

如果人的水平视线与塑像不能相交，不妨设人的眼睛离地的高度 $h<p$（如果人的眼睛离地的高度 $h>H+p$，与 $h<p$ 相似地讨论）。

如图 2-63，AB 是塑像，BC 是底座，α 与 β 是不同的视角。

作距地面为 h 的水平线 DE，作圆过 A，B 两点且与 DE 相切，切点为 D，则 D 点是人眼的最优观点，$\angle ADB$ 是最大视角。

事实上，人眼在水平线 DE 上，除 D 点外，DE 上任一点皆在圆外，见图 2-64，若眼在 D 点右侧 M_1 点，连接 BM_1 与圆交于 M_2，则 $\angle AM_2B=\angle ADB$，而 $\angle AM_2B$ 是 $\triangle AM_2M_1$ 之外角，$\angle AM_2B>$

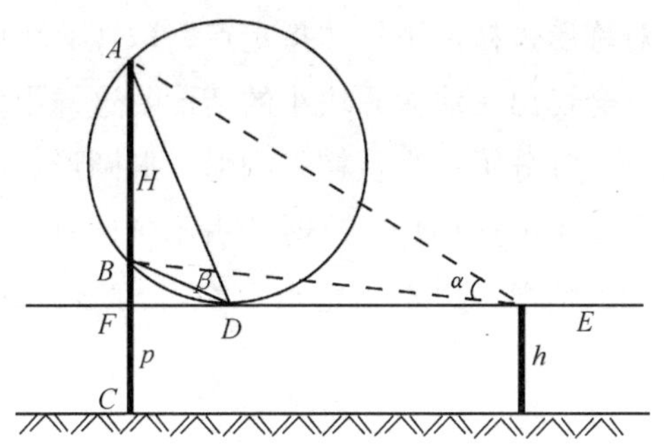

图 2-63

$\angle AM_1B$。若眼在 D 点左侧，同理可证视角小于$\angle ADB$。可见$\angle ADB$ 是最大视角，D 点是最优观点。

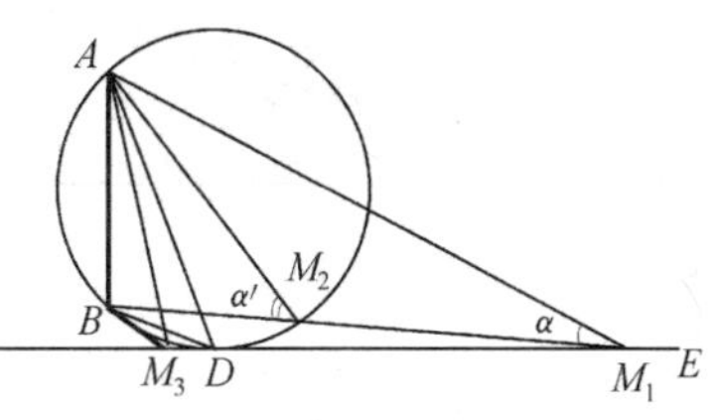

图 2-64

例如 10 尺高的塑像，安放于 13 尺的底座上，人眼高 5 尺，求最佳观点 D。

考虑由于 $FD^2=FB\times FA$，而 $FB=13-5=8$（尺），$FA=13+10-5=18$（尺），则 $FD=\sqrt{8\times 18}=12$（尺），即人眼 D 与底座的水平距离应为 12 尺，才使得塑像看起来最大。

看起来，古典的平面几何不仅仅是人类思维的健身操，不少实用性问题也能巧妙地运用初等几何的方法得以解决，初等几何不仅有趣、漂亮，而且有用，欧几里得永垂不朽！

2.19 切分蛋糕

甲乙二人分食一块正三角形蛋糕，切一刀，每人吃其中一块。乙说蛋糕要由他来切，而且还要由他先挑。聪明的甲说同意，但要乙答应一个条件，条件是乙切蛋糕时刀刃必须经过甲指定的一点，设蛋糕的厚薄均匀，试问甲指定的点在何处才能使贪嘴的乙少占便宜？且问乙最多可以多吃多少蛋糕？

什么样的蛋糕乙占不着便宜？

有无一种形状的蛋糕，乙能得到比整个蛋糕的$\frac{3}{4}$还多的部分？

如果是中心对称形蛋糕，甲把“指定点”取在对称中心上，则乙只能把蛋糕等分，不会切出一块大一块小的情形，这样甲就迫使乙的贪婪企图落空，只能二人等分了；当蛋糕是圆形、椭圆形、正方形或正六边形等形状时，就会发生上述形势，这时乙占不到便宜。

对于正三角形的情形，甲把指定点取在三角形的重心是最佳策略，见图 2-65。

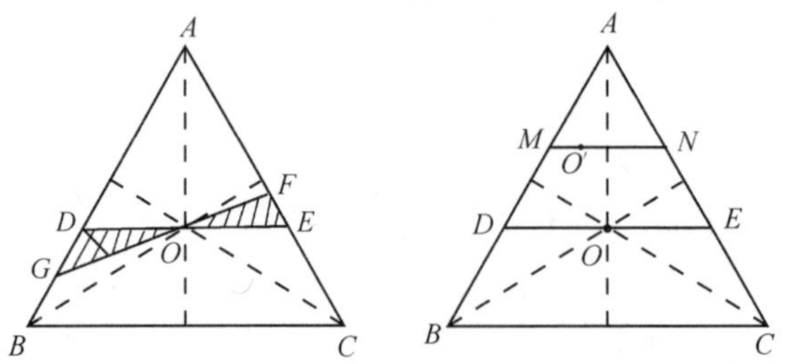

图 2-65

$\triangle ABC$ 是长边为 1 的正三角形，则乙只能过重心 O 平行于 BC 来切，不然，若过 O 点沿其他方向 GOF 来切，则他至多得到四边形 $BCFG$，这块蛋糕比梯形 $DECB$ 少，事实上，$\triangle OGD$ 的面积比$\triangle OEF$ 的面积大。

如果甲把指定点定在 O' 处，$O'\neq 0$，则乙过 O' 沿 BC 平行的方向 MN 来切分，则乙会多得到一块梯形 $MNED$。所以甲唯一的选择是把指定点取在 O 点。

无论什么形状的蛋糕，乙也得不到 75%以上的蛋糕。事实上，任何形状的蛋糕，甲总能从其上指定一点及过此点的两垂直线，使得这两条垂线把蛋糕划分成各占 25%的四块。如果把这两条垂线视为平面上的坐标轴，则乙过指定点（原点）怎么切，都有至少一个象限的那部分蛋糕未被切分，所以乙至多得$\frac{3}{4}$，不会超过 75%。

下面论证存在两垂直直线，把平面上任连通有界区域等分成四块，或曰，垂直切两刀，可把任意蛋糕等分成四块。

在平面上任意给定一个区域 Ω，见图 2-66，在 Ω 下方画一水平线 L，它与 Ω 无公共点，把 L 向上平移，存在 L_1 的一个唯一的位置，使得 Ω 在 L_1 的上方与下方的部分等积；再在 Ω 的左方画一条与 L_1 垂直

的直线 L_2，把 L_2 向右方平行，则存在 L_2 的唯一的位置，使得 Ω 在 L_2 两侧的部分等积，于是

$$\Omega_1+\Omega_2=\Omega_3+\Omega_4 \qquad (2.10)$$

$$\Omega_1+\Omega_4=\Omega_3+\Omega_2 \qquad (2.11)$$

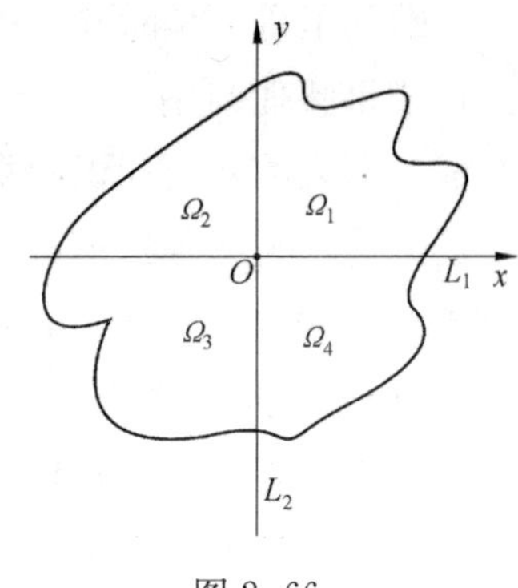

图 2-66

其中 Ω_1，Ω_2，Ω_3，Ω_4 表示 Ω 被 L_1，L_2 划分的四部分的面积。由（2.10）、（2.11）得 $\Omega_1=\Omega_3$，$\Omega_2=\Omega_4$。考虑差 $\Omega_1-\Omega_2$，若 $\Omega_1-\Omega_2=0$，则得 $\Omega_1=\Omega_2=\Omega_3=\Omega_4$，即蛋糕被四等分，若 $\Omega_1-\Omega_2\neq0$，下面指出适当调整十字架（L_1 与 L_2 构成的垂线）的位置，可以使得（2.10）、（2.11）满足且 $\Omega_1-\Omega_2=0$。

不妨设 $\Omega_1-\Omega_2>0$，Ω_1 是第一象限的 Ω 部分，当十字架连续变动位置，在全过程中保持（2.10）、（2.11）成立，且最后原点仍落在原点上，x 正半轴落在原 y 轴正半轴的位置，则 Ω 在第一象限的部分为 Ω_2，第二象限的部分为 Ω_3，而这时 $\Omega_1=\Omega_3$，故 $\Omega_2-\Omega_3<0$；在十字架的位置连续变化时，Ω 的第一象限的面积与第二象限的面积差也连续变化，今此差可取正亦可取负，所以此差在十字架连续变动且（2.10）、（2.11）保持时，即第一、二象限之和与第三、四象限之和相等，第一、四象限之和与第二、三象限之和相等时，第一象限与第二象限的 Ω 之面积差可以取到零，这时四个象限的 Ω 的面积相等，即蛋糕被四等分。

2.20 人类首席数学家

作者认为欧几里得是开天辟地以来，人类首席数学家，他虽然并非最杰出的数学家，但他撰写的《几何原本》却是两千多年来人类智慧的乳汁，每位科学家的必修课本，欧几里得称为数学乃至整个自然科学的奶娘是不为过的。

欧几里得生于公元前 330 年希腊的亚历山大城（死于公元前 275 年），受教于柏拉图学派，并在亚历山大城组建欧几里得学派。他与阿基米德、阿波罗尼奥斯是古希腊三大数学领袖，他们的成就是古希腊数学成就的巅峰。

欧几里得不是欧几里得几何的创始人，他的最大贡献是把前人的几何成果整理归纳，纳入了严密的从公理公设出发的逻辑体系之中，写成一部人类几何知识的集大成《几何原本》。可惜《几何原本》的原作已失传，现在各种语言翻译的版本皆为后人修订、注释重新编撰的，其中公元四世纪赛翁（Theon）的修订本是《几何原本》的主要底本。《几何原本》是科学史上流传最广、影响最大的著作，至今世界各国中学数学教学当中仍然在讲授《几何原本》上的主要内容。《几何原本》早期只有手抄本，直至1482年才在意大利的威尼斯问世了第一部《几何原本》的印刷本，至今已有各种文字的一千多种版本的《几何原本》正式出版发行。目前最流行的是T. L. Heath的英译本《几何原本》。

欧几里得的为人是知识分子的表率，他专心致志，献身科学，拒绝当官，对统治者从不阿谀奉承，例如国王托勒密向欧几里得请教几何，这个愚笨的独裁者听不懂严格的证明，责令欧几里得把证明讲得通俗一些，欧几里得根本不把这位伟大的领袖放在眼中，不屑一顾地对君王说："几何之中没有皇上走惯了的那种康庄大路。"

欧几里得对名利十分厌恶，传说一位贵族公子来向欧几里得求学，他对欧几里得说："学会这个定理，将得到何种奖励?"欧几里得听后立刻吩咐一位仆人说："快给这小子三个钱币，让他走人!"

欧几里得开严密逻辑证明之先河，他示范了一切数学命题之证明必须从定义和公理出发引用已有的定理或公式，正确运用逻辑规则来进行推理，禁止有半点的含混和想当然。他写的《几何原本》就是这种"数学美"与数学文化的样板。事实上，如果不坚持欧几里得的这种"数学规矩"，数学的生命力就会丧失。

除了几何之外，欧几里得在数论、光学等多方面尚有不俗的成就。例如他是证明素数无穷的第一人；他的著作颇丰，除伟大经典《几何原本》外，还有《二次曲线》、《图形分割》、《曲面与轨迹》、《数据》、《辨伪术》、《光学》、《镜面反射》、《现象》，等等。

他在证明"两圆面积比等于两者直径平方比"时，首次使用"穷竭法"，是极限思想的原始形态。他说圆与边数足够多的内接正多边形的面积差可以小于任何预先给定的量，这正是近代微积分中无穷小的原型。

欧几里得的另一个特点是对数学的实际应用并不热衷，他的《几何原本》中甚至连三角形的面积公式都未列入，大有为“几何而几何”，对日常事物超脱不顾的态度，这就不太好了！

2.21 《几何原本》内容提要与点评

《几何原本》共13卷，其中的卷相当于今日数学著作中的章，书中共119个定义，5条公理，5条公设，465条命题，是数学史上第一个数学公理体系。有的版本设15卷，但不少数学家认为后两卷非欧几里得所著。

卷一是基本定义及公设公理。

含23个定义，5个公设，5个公理和48个命题。

定义1 点是没有部分的东西。

定义2 线有长度没有宽度。

定义3 线的两端是点。

定义4 直线是这样的线，它关于在其上所有的点的位置是相等的。

定义5 面只有长度和宽度。

定义6 面的边缘是线。

定义7 平面是这样的面，它关于在其上的所有直线的位置是相等的。

定义8 平面角是在一平面内但不在一直线上的两条相交直线的相互倾斜度。

定义9 当包含角的线是直线时，这个角叫做平角。

定义10 当一条直线竖直在另一条直线上使得相邻的角彼此相等时，每一个相等的角是直角，竖立在另一条直线上的直线称为垂直于它所竖立的直线。

定义11 钝角是大于直角的角。

定义12 锐角是小于直角的角。

定义13 边界是物体的尽头。

定义14 图形是被一个或多个边界包围的。

定义15 圆是由一条曲线包围的图形，从其中一点出发落在曲线上的所有线段彼此相等。

定义 16 （定义 15 中的）那个点叫做圆心。

定义 17 圆的直径是过圆心且在两个方向上止于圆周的任意线段；这样的线段将圆二等分。

定义 18 半圆是直径和由它截得的圆周所围成的图形，半圆的中心与圆心相同。

定义 19 直线形是由线段围成的。三边形是由三条线段围成的，四边形是由四条线段围成的，多边形是由多于四条线段围成的。

定义 20 在三边形中，等边三角形是三条边相等的，等腰三角形是只有两条边相等的，不等边三角形是三条边都不相等的。

定义 21 在三边形中，直角三角形有一个直角，钝角三角形有一个钝角，锐角三角形有三个锐角。

定义 22 在四边形中，正方形是各边相等且各角都是直角的；长方形是角为直角但边不全相等者；菱形是边相等但角不都是直角的；长菱形是对边和对角彼此相等但也不全相等且角不是直角的；除这些之外的四边形称作不规则四边形。

定义 23 平行直线是在同一平面内向两个方向无限延伸，而在两个方向上彼此不相交的直线。

公设 1 假定从任意一点到任意一点可作一条直线。

公设 2 一条有限直线可以不断延长。

公设 3 以任意中心和直径可以画圆。

公设 4 凡直角都相等。

公设 5 若一直线落在两直线上所构成的同旁内角之和小于两直角，那么把两直线无限延长，它们将在同旁内角和小于两直角的一侧相交。

公理 1 等于同量的量彼此相等。

公理 2 等量加等量和相等。

公理 3 等量减等量差相等。

公理 4 彼此重合的图形是全等的。

公理 5 整体大于部分。

在第一卷里，欧几里得证明了 48 个命题。

第二卷是 14 个代数恒等式的几何表述。例如 $(a+b)^2=a^2+2ab+b^2$ 的几何表述如图2-67。

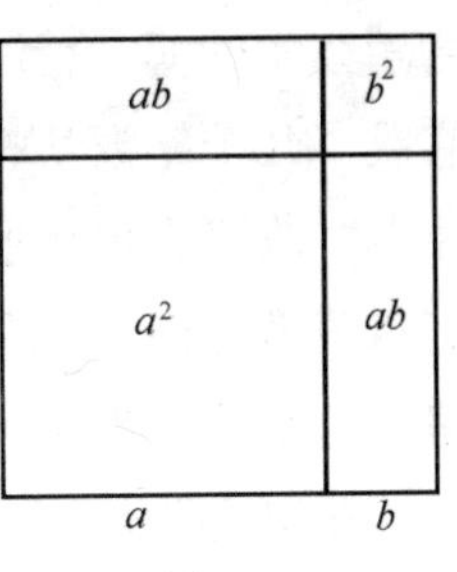

图 2-67

第三卷是关于圆周、弦、切线和与圆有关的角的定义和命题，定义 11 个，命题 37 个。

第四卷有 16 个命题，讲圆的内接与外切多边形及正五边形、正六边形与正十边形的做法。

第五卷由 18 个定义和 25 个命题组成，叙述与几何相关的算术问题，主要是与相似形有关的比与比例的概念与性质。

第六卷是相似形的理论，运用比例算术进行研究。本卷有 5 个定义和 33 个命题。

第七卷有 23 个定义和 39 个命题。

第八卷有 27 个命题，无定义。

第九卷有 36 个命题，无定义。

第七、八、九三卷讲的是整数理论，由于欧几里得用线段表示数，所以他把这些内容写入几何书中、著名的定理质数无限性就收入第九卷中。

第十卷是欧氏著作中最难的部分，讲述可通约与不可通约的理论。讲出了二次与四次根式，但欧氏未发现无理数。这些根式与几何运算有关。本卷有 4 个定义和 115 个命题。

第十一、十二、十三卷基本上是关于立体几何内容的讲述。

第十一卷有 31 个定义和 40 个命题，主要内容有球、圆锥、圆柱和五个正多面体，以及空间的直线与直线、平面与平面、直线与平面的位置关系，还有平行六面体的等积问题。

第十二卷由 18 个命题组成，讨论棱柱与棱锥以及球体体积等内容。

第十三卷由 18 个命题组成，主要讨论正多面体的理论。

第十四卷中有 7 个命题，讲多面体的性质。

第十五卷中有 7 个命题，讲正多面体内接于另一正多面体的问题。

不少史学家以为第十四、十五卷是亚历山大城的希伯西克尔（Hypsicles）续写的。

从以上摘要让我们突出地感到两点：一是《几何原本》内容丰富，

名副其实的博大精深；二是整个著作充满着对概念和逻辑的庄严追求，它成了几千年数学教育的最佳教材，现代的中学几何课本不过是《几何原本》改写成现代形式而已，历史上的大科学家都是由《几何原本》受到启蒙教育而成为科学大师的，他们之中的代表人物有哥白尼、伽利略、笛卡儿、牛顿、罗蒙诺索夫、拉格朗日、罗巴切夫斯基、李雅普诺夫、茹可夫斯基等；事实上，一切伟大的学者，历史上的和现代的数学家，都学习过《几何原本》。

由于历史的局限和两千多年前数学科学的幼稚，毋庸讳言，《几何原本》存在着许多明显的缺点，虽然我们不应苛求古人，但以科学的态度探讨它的短处，对数学科学的进步只会有好处。

第一个缺陷是全书从未涉及几何学的应用，甚至连画圆与画直线的圆规和直尺这些用具也不提及，当时古希腊的大多数数学家有一种偏见，认为自由人从事应用和近似计算是可耻的事，真是岂有此理!

第二个缺陷是作为理论出发点的基本概念（即定义）不少是表述不清的，而且在全书中亦未全用到这些定义，例如“点是没有部分的东西”是何意？定义 4 中“直线是……关于在其上的所有点位置是相等的”又是何意呢?！让人不知所云。

第三个缺陷是《几何原本》中没有关于位置的公理，所以说不严格什么是“在……内部”，“在……中间”，“在……外部”，涉及这些概念时，只能诉诸直观来表述与推理。

第四个缺陷是《几何原本》中没有连续性公理，于是像以线段 AB 为半径，以 A，B 为圆心的两个圆为什么一定有公共点就不能从理论上讲清楚了!

第五个缺陷是关于平行线的第五公设的正确性是不明显的，无不证自明性。

2.22　黄金矩形系列

设一矩形的长为 a，宽为 b，则当 a，b 满足

$$b^2=a\ (a-b) \qquad (2.12)$$

时，此矩形称为黄金矩形，这种矩形的长宽比例协调，使得它的形象显得十分得当，不胖不瘦，美观匀称，见图2-68。$OABC$ 是一个黄金矩

形，从上面切去一个正方形 OA_1B_1C，剩下的矩形为 A_1ABB_1，其宽为 $AA_1=a-b$，长为 b，由（2.12）得

$$\begin{aligned}(a-b)^2&=a^2-2ab+b^2=(a^2-ab)-ab+b^2\\&=b^2-ab+b^2=2b^2-ab=b(2b-a)\\&=b[b-(a-b)]\end{aligned}$$

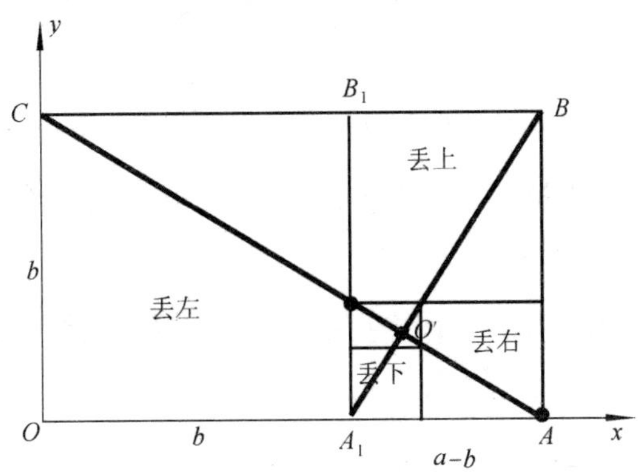

图 2-68

即 A_1ABB_1 仍为黄金矩形，可见：

黄金矩形上剪一刀剪掉一个正方形，得到的矩形仍为黄金矩形，如此逐次剪掉正方形，会得到面积单调减少的一个黄金矩形的无穷序列

$$S_1,\ S_2,\ \cdots,\ S_n,\ \cdots \tag{2.13}$$

由（2.13）式得

$$b^2+ab-a^2=0$$

$$b=\frac{1}{2}\left(-a\pm\sqrt{5a^2}\right)\text{（±号取+号）}$$

$$b=\frac{1}{2}\left(\sqrt{5}-1\right)a \tag{2.14}$$

即第二代黄金矩形的长是上一代黄金矩形长的 $\frac{1}{2}(\sqrt{5}-1)$ 倍，$0<\frac{1}{2}(\sqrt{5}-1)<1$。记 $\frac{1}{2}(\sqrt{5}-1)=q$，则黄金矩形序列的长组成的序列为

$$a,\ qa,\ q^2a,\ \cdots,\ q^na,\ \cdots$$

矩形之长趋于零，从而矩形之宽趋于零，S_n 的面积趋于零，若在图

2-68中切割黄金矩形时，按“丢左”——“丢上”——“丢右”——“丢下”周期性地进行，最后趋于一点 O'。

下面确定 O' 点的坐标（x_0，y_0）

$$x_0=aq+aq^5+aq^9+\cdots=\frac{aq}{1-q^4}$$

其中 aq 是第一次丢掉的正方形边长，aq^5 是第五次丢掉的正方形的边长，等等。

$$y_0=aq^4+aq^8+\cdots=\frac{aq^4}{1-q^4}$$

其中 aq^4 是第四次丢掉的正方形边长。aq^8 是第八次丢掉的正方形边长，等等。

于是得知矩形序列（2.13）趋于点 $O'\left(\frac{aq}{1-q^4}, \frac{aq^4}{1-q^4}\right)$.

考虑直线 AC 与 A_1B，其方程分别为

$$\frac{x-a}{0-a}=\frac{y-0}{b-0} \tag{2.15}$$

$$\frac{x-b}{a-b}=\frac{y-0}{b-0} \tag{2.16}$$

O' 点恰为直线（2.15）与（2.16）的交点。

在图 2-68 上看，点 O' 是按顺时针方向螺旋式地削去各代黄金矩形上的一端之正方形的极限点，有趣的是把这一极限过程反过来，则为从 O' 点按逆时针方向逐步培育出越来越大的黄金矩形，且随着这一逆时针过程的无限推进，黄金矩形会无限膨胀。我们似乎感悟到 O' 点似一种遗传物质繁衍着可爱的生物体。

2.23 捆绑立方体

有一玻璃制成的立方体，如果用橡皮筋来捆绑，若把橡皮筋套在一个顶点近旁，使此橡皮筋成一个三角形，见图 2-69，A 顶点近旁的三角形橡皮筋构成△EFG，只要一松手，则△EFG 会向 A 方向滑过去而脱落。而与此立方体底面垂直的平面截得的正方形 $MNPQ$ 若是一橡皮筋，将它弄成不与底面垂直，它仍然会凭它的“收缩成面积最小的特性”而恢复成一个与底面垂直的正方形，可见与底面垂直的正方形 $MNPQ$ 是稳定的捆绑。

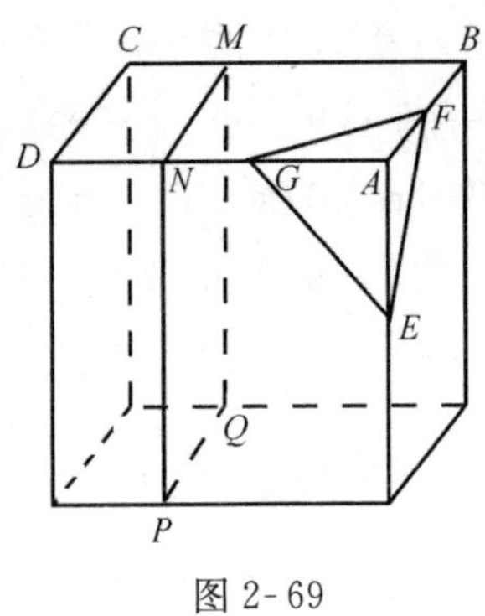

图 2-69

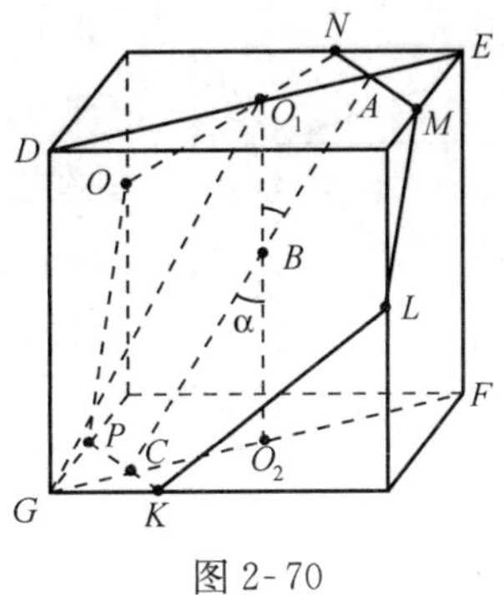

图 2-70

上述这种垂直于底面的正方形橡皮筋共三族，每个面上有两族中的橡皮筋垂直地分布，立方体表面每个点上通过两条稳定（最牢靠）捆绑的橡皮筋。除此之外，是否还可能有牢靠捆绑的橡皮筋呢？有。

设立方体棱长为 1，考虑立方体表面上的六边形 $NOPKLM$，如图 2-70，这个六边形的六边分别在立方体的六个面上，设过两底上平行的对角线的平面与 NM，PK 分别交于 A，C 两点，连接 AC，连接 DE 与 GF 中点 O_1O_2，AC 与 O_1O_2 交于 B 点。设$\angle CBO_2=\alpha$，若 $NOPKLM$ 是稳定的捆绑，则它的各边与所在的面上的一条对角线平行。于是

$$PK=\sqrt{2}-2BO_2\,\mathrm{tg}\alpha$$

$$KL=BO_2\sqrt{1+2\mathrm{tg}^2\alpha}=OP$$

$$MN=\sqrt{2}-2BO_1\,\mathrm{tg}\alpha$$

$$LM=BO_1\sqrt{1+2\mathrm{tg}^2\alpha}=ON$$

六边形 $NOPKLM$ 的周长为

$$F(\alpha)=2\sqrt{2}-2\mathrm{tg}\alpha+2\sqrt{1+2\mathrm{tg}^2\alpha}$$

当 $\mathrm{tg}\alpha=\frac{\sqrt{2}}{2}$时，$F(\alpha)$ 最小，这时 α 恰为$\angle CBO_2$，可见有四族捆绑的六边形，每族六边形所在的平面互相平行，且与立方体的一个侧面的对角线平行，这四族捆绑线使得立方体侧面每一点上恰有两条直线段通过，与前面的三族捆绑线合起来，共有七族捆绑线，立方体侧面上每一点都有四条捆绑线通过，即立方体表面上编织了四层捆绑线。

如果欲把棉纱绕在一个立方体上且不致使棉纱松脱，则应垂直于立方体的棱缠绕或如图2-71所示缠在以 D 为顶的三棱锥 D-ABC 以外的表

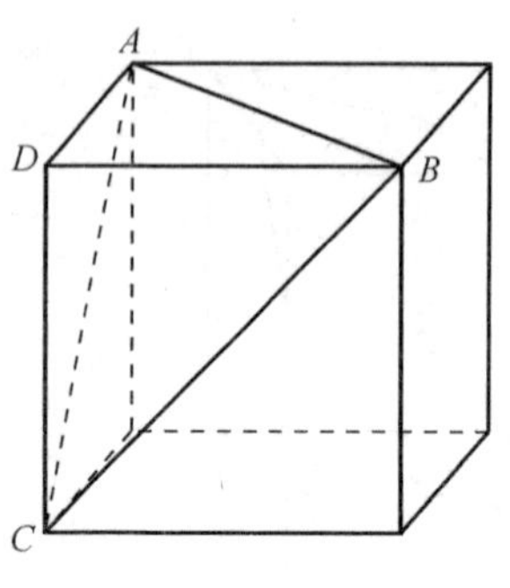

图 2-71

面上，每圈线与$\triangle ABC$的平面平行；共七种方式；用垂直于棱的方式（三种）缠了两层之后改用平行$\triangle ABC$等三角形的方式（四种）再缠两层，以后重复地（周期性）进行，缠绕成一个十分别致而结实的线团。

2.24 立方装箱与正方装箱问题

对于每个长方形箱子，问能否用有限个体积两两不等的立方块装满此箱子？

这个问题的回答是否定的，即不管用什么样的有限个两两体积相异的小立方体装填此箱，总会有空隙。

事实上，若能用这种有限个小立方体装满此箱，则箱底那一层小立方块中的最小者不会靠着箱子的侧面，见图 2-72，图2-73；若最小立方块A靠着箱子的侧面，则其外侧的B处必然要用比A小的立方块来装填，这与A是底层中的最小立方块矛盾。于是第一层小立方体中最小立方体A的上方形成一个凹洞，压在A的顶上的那些小立方体中的最小者必不与凹洞侧边接触。于是出现在凹洞的中间部位必有一个比A更小的立方体B，在B的上方形成凹洞，依此递推，会出现一串无穷个越来越小的立方体装在箱内，与装入的立方体有限矛盾。至此知用有限个相异的小立方体来装长方箱子是装不满的，不管这只箱子的长、宽、高是多少。

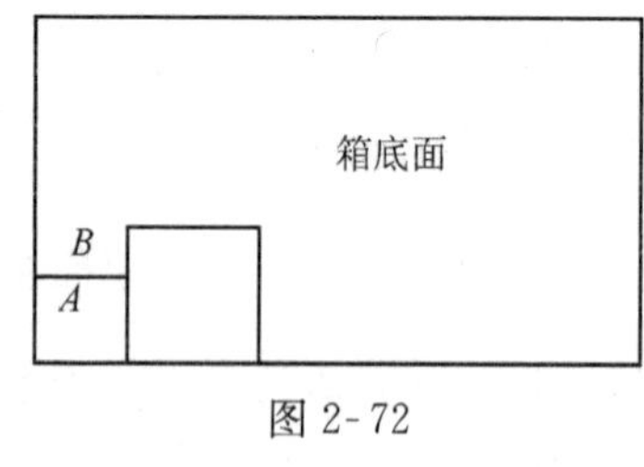

图 2-72

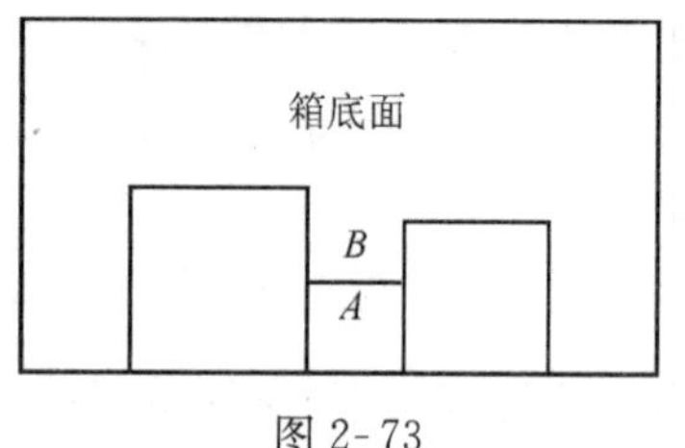

图 2-73

但对于二维情形，答案可以是肯定的。相应的，问题变成：把给定矩形划分成若干两两不相等的正方形。

1936 年，剑桥大学的布鲁克斯（Brooks）、史密斯（Smith）、斯通（Stone）和塔特（Tutte）给出下面两种实例，把33×32的矩形和 177

×176 的矩形划成若干两两不等的正方形，见图 2-74，图 2-75，正方形内写的是其边长。

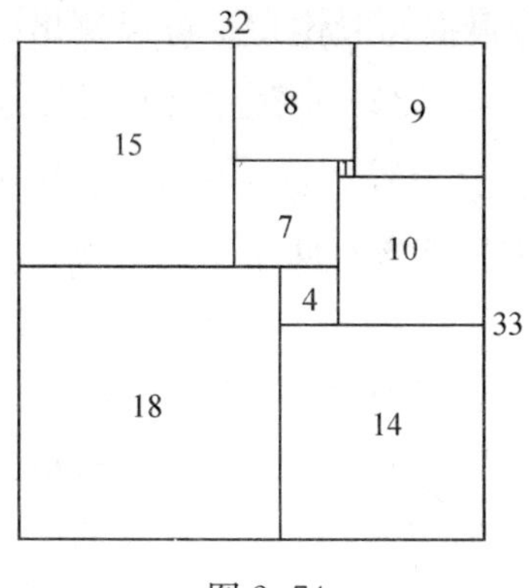

图 2-74

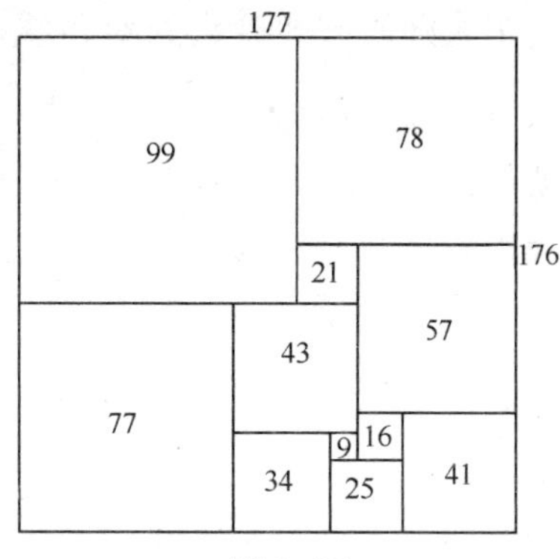

图 2-75

如果欲划分一个正方形成若干不等的小正方形，问题更困难一些。英国数学家威尔科克斯（Willcocks）发现了把 175×175 的正方形划分成 24 个相异的小正方形的结果，见图 2-76。

1964 年，滑铁卢大学的威尔逊（Wilson）博士（塔特的学生）用计算机找到了把 503×503 的正方形划分成 25 个两两互异的小正方形的结果，见图 2-77。

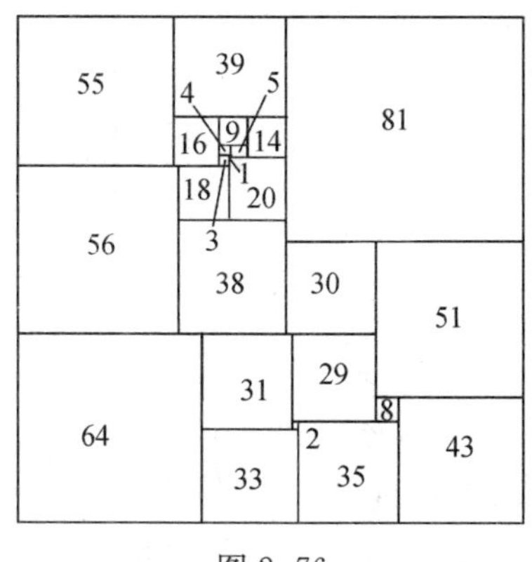

图 2-76

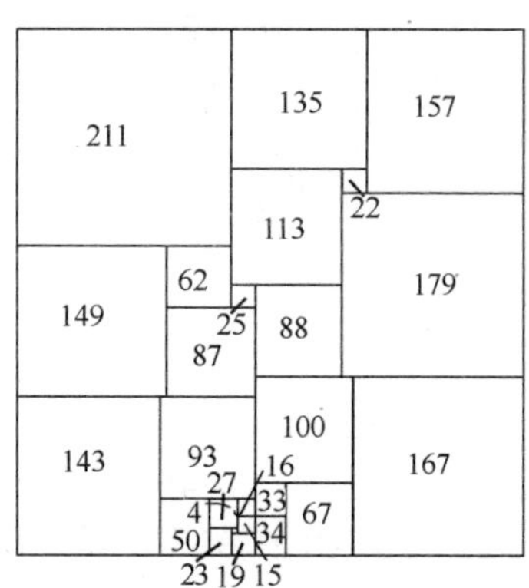

图 2-77

用计算机已经证实不可能把任何正方形划分成少于 20 个不同的小正方形，且这些小正方形中无排列组合成矩形的现象。

但对任意给定的正方形或矩形，把它划分成个数最少的不同的正方形，仍然是数学上有待进一步研究的课题。

2.25　巧测砖块对角线

工人师傅欲知砖头的对角线之长，根据勾股定理，可以测出砖的长、宽、高：x，y，z，再计算$\sqrt{x^2+y^2+z^2}$。这种办法往往受到工人师傅的讥笑，因为它需要测量三次，而且还要计算乘方与开方，工地上如果没有计算器呢?! 这个办法真的太笨。其实有两个不用计算，只需用尺子一量便知的妙法。

①把一块砖平放，把另两块砖靠紧竖放在这块砖上面，使它们垒成五个竖直侧面如图 2-78，把顶部画了阴影的那块砖拿走，用刻度尺测量垫底的那块砖的顶点 A 与尚压在其上的那块砖的顶点 B 之间的距离即得砖的对角线之长度。

②把砖竖放于地面，在一木尺上，从端点起记两个记号（点），使得此两个点划分的线段与砖的顶部矩形对角线等长；如图 2-79。把木尺的边缘通过砖顶对角线，且尺的端点落在砖的顶点，用另一尺子测量 AB 的距离即得砖的对角线之长。

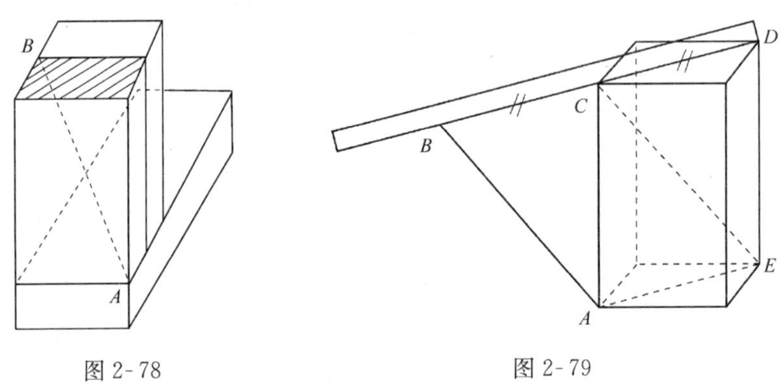

图 2-78　　　　图 2-79

事实上，由于 $ACDE$ 是矩形，所以 $AE \perp CD$。又 $CD=CB$，则 $CB \perp AE$，$ABCE$ 是平行四边形，所以 $AB=EC$，EC 是砖的对角线。

2.26　糕点售货员的打包技术

顾客买了一盒点心，要求售货员把长方体点心盒用尼龙绳捆紧，以便提携。售货员至少有两种捆绑方式。

①正交十字法，如图 2-80。O_1，O_2 是长方体上下底对角线的交点，

十字架形尼龙绳在 O_1 与 O_2，两点打了死结，两个短形绳套相互垂直地捆紧点心盒之后，O_1，O_2 点以及两矩形都已固定，它们的任何移动都会使捆绑的绳子变长，而尼龙绳是不易拉长的，所以这种包扎十分牢固。

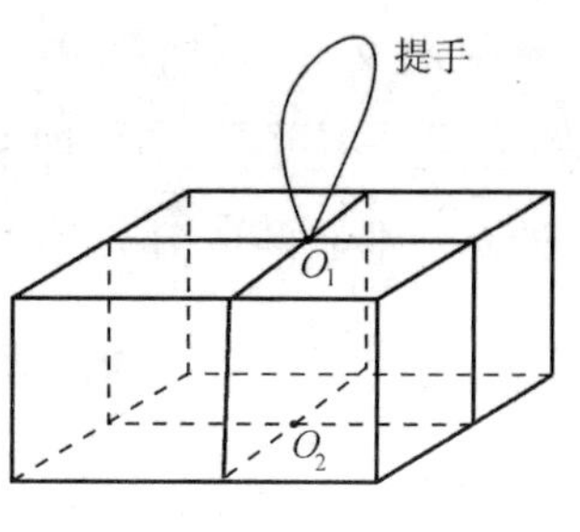

图 2-80

②上下压角法，如图 2-81。ABCDEFGH 是捆扎的尼龙绳形成的空间八边形，EF 与 AB 两线段向下压角，CD 与 GH 向上压角，欲使捆扎最紧，必须使上述空间八边形之周长最短，下面从展开图上来讨论，见图 2-82。在展开图上，ABCDEFGHA 应在一条直线上才能使所用尼龙绳最少，这条直线段“A…A”的极限位置是 $A'\cdots A''$，且 $A\cdots A \parallel A'\cdots A''$。设 x，y，z 是盒子的长、宽、高，$z<x$，$z<y$，则 $\triangle A'MA''$ 是直角三角形，$A''M=2(x+z)$，$A'M=2(y+z)$，于是捆扎的总长为

$$L=2\sqrt{(x+z)^2+(y+z)^2}$$

L 是最短（最紧）的捆扎用绳。A…A 捆扎线与盒子棱的夹角之正切为 $\dfrac{x+z}{y+z}$ 和 $\dfrac{y+z}{x+z}$。

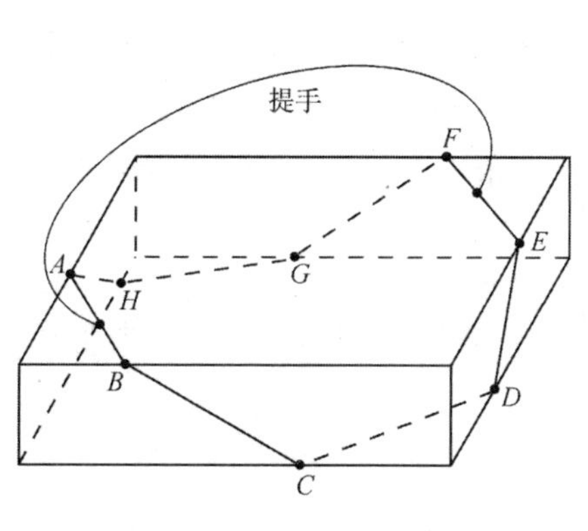

图 2-81

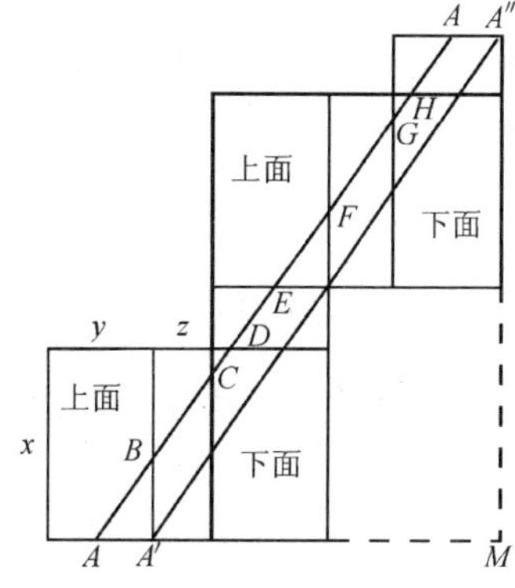

图 2-82

这种最优捆扎方式，其捆绳不但可以沿着自己的走向窜动，而且可以在盒表面平行移动。当然平行移动时应该压住上下底面的角，平行移动时，绳子总长不会变化。

在正交十字捆扎中，用绳 $2x+2y+4z$，而 $2x+2y+4z>2\sqrt{(x+z)^2+(y+z)^2}$，即上下压角法不仅式样新颖，而且用绳较少。两种方式都捆绑得结实牢靠。

2.27 三角形的内角和究竟多少度

1809年，俄国数学家尼古拉·伊凡诺维奇·罗巴切夫斯基（Н. И. Лобатевский，1792～1856）在他的名著《几何学》中证明了一系列重要定理，在证明这些定理时，他没有用到欧几里得几何的第五公设（又名平行线公理）。而这些思想，他早在1826年就在喀山大学数学物理系报告过，罗氏的一个石破天惊的公理是：

内角和小于 π 的三角形存在！

命题1 三角形的内角和不超过两个直角。

事实上，若$\triangle ABC$的内角和等于 $\pi+\alpha$，$\alpha>0$，下面用反证法找矛盾。设 BC 是最短边，D 是 BC 中点，作射线 AD，在$\triangle ABC$外取射线 AD 上线段 $DE=AD$，连接 EC，见图2-83。$\triangle ABD\cong\triangle CDE$，于是$\angle ABD=\angle DCE$，$\angle BAD=\angle DEC$，故$\triangle ACE$之内角和亦为 $\pi+\alpha$，且$\angle BAC=\angle EAC+\angle AEC$，由抽屉原理，$\angle EAC$与$\angle AEC$中，至少一个不大于$\triangle ABC$中最小角$\angle BAC$之半，另一个也小于$\angle BAC$。如此继续取$\triangle AEC$最短边中点，作一个与$\triangle AEC$性质一致的三角形，它的内角和为 $\pi+\alpha$，有两个角都小于$\triangle AEC$的最小角，且其中至少一个角小于$\triangle AEC$最小角之半。可见，在这种造新三角形的过程中，会出现一个三角形，内角和为 $\pi+\alpha$，其中一内角不大于 π，另两个内角都小于 $\frac{1}{2}\alpha$，于是其内角和小于 $\pi+\alpha$，矛盾。

命题2 若存在一个内角和为 π 的三角形，则一切三角形内角和皆为 π。

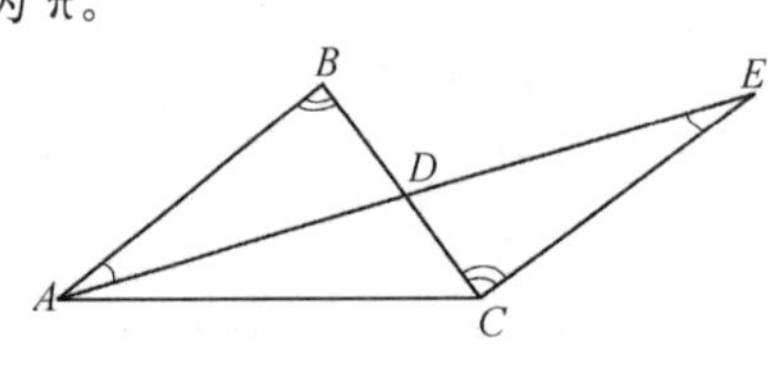

图2-83

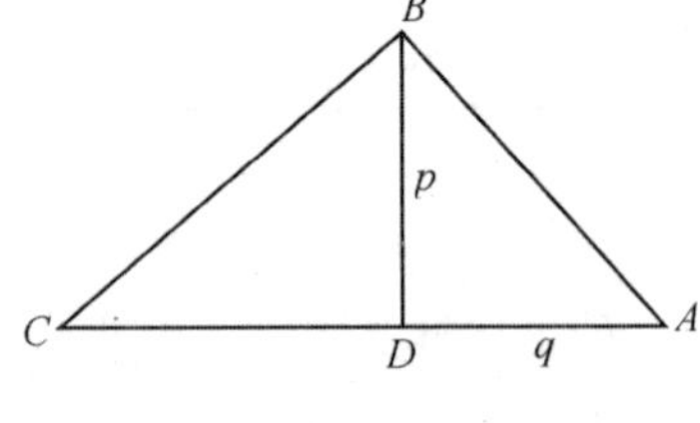

图2-84

假设$\triangle ABC$的内角和为π，则$\triangle ABC$中至少有两个锐角，设$\angle A$与$\angle C$是锐角，从B点向AC作高BD，在直角$\triangle ABD$与$\triangle BCD$中，内角和皆为π，不然，由于这两个三角形的内角总和为2π，则会出现一个三角形的内角和大于π的现象，与命题1相违，至此得到一个内角和为π的直角三角形$\triangle BAD$，见图2-84，$BD=p$，$DA=q$。以AB为公共边，画出两个全等三角形$\triangle BAD$和$\triangle BAD'$，见图2-85，$\angle 1+\angle 2=90°$，即四边形$BDAD'$中，对边相等，对角皆直角。用四边形$BDAD'$为基本原料，铺成n层m列的大四边形$BMNQ$，如图2-86，连接MQ，则$\triangle BMQ \cong \triangle MQN$。于是$\angle 3=\angle 4$，$\angle 5=\angle 6$，又$\angle 3+\angle 5=\angle 4+\angle 6=90°$，故$\angle 3+\angle 4+\angle 5+\angle 6=180°$，由命题1，$\angle 4+\angle 5 \leqslant 90°$，$\angle 3+\angle 6 \leqslant 90°$，两式中的不等号皆不能成立，于是$\triangle BMQ$的内角和为$180°$，即当一个三角形内角和为$180°$时，可以找到一个直角边的长分别为$np$与$mq$的直角三角形，其内角和为$180°$，其中$m$，$n$是任意正整数。

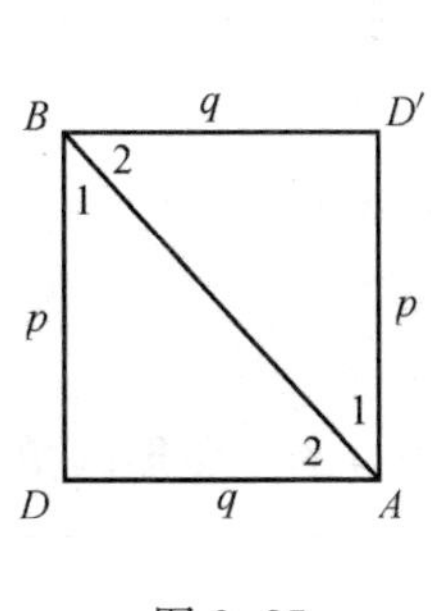

图2-85

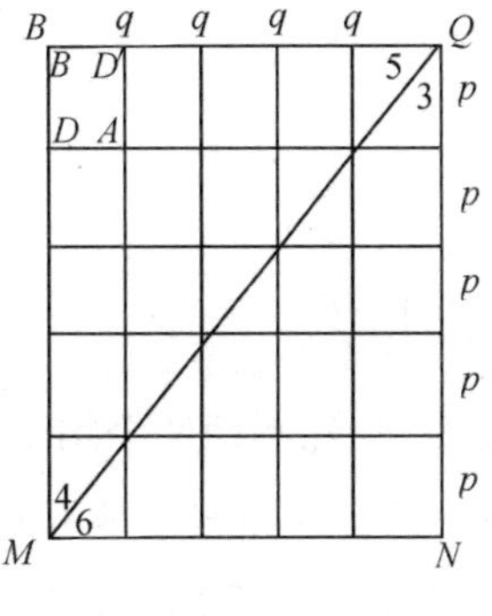

图2-86

下面再证明，若存在一个三角形，内角和为$180°$，则每个直角三角形，其内角和皆$180°$。

事实上，对于任取的一个直角三角形$\triangle A'B'C'$，当m，n足够大时，可以把$\triangle A'B'C'$与$\triangle BMQ$的直角重合如图2-87，使A'落在BQ内，C'落在BM内，连接$A'M$，直角三角形$\triangle A'MB$内角和为$180°$。事实上，由于$\angle BQM+\angle A'MQ+\angle A'MB=90°$，$\angle BA'M+\angle MA'Q=180°$，若$\angle BA'M+\angle A'MB<90°$，则

$$\angle BQM+\angle A'MQ+\angle MA'Q>180°$$

即$\triangle A'QM$ 的内角和大于 $180°$，由命题 1，这是不可能的，所以$\angle BA'M+\angle A'MB\geqslant 90°$,进而$\triangle A'MB$ 的内角和$\geqslant 180°$，由命题 1，只能是等号成立，即直角三角形$\triangle A'MB$ 的内角和为 $180°$；同理，$\triangle A'B'C'$的内角和也是 $180°$。

考虑任一三角形$\triangle A''B''C''$，设$\angle C''$是最大的内角，做高$C''D''$，见图 2-88，由上述论述，当$\triangle ABC$的内角和为$180°$时，$\triangle A''C''D''$与$\triangle B''C''D''$的内角和皆$180°$，即$\angle C''A''D''+\angle A''C''D''+\angle C''D''A''+\angle C''D''B''+\angle D''C''B''+\angle C''B''D''=360°$，而$\angle A''D''C''+\angle C''D''B''=180°$，所以$\triangle A''B''C''$的内角和是 $180°$。

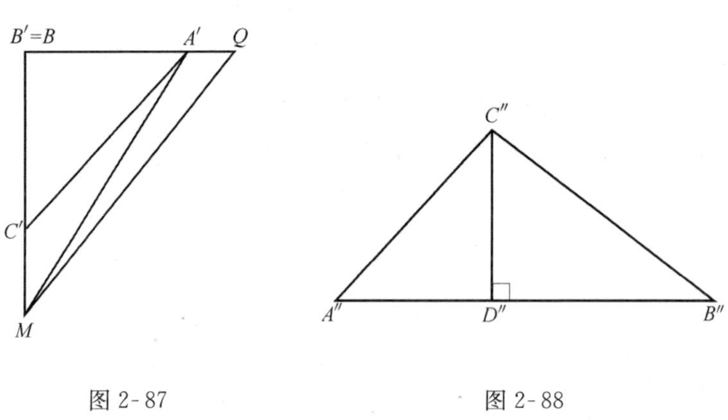

图 2-87　　图 2-88

从命题 1，2 知下面两个结论成立：

命题 3　只有两种假定是可能的：或者所有的三角形内角和皆为 π，或者所有的三角形内角和都小于 π。

命题 4　如果所有的三角形内角和都相等，则它们的内角和都是 π。

事实上，若所有三角形的内角和为 φ，在任意取定的三角形$\triangle ABC$中，D 是AC 边上一点，连接BD，如图 2-89，则

$$\varphi=\alpha+\beta+\gamma$$

$$\varphi=\alpha+\beta_1+\delta_1$$

$$\varphi=\gamma+\delta_2+\beta_2$$

$$2\varphi=\alpha+(\beta_1+\beta_2)+\gamma+(\delta_1+\delta_2)$$

$$=\alpha+\beta+\gamma+\pi$$

从而 $\varphi=\pi$。

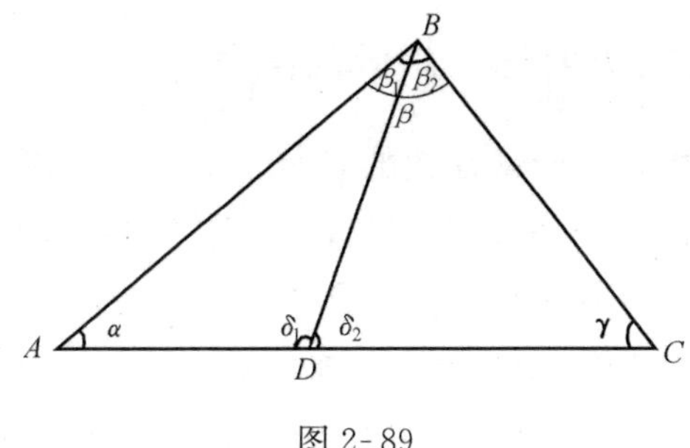

图 2-89

命题 5 若所有的三角形内角和小于 π，那么在所有三角形中，其内角和不统一。

命题 6 若 A 是直线 a 外一点，过 A 存在唯一的一条与 a 平行的直线的充分必要条件是任何三角形内角和为 π。

事实上，在中学平面几何当中，按欧几里得的五条公设已证明出上述的必要性。下证充分性，即若任三角形内角和为 π，则过 A 只有一条与 a 平行的直线。作 $AB\perp a$，$AD\perp AB$，见图2-90。则 $AD/\!/a$。若直线 $AC/\!/a$，设 $\angle BAC=\frac{\pi}{2}-\varepsilon$，在直线 a 上取一点 B' 使得 $\angle AB'B=\alpha<\varepsilon$，且使 B' 与 $\angle BAC$ 在 AB 的同一侧。由已知，$\triangle ABB'$ 的内角和为 π，于是

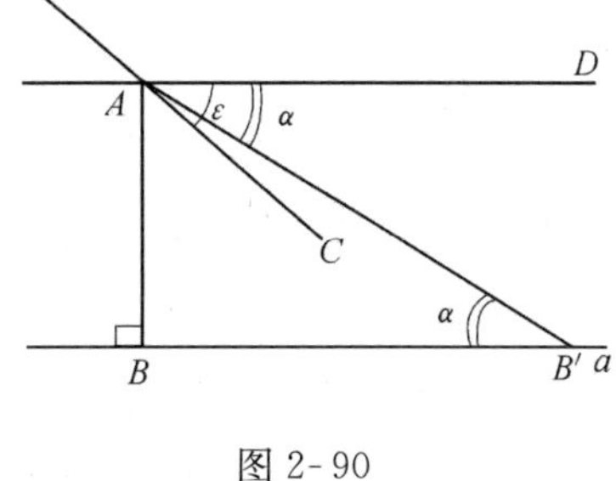

图 2-90

$$\angle BAB'=\frac{\pi}{2}-\alpha>\angle CAB=\frac{\pi}{2}-\varepsilon$$

即直线 AC 过 $\triangle ABB'$ 内部，与 BB' 交于一点，即 AC 与 a 相交，与 $AC/\!/a$ 矛盾。

命题 7 三角形内角和小于 π 的充分必要条件是过直线 a 外一点 A 可以引至少两条与 a 平行的直线。

通过上述分析，我们看到，一旦存在一个三角形，它的内角和小于 π，则过直线外一点可引不止一条直线与原来那条直线平行，这当然与我们已经笃信无疑的一般平面几何理论相对立。难道允许谈三角形内角和小于 π 吗？允许。

2.28 罗巴切夫斯基的想像几何学

1840 年，罗巴切夫斯基在他的名著《平行线理论的几何研究》中说："三角形内角和小于 π 是允许的，由于由它推导出的结果当中不存在矛盾，它可以作为一种新几何的理论基础，我把这个新几何学称为'想像几何学'。"罗巴切夫斯基的这种观点和言论，对于两千多年来人们坚信欧几里得《几何原本》的几何学原则是现实空间的唯一正确的描述，这种似乎是天经地义的理论是一种背叛、挑战和革命；大数学家高斯、鲍耶等也与罗巴切夫斯基几乎同时发现了有悖于欧几里得第五公设的新几何，只是由于高斯胆小怕事、明哲保身而不能如罗巴切夫斯基那样公开打出反旗。这种新几何学的诞生源于众多数学家对欧几里得第五公设证明的失败。

欧氏第五公设的文字表述和内容都显得复杂和不易接受，不像其他的公理（公设）那样自明而易于理解。自古以来就有不少学者怀疑第五公设是否是多余的，它能否由其他公设、公理逻辑地推导出来？人们付出了大量的精力去证明它，在欧氏抛出第五公设后的两千年间，很难举出有哪一位大数学家没有试证过第五公设。为什么这么多大数学家谁也证明不了第五公设呢？罗巴切夫斯基领悟到，第五公设本来就是独立于其他公理公设之外的一条公理，是只能接受而无需也不可能证明的真理；另外，既然我们可以承认这条并无自明性的命题为公理，为什么它的反面，即第五公设不成立的时候，不可以建立一种新几何呢？于是罗氏大胆地从几何中删去第五公设，用"存在内角和小于 π 的三角形"来替代它，建立了他称之为想像几何学的罗巴切夫斯基几何。罗氏之所以称自己的新几何学是想像的几何学，是因为在这种几何当中，推导出种种与人们的世俗观念和直观感觉相反的定理，在 19 世纪和 20 世纪初，人们还认为那些结果是不能采用只是可以自圆其说的一种逻辑结构而已，但现代物理学的研究表明，罗氏的想像几何学中的"想像"在物理现实中确有其事，都是真的。通过非欧几何的建立过程中的是非演变，使得现代科学工作者变得聪明了，大家的共识是，对于科学当中的不同的言论应持慎重的态度，用已知的知识系统去禁止新观点新技术的探索是一种反科学的态度。

为了讨论罗巴切夫斯基几何的基本事实，我们首先讨论欧几里得第五公设的充分必要条件。

命题 1 第五公设成立的充要条件是过直线外一点存在唯一的与该直线平行的直线。

事实上，设直线 b 是过直线 a 外一点 A 的与 a 平行的唯一直线，在 a 直线上取一点 B，则直线 AB 与直线 a，b 构成的内错角相等，这时若直线 c 与 AB 构成 β 角，且 $\alpha+\beta<\pi$ 时，如图2-91所示，则 c 与 a 不是同一条直线，由于过 A 点与 a 平行的直线只有 b 直线，所以 c 与 a 不平行，相交于 AB 右侧，即第五公设成立；必要性亦易证明。

命题 2 第五公设成立的充分必要条件是三角形内角和为 π。

由命题 1 及 2.27 节的命题 6，命题 2 的成立是显然的。

命题 3 第五公设成立的充分必要条件是同一直线的垂线与斜线相交。

命题 4 第五公设成立的充分必要条件是存在两个相似而不全等的三角形。

命题 4 的必要性平面几何中已有证明。

下面证明命题 4 中的充分性，即假如有两个不全等的相似三角形，则第五公设成立。设 $\triangle ABC\backsim\triangle A'B'C'$，但 $\triangle ABC$ 与 $\triangle A'B'C'$ 不全等，设 $\angle A=\angle A'$，$\angle B=\angle B'$，$\angle C=\angle C'$，$AB>A'B'$；在 $\triangle ABC$ 的两边 AB 与 AC 上分别取 $AD=A'B'$，$AE=A'C'$，如图 2-92。

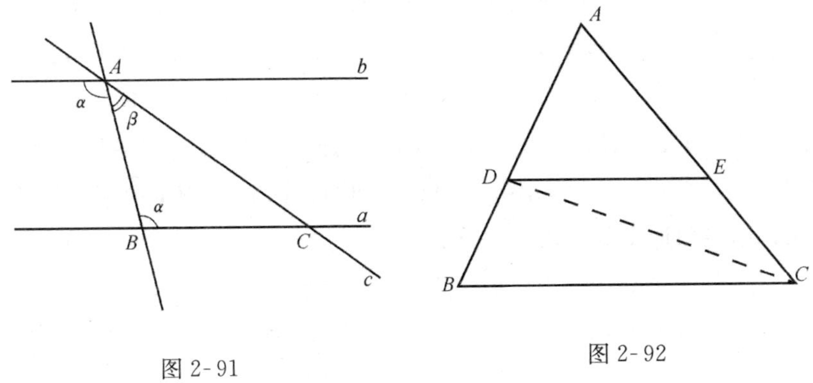

图 2-91

图 2-92

由于 $AD=A'B'<AB$，所以 D 点落在 A 与 B 之间。E 点不与 C 点重合，不然与 $\angle C=\angle C'$ 相违，同理 E 点也不能落在 AC 的外边，E 点

落在A与C之间。这时四边形$BCED$的内角和为2π，故$\triangle BDC$与$\triangle DCE$的内角和皆为π，这是因为三角形内角和不能大于π。而三角形内角和为π的充要条件是第五公设成立。

命题 5 第五公设成立的充要条件是任一三角形存在外接圆。

必要性已在中学几何课中证明。下证充分性，即任一三角形有外接圆，则第五公设成立。由命题 3，只欠证明，任一三角形有外接圆，则直线AB的垂线与斜线相交，设过B的直线$BC\perp AB$，而AD是AB的斜线，如图 2-93。M是线段AB上任一点，设L，N分别是M点关于AD与BC的对称点，$ML\perp AD$，而ML对于直线MA是倾斜的，所以直线ML与MA是不同的两条直线，于是L，M，N不在同一直线上，又直线AD是与$\triangle LMN$的顶点M与L等距的点之轨迹，所以这个三角形的外接圆圆心在AD上，又直线BC是与$\triangle LMN$的顶点M与N等距的点之轨迹，所以$\triangle LMN$的外接圆圆心在BC上，可见BC与AD相交，即直线AB的垂线与斜线相交。

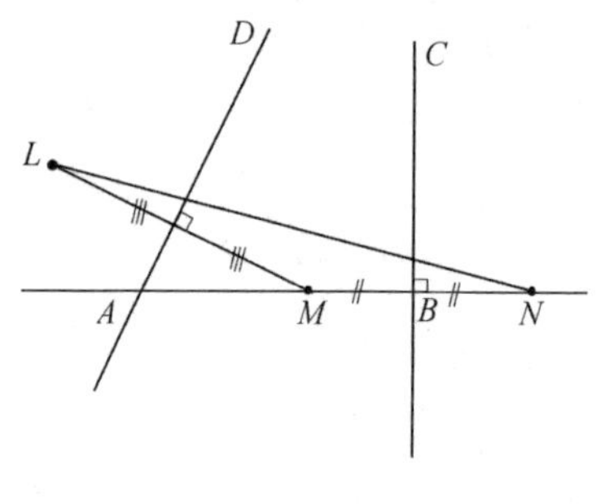

图 2-93

命题 6 第五公设成立的充要条件是与已知直线等距且在该直线同侧的三点在同一直线上。

必要性已经在中学平面几何中证明，下证充分性。设A，B，C三点在直线a同侧，且到a等距，即$AA_1=BB_1=CC_1$，其中$AA_1\perp a$，$BB_1\perp a$，$CC_1\perp a$，A_1，B_1，C_1是垂足，见图 2-94。于是$\triangle A_1BB_1\cong\triangle A_1AB_1$，$A_1B=B_1A$，又$AA_1=BB_1$，故$\triangle A_1AB\cong\triangle B_1AB$，$\alpha=\beta_1$；同理$\alpha=\gamma$，$\beta_2=\gamma$，进而$\beta_1=\beta_2=90^\circ$，即四边形$A_1B_1BA$中四个内角皆直角，由三角形全等可以得到$\angle 1=\angle 2=\angle 3=\angle 4$，$\angle 5=\angle 6=\angle 7=\angle 8$，而$\angle 1+\angle 2+\angle 3+\angle 4\neq\angle 5+\angle 6+\angle 7+\angle 8=2\pi$，见图 2-95，于是$\angle 1+\angle 4+\angle 7+\angle 8=\pi$，即$\triangle AA_1B_1$的内角和为$\pi$，故第五公设成立。

命题 7 第五公设成立的充分必要条件是角度数在大于0小于π之间的任一角内部的任一点可以引一直线，使此直线与该角的两边相交。

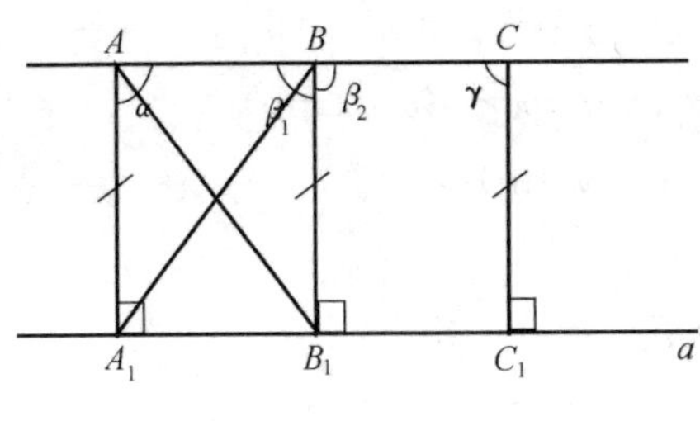

图 2-94

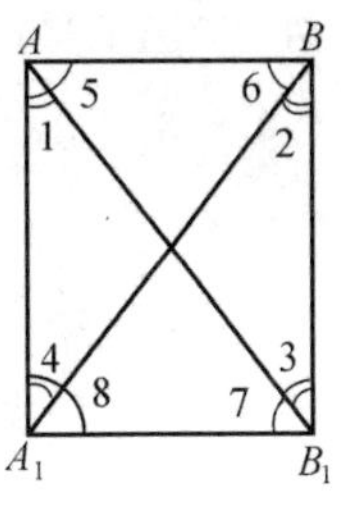

图 2-95

作任一角$\angle AOB$的角平分线OC，$\angle AOB<\pi$，设P是$\angle AOB$内任一点，过P作OC的垂线PQ，见图 2-96，PQ是OC的垂线，而OA是OC的斜线，由命题 3，当第五公设成立时，PQ与OA相交；同理PQ与OB相交。

下面证明充分性。设过$\angle AOB$内任一点P可以引出一条与此角两边相交的直线，但第五公设不成立，则每个三角形内角和小于π，记

$$\delta(\triangle ABC)=\pi-(\angle A+\angle B+\angle C)>0$$

设$\triangle ABC$中$\angle A$是最大的内角。设A'是A点关于BC的对称点，见图 2-97。延长AC，AB成射线，A'在$\angle CAB$内部，于是过A'点可以引直线EF

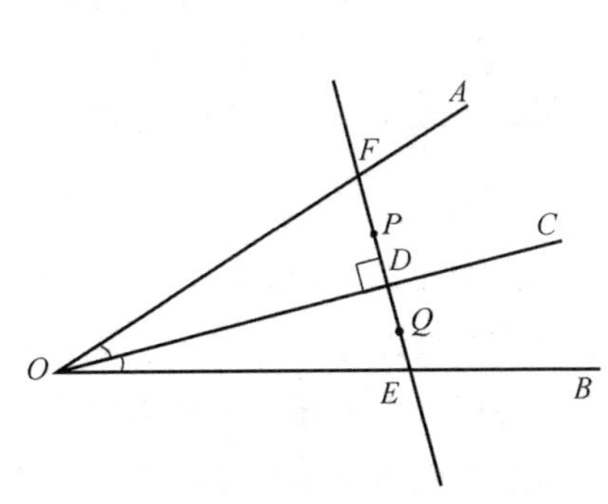

图 2-96

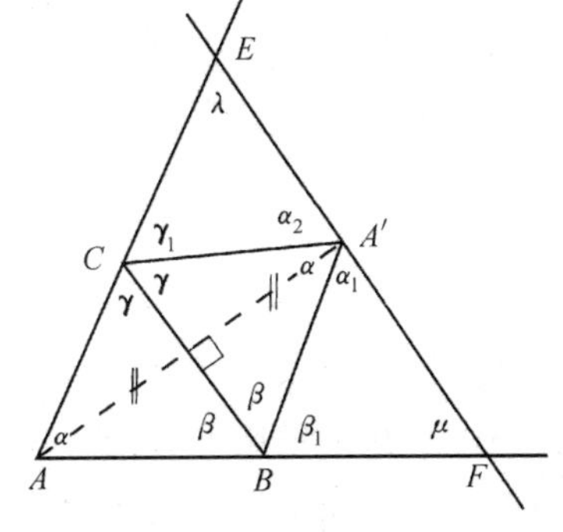

图 2-97

与AC，AB分别相交于E，F点。连$A'C$，$A'B$，则有

$$\delta(\triangle ABC)=\delta_0=\pi-(\alpha+\beta+\gamma)>0$$

$$\delta(\triangle BCA')=\delta_0=\pi-(\alpha+\beta+\gamma)>0$$

$$\delta(\triangle A'BF)=\delta_1=\pi-(\alpha_1+\beta_1+\mu)>0$$

$$\delta(\triangle A'CE)=\delta_2=\pi-(\alpha_2+\gamma_1+\lambda)>0$$

$$2\delta_0+\delta_1+\delta_2=4\pi-\pi-\pi-\pi-(\alpha+\lambda+\mu)=\pi-(\alpha+\lambda+\mu)$$

于是

$$\delta(\triangle AEF)=\pi-(\alpha+\lambda+\mu)=2\delta_0+\delta_1+\delta_2$$

$$\delta(\triangle AEF)>2\delta(\triangle ABC)$$

对于$\triangle AEF$，仿上可以构造出另一三角形$\triangle_1$，使得$\delta(\triangle_1)>2\delta(\triangle AEF)>4\delta_0$，对$\triangle_1$，可以得到$\triangle_2$，使得$\delta(\triangle_2)>2\delta(\triangle_1)>8\delta_0$，依此知，存在$\triangle_k$，使得$\delta(\triangle_k)>2^{k+1}\delta_0$，当$k$足够大时，$\delta(\triangle_k)>\pi$，这是不可能的。

命题 8 第五公设成立的充分必要条件是圆内接正六边形的边长等于该圆半径。

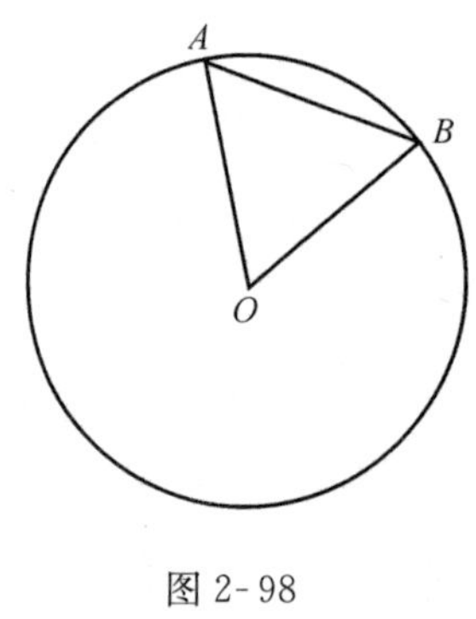

图 2-98

必要性已在中学平面几何中得证，下证充分性。设AB是圆内接正六边形的一条边，且$AB=OA=OB$（图 2-98），不用第五公设可以证明等边三角形三个内角相等。又$\widehat{AB}$是圆周的$\frac{1}{6}$，故$\angle AOB=\frac{\pi}{3}$，于是$\angle AOB=\angle OAB=\angle OBA=\frac{\pi}{3}$，$\triangle OAB$的内角和为$\pi$，进而第五公设成立。

以上建立的命题 1，命题 2，……命题 8 八个充分必要条件，是欧几里得几何中与第五公设等价的八个命题，如果否定欧几里得第五公设，代之以相反的公理，则上述八个已为每个中学生视为几何金律的命题将全被否定，出现人们不情愿接受但又不得不接受的一种新几何。

罗巴切夫斯基用下面的公理替代第五公设：

设a是任一直线，A是a外一点，在A与a确定的平面上，过A而不与a相交的直线至少有两条。

这条公理等价于：

存在内角和小于π的三角形。

在上述罗氏公理和欧几里得公理系统中删去第五公设所组成的公理系统中，建立的几何称为罗巴切夫斯基几何，与上述八个充要条件对应的，有以下八条命题。

命题 1′ 在平面上任一直线 a 外任取一点 A，过 A 点与 a 平行的直线至少两条。

命题 2′ 任一三角形内角和小于 π。

命题 3′ 平面上一直线的垂线与斜线并不一定相交。

命题 4′ 相似而不全等的三角形不存在。

命题 5′ 存在无外接圆的三角形。

命题 6′ 在平面上一直线的同侧与此直线等距的点的轨迹是一曲线，它上面任何三点不在同一直线上。

命题 7′ 过每一锐角的一边存在不与另一边相交的垂线。

设$\angle AOB$ 是锐角，若过 OB 边的每一垂线皆与 OA 边相交，从 OA 上任一点 A_0 向 OB 作垂线 A_0B_0，B_0 是垂足，在 OB 上取 O 点关于 $A'B'$的对称点 B_1，从 B_1 点向上作 OB 的垂线，它与 OA 交于 A_1，如图 2-99，与命题 5 相似地可以证出

$$\delta(\triangle OA_1B_1) > 2\delta(\triangle OA_0B_0)$$

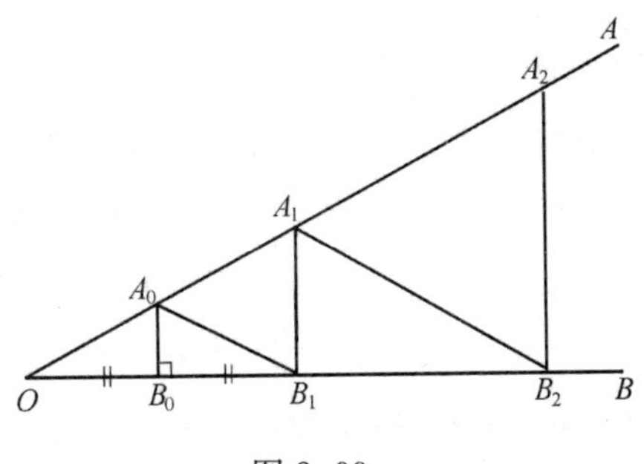

图 2-99

作 O 点关于 A_1B_1 的对称点 B_2，则得

$$\delta(\triangle OA_2B_2) > 2\delta(\triangle OA_1B_1)$$

依此类推得

$$\delta(\triangle OA_nB_n) > 2\delta(\triangle OA_{n-1}B_{n-1}) > \cdots > 2^n\delta(\triangle OA_0B_0)$$

由于 $\delta(\triangle OA_0B_0) > 0$，故 $\delta(\triangle OA_nB_n) > \pi$，这是不可能的。

命题 8′ 圆内接正六边形的边大于该圆半径。

事实上，在图 2-100 的$\triangle AOB$中，内角和小于π，而$\angle AOB=\frac{\pi}{3}$，$\angle AOB$是$\triangle AOB$中的最大的角，而$\triangle AOB$中大角对大边，所以$AB>OA$。

从欧几里得几何的观点来看，上述命题 1′，命题 2′，……命题 8′这八个命题似为荒唐的假命题，而从罗巴切夫斯基几何的观点来看，它们却是数学科学不可或缺的严肃真理。

真理与假理都是相对的！从罗巴切夫斯基几何的观点看欧氏几何，例如“三角形内角和为π”，“正六边形边长等于其外接圆半径”等等，我们早已奉为金科玉律的几何信条，却不能得到承认！

2.29 伟大的数学革新派罗巴切夫斯基

罗巴切夫斯基生于俄国诺夫哥罗德市一个土地测量员家庭，1807 年入喀山大学，时年仅 15 岁，毕业后留校任教，1822 年晋升教授，1827～1846 年任喀大校长。

罗巴切夫斯基学生时代是一位活泼好动，思想开放，主持正义，有创新精神和独立思考习惯的无神论者，常常违犯束缚学生思想和自由的校规。他从青年时代起就具有反传统反保守的品质，这种品质一直延续到他任喀大校长时仍然坚持不变，对于违背教育规律的政府指令，不管下令的部门有多高，官职有多大，他都一律反对和抵制，对传统势力和封建忠君思想从不同流合污，所以到了 1846 年，虽然他在任期间喀大的教学科研工作成绩斐然，但当权者仍然免除了他的校长职务。

性格即命运，罗巴切夫斯基的叛逆性格虽然不能明哲保身，但在学术上却成为一位伟大的革命性数学家。

1815～1817 年，在罗巴切夫斯基的教学笔记中发现，他当时也希望证明欧几里得第五公设，而且他发现了过去人们对第五公设的证明都因不严格而失败；1823 年，他在几何讲义中写道：“这个真理的严格证明到现在为止什么地方都找不到。”

1826 年 2 月 11 日，罗巴切夫斯基在喀山大学数学物理系宣读了他的开创性论文《关于几何原理的议论》，提出了罗巴切夫斯基公理，这一天公认为“非欧几何”（或称“反欧几何”）的诞生之日。

取不同的几何公理系统为基础，数学家得到了不同的几何学，但是无论罗巴切夫斯基公理本身还是由它推导出来的几何定理，从旧几何的观点看，人们对其非常陌生甚至觉得它是假的！罗巴切夫斯基同时代的人对他的几何不信任甚至有敌意者大有人在！当时几乎无人理解罗巴切夫斯基几何深远的科学价值，连当时俄国最伟大的数学家奥斯特罗格拉德斯基也不理解罗氏几何，甚至著文在《祖国之子》上发表，称罗巴切夫斯基的几何是“笑话”，是“对有学问的数学家的讽刺”云云。布特列洛夫 1878 年写道：“对罗巴切夫斯基的‘想像中的几何’，大家都用对待科学家中的怪人宽容惋惜的态度来谈论。”

科学界当时对待罗巴切夫斯基的不公正评价并未摧毁他对新几何的信念，他不顾个人所受到的一切侮辱而骄傲地高举革新几何的大旗，替天行道；他的理想终于得胜，被历史承认；罗巴切夫斯基最终被认定为俄国和全世界科学家的优秀代表。高斯于 1846 年写给友人的信中说：“罗巴切夫斯基是作为专家以真正的几何精神来解释世界，我劝你把注意力转向他的名著《关于平行线理论的几何研究》，研读它，一定会使你感到很大的满意。”

无矛盾的罗巴切夫斯基几何的建立表明，任何几何公理都不是牢不可破放之四海而皆准的教条，它们是可以改变的。人类活动的空间里的几何学和存在需要上千光年才能达到的点的太空的几何学是有区别的。

W. 克利福特说：“哥白尼和罗巴切夫斯基之间有着有趣的相似性，他们都是斯拉夫人，各人在科学上的见解都为人类文明带来了革命，两人的革命都具有巨大的意义，他们是人类宇宙观革命的领袖人物。”

罗巴切夫斯基不断地完善非欧几何，由于长期的钻研和创作，晚年双目失明，许多著作是他口述由别人代笔写成的，主要著作有《虚几何学》、《泛几何学》、《虚几何学在一些积分上的应用》、《平行线理论的几何研究》等。

罗巴切夫斯基向人类几千年确信不疑的欧几里得几何系统挑战，他的理论成功地否认了欧氏几何是唯一可能的空间形式的观点。

罗巴切夫斯基几何帮助科学家解决了相对论中的数学困难，在天体物理和原子物理中得到了重要应用，在质量很大速度很高的超宏观世界和原子内部的微观世界当中，欧氏几何已不适用。我们感谢罗巴切夫斯基开创了新几何，它为我们提供了探索宇宙空间的有力的数学武器。

2.30 细胞几何学

在一个玻璃杯里调制比较浓的肥皂水，用一根饮用饮料的吸管去吹，杯内生出互相拥挤的肥皂泡；把电视机包装箱内的防震泡沫塑料块掰开，便会看到白色泡沫塑料的颗粒与上述肥皂泡相似的结构；如果把中午吃剩的米饭倒入凉水放在灶上煮成稀粥，等开锅时，也会看到升腾起来的状似肥皂泡的泡沫挤压在一起；在平面上，也有相应的情形发生，例如春夏大旱，稻田土地龟裂的形状，等等。这些几何形象具有数学上的统一性。我们看到，在平面的情形，是一些状似杂乱无章的凸多边形，在空间的情形，是一些状似杂乱无章的凸多面体，所以人们称诸如此类的结构为“无序结构”。早年大科学家牛顿和虎克等曾研究过肥皂泡。事实上，在化工、冶金、地质、物理等众多领域，这种无序结构有广泛应用。系统地数学地研究这种结构的第一人是20世纪俄国数学家沃热诺伊（Voronoi），所以这种结构亦称Voronoi网络。

下面以二维情形如例，用平面几何的方法讨论Voronoi网络。

平面上任取定n个点v_1，v_2，…，v_n，把每对点间用直线段连接，以v_i为端点的线段组成的图形称为“星”，记成$S(v_i)$；若$S(v_i)$中任一线段所在直线的两侧，皆有$V=\{v_1, v_2, \cdots, v_n\}$中的点，则称$S(v_i)$为“正星”，否则称为“偏星”；$S(v_i)$的一些线段的垂直平分线围成的凸多边形当中，仅含$V$中的一个点$v_i$且其面积最小者，称为以$v_i$为细胞核的细胞。

v_i为细胞核的充要条件是$S(v_i)$是正星。

事实上，若$S(v_i)$是偏星，则存在$v_j\in V$，$v_i\neq v_j$，直线v_iv_j的一侧无V中的点；取v_i为坐标原点，v_iv_j所在的直线为x轴，取y轴的方向，使得第三四象限内无V中的点，构成平面直角坐标系，于是对每个$k\neq i$，$1\leqslant k\leqslant n$，线段v_iv_k的垂直平分线与x轴的交点与原点的距离$d_{ik}\geqslant\frac{|v_iv_k|}{2}$，见图2-100。令$d_i$是$d_{i1}$，$d_{i2}$，…，$d_{in}$中的最小值，显然，在$x$轴下方以$y$轴为中位线相距为$2d_i$的平行线间的带形区（阴影区）内无$v_iv_k$垂直平分线上的点，其中$k\neq i$，所以$v_iv_k$的垂直平分

线族不能围成内含 v_i 的凸多边形，即 v_i 不是细胞核。

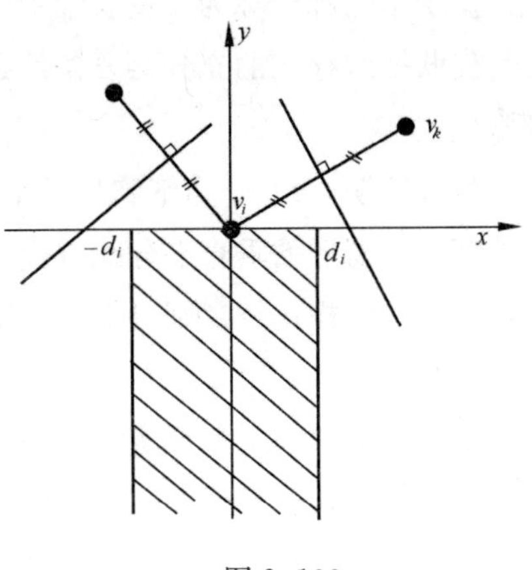

图 2-100

反之，若 $S(v_i)$ 是正星，我们来论证 v_i 是细胞核。作与 v_i 距离足够大的直线 l，使得 l 的一侧无 V 中的点。平移 l 使其与 v_i 距离缩小，一定存在一个时刻，此时首次发现 V 中的点与 l 接触，设这第一批与 l 接触的点在 l 上以正向排列为 v_{1_1}，v_{1_2}，…，v_{1_m}（皆异于 v_i），所谓正向是指沿此方向在 l 上行进时，l 左侧有 V 中之点。由于 $S(v_i)$ 是正星，以 v_{1_1} 为中心按顺时针转动 l，转过某一角度 $\alpha_1>0$，使得直线 l 扫过的区域内无 V 中之点，这时 l 转到 l_1 的位置，且 l_1 上有一点 $v_2\notin l$，但 $v_{2_1}\in V$，$v_{2_1}\neq v_i$。不妨设 v_{2_1} 是 l_1 上按其正向而论的第一个 V 中的点；以 v_{2_1} 为中心顺时针转动 l_1，转过某角度 $\alpha_2>0$，得直线 l_2，l_1 扫过的区域内无 V 中的点，但 l_2 上第一个 V 中的点是 v_{3_1}，$v_{3_1}\neq v_i$，$v_{3_1}\notin l_1$。依此类推，这种转动至少会发生两次。又 V 中点是有限的，故存在有限条直线 l，l_1，l_2，…，l_k（$k\geqslant 2$），其上分别有点 v_{1_1}，v_{2_1}，…，$v_{(k+1)_1}=v_{1_m}$，这些点为顶构成内含 v_i 的凸多边形 $v_{1_1}v_{2_1}\cdots v_{(k+1)_1}$（顺时针序）。作 $v_iv_{1_1}$ 的垂直平分线 l_1'，作 $v_iv_{2_1}$ 的垂直平分线 l_2'，则 l_1' 与 l_2' 相交于 $\angle v_{1_1}v_iv_{2_1}$ 内部，见图2-101。$\angle 1+\angle\alpha_1'=\pi$，所以 $0<\angle 1<\pi$。同时，$v_iv_{2_1}$ 的垂直平分线 l_2' 与 $v_iv_{3_1}$ 的垂直线平分线 l_3' 相交于 $\angle v_{2_1}v_iv_{3_1}$ 内部，且 $0<\angle 2<\pi$，依此类推，得到一个由 $v_iv_{1_1}$，$v_iv_{2_1}$，$v_iv_{(k+1)_1}$ 的垂直平分线围成的内含 v_i 的凸多边形 K，可见以 $S(v_i)$ 的一些边的垂直平分线围成的凸多边形存在，又由于 V 的元素有限，故这种凸多边形的个数有限，从中挑选面积最小者，即为以 v_i 为细胞核的细胞。

我们已经知道，当 $S(v_i)$ 是偏星时，v_i 不是细胞核；这时，会存在一个无界平面区域，其中内含 V 的唯一点 v_i，其边界由 $S(v_i)$ 的某些边之垂直平分线上的部分线段或射线组成，而此无界区域内不含 $S(v_i)$ 上的边的垂直平分线上的点。我们把 V 装入一个盒子里，则上述无界区域在盒子里的部分称为“皮肤细胞”。

皮肤细胞存在的充分必要条件是 S（v_i）是偏星，这时称 v_i 是皮肤细胞核。

可以证明，以 v_i 为细胞核的细胞至多一个。对于三维空间的情形，只需把平面情形的垂直平分线改成垂直平分面，凸多边形由凸多面体代替，面积由体积代替，则可把上述论证推广到三维空间，建立相似的一套概念与结论。

上述数学模型反映的实际模型是：每个细胞核都以相同的速度向各个方向均匀生长，直至细胞间互相接触挤压而停止生长，于是构成了一块细胞的无序结构或称机体。肥皂泡或泡沫塑料等形成的数学机制正是如此。图 2-102 画的是二维细胞群的局部示意图。

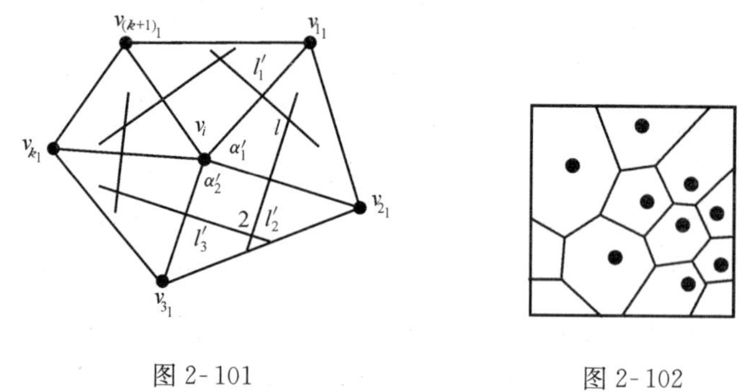

图 2-101　　图 2-102

2.31　蚂蚁的最佳行迹

一只蚂蚁从一块砖的一个顶点爬向这块砖的对角顶点，它应沿怎样的路线爬行，才使其行迹最短（最省时间）?

设此砖为长方体 $ABCD\text{-}A'B'C'D'$，三条棱长 $AB=a$，$AD=b$，$AA'=c$，$0<c<b<a$，蚂蚁从 A 点爬向 C' 点，见图2-103，作长方体的展开图如图 2-104。从展开图上看，蚂蚁应从直线段 $AA'B'C'$，AEC'，AFC'，AGC'，AHC' 中挑一条最短者作为它的爬行路线。

由勾股定理容易算出

$$\begin{aligned}AA'B'C'&=a+b+c\\&=\sqrt{a^2+b^2+c^2+2ab+2bc+2ac}\end{aligned}$$

$$
\begin{aligned}
AEC' &= \sqrt{(a+c)^2+b^2} \\
&= \sqrt{a^2+b^2+c^2+2ac} \\
AFC' &= \sqrt{a^2+(c+b)^2} \\
&= \sqrt{a^2+b^2+c^2+2bc} \\
AGC' &= \sqrt{(a+b)^2+c^2} \\
&= \sqrt{a^2+b^2+c^2+2ab} \\
AHC' &= \sqrt{a^2+(b+c)^2} \\
&= \sqrt{a^2+b^2+c^2+2bc} = AFC'
\end{aligned}
$$

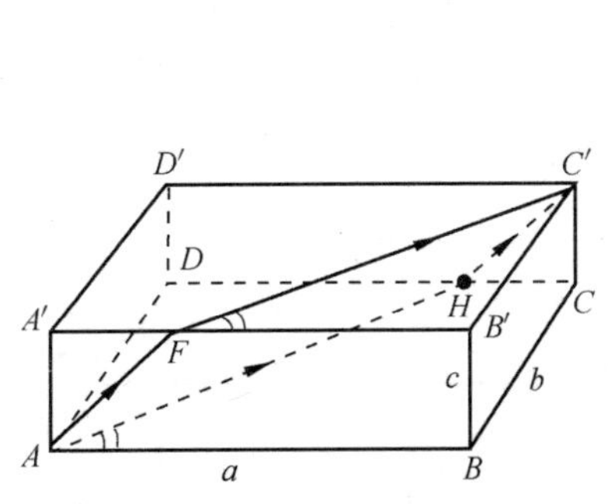

图 2-103

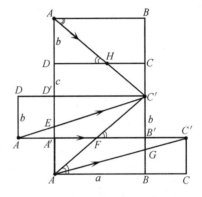

图 2-104

由于 $0<c<b<a$，故有

$$bc<ac<ab<ab+ac+bc$$

所以以上五种路线以 AFC' 与 AHC' 最短，蚂蚁应沿着这两条路线之一爬向 C' 点。

在图 2-104 中 $\triangle AAC'$ 是等腰三角形，故

$$\angle BAH=\angle DHA=\angle BAC'=\angle B'FC'$$

$$\triangle ADH \cong \triangle B'C'F,\ FC'=AH$$

由图 2-103 可以看出，由于 $\angle B'FC'=\angle BAH$，故 $FC' \mathrel{\underline{\parallel}} AH$，于是 $AHC'F$ 是平行四边形，蚂蚁是从 A 出发沿此平行四边形的任一组邻边爬到 C' 的。因为

$$\frac{B'F}{a}=\frac{b}{b+c}$$

所以

$$B'F=\frac{ab}{b+c}$$

可见，可以用规尺作图法找到 F 点和 H 点，从而确定蚂蚁的最佳行迹。

在其展开图是平面图形的立体表面上，蚂蚁从一点爬向另一点时，其最省时的行迹皆为展开图上连接此两点的各直线段中的最短者对应的立体上的那条曲线段。

例如在圆柱上，见图 2-105，从 A 点爬向 B 点，把此圆柱的侧面展开成 $AMNP$，见图 2-106，若 B 落在展开图的中位线 FE 上，则蚂蚁应按 AB' 或 MB' 两条线段在圆柱上的对应曲线段爬行，一条在圆柱的可视部分（即前面），一条在此圆柱的背后；如果 B 点落在侧面展开图的左（或右）半部，则蚂蚁按此半部中的直线段 AB'' 所对应的曲线爬行才最省时间。蚂蚁是在圆柱上盘旋着上升到 B 点的，如果盘旋的角速度是匀速的，则上升的速度是匀速的。角速度与上升速度之比是一个常数。

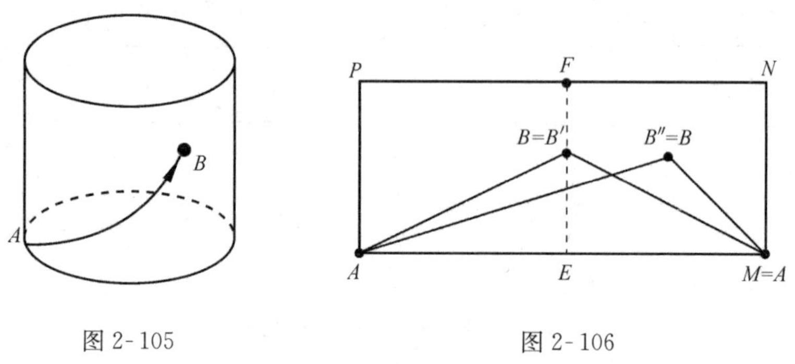

图 2-105　　图 2-106

蚂蚁在圆锥上爬行的最佳路线也可用前面的展开图方法加以解决；有趣的是，如果它是从圆锥底面圆周上一点爬向此圆周的另一点，则不是沿圆周爬行，而是立刻向上爬，到达一个最高点后再向下爬行，见图 2-107，图 2-108，其最佳爬行路线曲线段 AB 在展开图（图 2-108）上是直线段 AB（$\overset{\frown}{AB}$ 在底面圆周上是劣弧）。

对于没有平面展开图的曲面，寻求蚂蚁从其上一点爬向另一点的最佳路线就不像上面的解法那么方便了，一般而言，不能用初等数学的方法来讨论。例如在球面上，蚂蚁从一点 A 爬向另一点 B，则应沿 A，B 所在的“大圆”上的劣弧 $\overset{\frown}{AB}$ 爬行。所谓大圆，是其中心在球心的球面

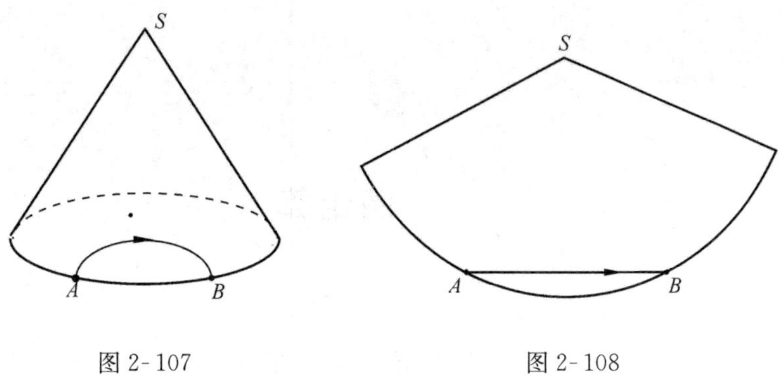

图 2-107　　图 2-108

上的圆。沿大圆爬行时，路径弯曲的程度最小，最接近直线段 AB，但证明这一点并非易事。

另一个值得注意的问题是，如果在某曲面上有一个洞（把此洞视为一个点），若没有这个洞，存在一条蚂蚁最佳行迹，使它从 A 点爬到 B 点；有了这个洞，需要另寻佳迹。可惜这时可能不存在最佳行迹了！事实上，如果无洞时最佳行迹是唯一的，它爬到洞附近时必须绕行，绕行的半径（以洞为中心）可以是$\frac{1}{n}$，$n=n_0$，n_0+1，n_0+2，…有无穷条行迹，都与无洞时的最佳行迹相差无几，越来越接近原最佳行迹，但哪一条也不是最佳的，都可以再缩短，可见这时已找不到最短行迹了。

03 图论篇

千言万语不及一张图。

——民谣

3.1 美丽图论

在这一篇当中，我们将向读者展示图论的若干美丽画卷，从而领略它诸多引人入胜的特色。图论强有力的逻辑、漂亮的图形和巧妙的论证，定会使你陶醉。图论在民间故事中诞生，在现代数学、工程技术、优化管理等科学技术领域中应用极为广泛，在数学科学当中，图论异军突起，迅速发展，已经发展成十分有趣、十分有用的重要数学分支，它是离散数学的组成部分，而离散数学是计算机科学技术的理论基础。事实上，计算机是机械地处理离散事物的工具，例如处理棋弈的布子，1997 年，人造机器“深蓝”计算机竟然在国际象棋盘上战胜了国际象棋头号大师卡斯帕罗夫！计算机与图论联姻，解决了和将要解决大量优化决策问题，这就是图论日益受到青睐的主要原因。微积分在数学当中一贯处于领袖地位，可以预期，有朝一日这种地位将被离散数学夺走。

图论问题看似简单，例如家喻户晓的四色问题：“把任意给出的一张地图染成彩色的，使得邻省异色，用四种颜色足够用。”这个问题已于 1976 年由美国科学家阿佩尔（Appel）和哈肯（Haken）用计算机证实是成立的。他们用了 100 亿多个逻辑判断，耗用 1200 个机时，使难倒过许多大数学家的四色猜想（4CC）终于在人类面前就范。4CC 是 1852 年伦敦大学学生高思利（Guthrie）提出的，1879 年，伦敦数学会的数学家肯普（Kemple）发表了极为精巧的证明，宣布他证出了 4CC

为真，可惜过了十年就被人找出证明中不可修正的漏洞！1890 年，希伍德（Heawood）沿用肯普的技巧证明了五色定理，即把 4CC 中的四改成五则可以成立。

阿佩尔他们的机器证明是一种不可视证明，拿不出用自然语言写在纸上的书面文字证明，存在用肉眼看不清其真伪的缺点。至于用手和笔写出的证明，作者认为离问世的时间尚有不少时日，不是一朝一夕可以被几个聪明人攻克的。

粗看四色猜想，它平易近人到这种程度，可以把它向大街上和我们随机而遇的市民用不了三分钟就能讲清楚，使得即使是文盲，也可以用树棍在地上画出验证 4CC 成立的实例，但欲写严格的数学证明，则肯定不是一般数学家可以胜任之事了！图论问题大都具备通俗简单、直观活泼，实质上却很难解决的特点，向人们的机敏性和逻辑性进行挑战！在图论问题面前，我们必须严肃谨慎地思考，不可掉以轻心，有些图论问题，百思方得其解，把人锻炼得更为足智多谋。有的图论问题则不是百思一定可以得解的，例如 4CC 的可视证明就是一例。

3.2 人们跑断腿，不如欧拉一张图

普瑞格尔河流过哥尼斯堡城（原名加里宁格勒）市中心，河中有岛两座，筑七座古桥，如图 3-1 所示，每逢节假日，市民纷纷上岛消遣，老幼携扶，游玩散步，不知何日何人提出下面问题：请过每座桥恰一次，再返回出发点。

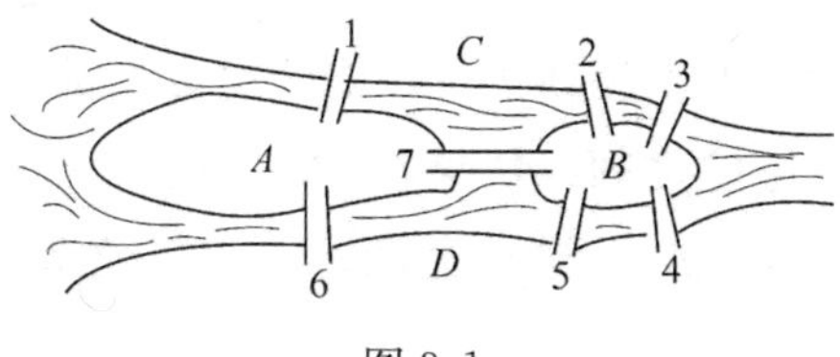

图 3-1

反复的奔走试行和失败，使人们对成功的可能发生疑惑，猜想问题无解，但又谁也说不清其中道理，于是有好事者去请教年轻的数学家欧拉（Euler)，刚开始欧拉也看不出这是一个数学问题，1736 年，29 岁的欧拉把这一问题化成数学问题，严格地论证了上述“七桥问题”无

解，并由此开创了图论与拓扑学的思维方式和诸多概念与理论，1736年遂被公认为图论学科的历史元年，欧拉被尊为图论与拓扑学之父。

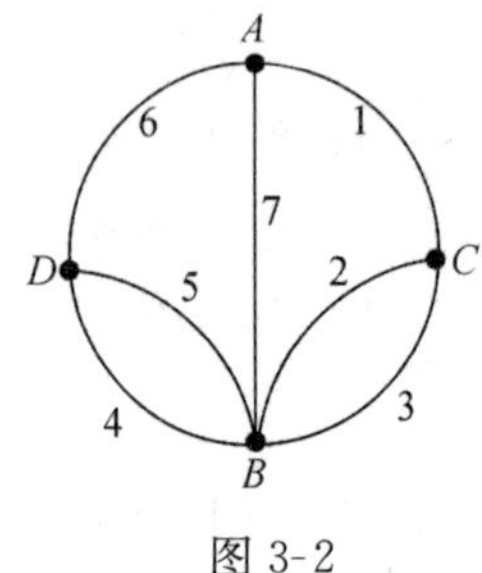

图 3-2

欧拉把 A，B，C，D 四块陆地抽象成四个点，当两地有一桥相通时，在两地相对应的点间连一曲线，此曲线之长短曲直并不介意，于是把图 3-1 的地图抽象成图 3-2 这种几何图形。把桥编号为 1 号桥，2 号桥，…，7 号桥。上岸记成 C，下岸记成 D，两岛分别为 A，B，如图 3-1，图 3-2。从图 3-2 我们看到，每个点 A，B，C，D 都和奇数条线段相连接。以 A 点为例，设 A 是出发点，不妨设通过 1 号桥远行，过一些时间通过 6 号桥返回 A，再通过 7 号桥远行，这时与 A 连通的 1 号桥，6 号桥和 7 号桥都已通行了一次，于是想回 A 已无桥允许通过了（因为约定每桥恰过一次），所以 A 点不能做出发点，不然与 A 连接的桥都通过一次后是离开了 A 点，不能再返回 A 点了；对 B，C，D 也相似论证，可以知道这四点 A，B，C，D 都不能作为出发点，即七桥问题无解。

如果提议再建一些桥，最少建几座？建在何处？才能使每桥恰过一次又能返回出发点。

上面分析告知，如果某点与奇数条线段相连接，则该点不可做出发点；而一个点如果是“中转”点，则“进”“出”的次数要相等，所以与奇数条线段相连接的点也不能做“中转”点，可见，若从一点出发每桥恰过一次再返回出发点必须每点处相连接的线段是偶数条；所以 A，B，C，D 之间要至少修两座新桥，才能使每点处都有偶数条线段相连。共有三种方式：A 与 C 之间，B 与 D 之间各建一桥；或 A 与 D 之间，B 与 C 之间各建一桥；或 A 与 B 之间，C 与 D 之间各建一桥即可，见图 3-3。

在图 3-3（a）上，例如从 A 出发再回到 A 的路线为：134682597，其中每个数码表示桥，这种路线不是唯一的，例如还可以按下面路线旅游：827134596，等等，还有哪些路线，请读者找一找。以其他点为出发点的路线可相似地找到；在图 3-3（b）、图 3-3（c）两种情形也可类似解决。

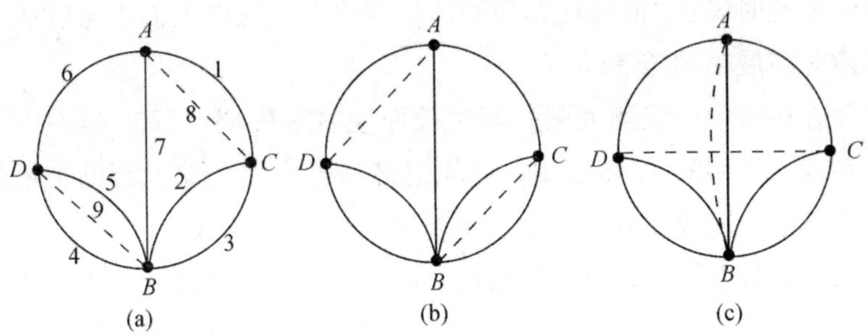

图 3-3

如果不要求一定返回出发点，但要求每桥恰过一次，这时的必要条件是至多一对点与奇数条线段连接。事实上，“中转”点皆与偶数条线段相连，如果仅有两个点与奇数条线段相连，则这两点可作为起止点，所以原来的七座桥即使不要求返回出发点也不能满足每桥恰过一次的要求，因为有四个与奇数条线段连接的点。但若取图 3-3 中那六条虚线中的一条作为新桥，则会满足要求。相应的旅游路线由读者标出。

如果不采用上面所述欧拉创立的方式来讨论，那么需要普查七座桥的所有排列，即要审查$\frac{1}{2}\times 7!=2520$种情形，如果真的去考查这 2520 种方案每种旅游方案是否可行，真的要跑断腿累死人了！就是在地图上观察判断，也够费时和烦人的了。还是欧拉的招数绝妙！

3.3 数学界的莎士比亚

欧拉（L. Euler，1707～1783），生于瑞士的一个牧师家庭，18 岁开始发表数学论文，19 岁巴塞尔大学毕业，是约翰·伯努利的学生，但他的工作很快就超过了老师。1733 年领导俄国彼得堡科学院高等数学研究室，一生为人类留下 886 篇科学著作或论文，是古今最多产的作家，所以人称欧拉是数学界的莎士比亚。他的论文于 1911 年开始出版全集，需要出 100 大卷以上。与高斯（Gauss）、黎曼（Riemann）齐名而被公认是近世三大数学家。几乎数学的每个领域都留有欧拉的足迹。他的文章表达得轻松易懂，总是津津有味地把他那丰富的思想和广泛的兴趣写得有声有色，法国物理学家阿拉哥（Arago）谈到欧拉举世无双的数学才能时说："他做计算和推理毫不费力，就像人们平常呼吸空气或雄鹰凭空展翅翱翔一样。"

他在科研中因观测太阳时间过长而使右眼失明，1766 年左眼也瞎了！在双目失明的 17 年当中，只凭记忆和想像加上他人帮助把他的口授笔录下来，完成了众多科学成果著述。

欧拉对数学教育影响之大超过任何人，他的三部教材《无穷小分析引论》、《微分学》和《积分学》犹如初等数学中欧几里得的《几何原本》，有句老话说得准：自 1748 年以后，所有微积分教科书，基本上都是抄袭欧拉的书，或者抄袭那些抄袭欧拉的书。他的三部大作，把前人关于微积分的发现加以总结定型，并且充满了欧拉自己的见解。欧拉是彼得堡科学院院士和柏林科学院院士；除数学之外，还深谙文学、生物学、医学、地理以及他那个时代的全部物理学。不过他不擅辞令，和伏尔泰在腓特力大帝宫廷里多次辩论，欧拉总是输家。他一生心平气和，生活安静平淡，是 13 个孩子的慈父，他是图论、拓扑学、变分法、复变函数论和流体力学等众多学科的开山鼻祖。

3.4 图是什么

图（graph）这个字在我们这里与平日说的工程设计图、美术图画等所用的图字含义不同；图是一个数学名词，直白而言，所谓一个图是指在纸上画了 n 个点 v_1，v_2，…，v_n，这些点的位置可以任意选定，则称 $V=\{v_1, v_2, \cdots, v_n\}$ 为顶点集合，把 V 中的一些顶对用曲线或直线段连接，这些连线的曲直长短并不计较，设这些连线为 e_1，e_2，…，e_m，则称 $E=\{e_1, e_2, \cdots, e_m\}$ 为边集合，顶集与边集作为一个整体结构，称为一个图，记成 $G(V, E)$。

例如七桥问题中的图 3-2 就是一个图 $G(V, E)$，其中 $V=\{A, B, C, D\}$，$E=\{e_1, e_2, e_3, e_4, e_5, e_6, e_7\}$，$e_i$ 就是第 i 座桥，图 3-2 中用数字 i 表示之，$i=1, 2, \cdots, 7$。为了明确 V 是 G 的顶集，有时把 G 的顶集写成 $V(G)$，$E(G)$ 亦相似理解为 G 的边集。

把图上的每边都加上表示方向的箭头，则称此图为有向图，每边皆无方向者为无向图，一些边有向另一些边无向的图叫做混合图。例如七桥图图 3-2 是无向图，而图 3-4 中的图是有向图。

在有向图中，一条有向边箭头所指的顶叫做该边的头，此边另一端点叫做该边之尾，例如图 3-4 中ⓧ是顶，边⑨⑥→ ④⑧中，⑨⑥是尾，④⑧是头。

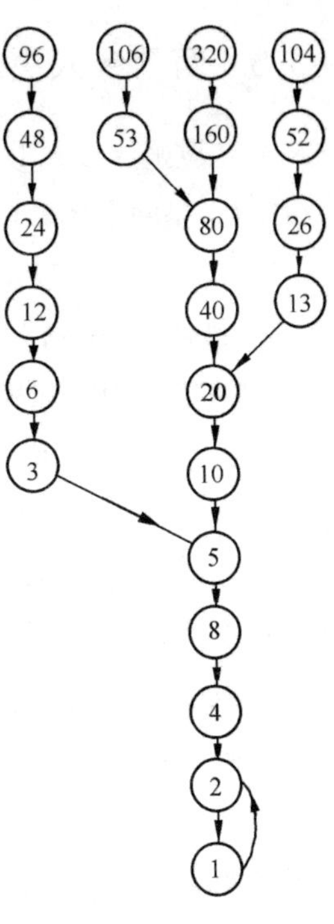

图 3-4

在无向图中，边的两个端点称为邻顶，每个顶都与其余的顶相邻时，称该图为完全图，意指把一个正多边形的对角线完全画出的图；如果把$V(G)$划分成 X 与 Y 两个非空子集，X 中每对顶不邻，Y 中每对顶不邻，则称此图为二分图，意指例如人群划分成男女两性，仅在异性间结对儿跳舞，如果 X 中的每个顶皆与 Y 中每顶相邻，则称此二分图为完全二分图，意指每女与每男都全跳过舞。完全图记为 K_n，n 是顶数，完全二分图记为 $K_{m,n}$，m，n 分别是 X 与 Y 中顶数。例如图 3-5 中画的是 K_5，图 3-6 画的是 $K_{3,3}$，其中●顶组成 X 集，○顶组成 Y 集。

把图看成一个橡皮绳结成的网，可以随意拉伸摆布，这时，如果两图可以做到完全重合，即双方顶对应地两两重合，边对应的两两重合，则称两图全等或同构，记成$\cong$。例如图 3-5 中 $G_1 \cong G_2 \cong G_3 \cong K_5$，图3-6 中 $G_4 \cong G_5 \cong G_6 \cong K_{3,3}$。

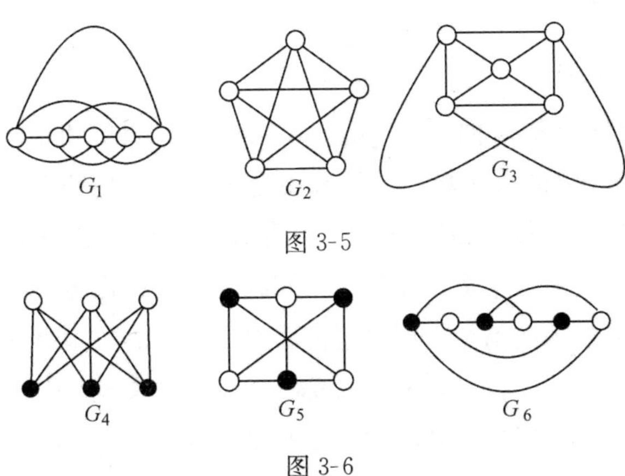

图 3-5

图 3-6

3.5 两个令人失望的猜想

(1) 乌拉姆 (Ulam) 猜想

G_1，G_2 是两个图，$V(G_1)=\{v_1, v_2, \cdots, v_n\}$，$V(G_2)=\{u_1, u_2, \cdots, u_n\}$，$n\geqslant 3$，且 $G_1-v_i\cong G_2-u_i$，$i=1, 2, \cdots, n$，则$G_1\cong G_2$，其中 G_1-v_i 是从 G_1 中删去顶点 v_i 及与 v_i 相关联的边所得之图。

乌拉姆猜想的实际模型是：两张相片，用左手捂住左边那张相片的一部分，右手捂住右边那张相片的相应部分，例如都捂住左眼，能看到的相片的大部分形象一致，再用左右手分别捂住两相片的另一对相应部分（例如右耳），结果能看到的相片的大部分仍然一致，如此轮番地观察各次相应的暴露部分，都会看到相同的形象，则谁都相信两张相片是同一人或孪生兄弟的留影。

乌拉姆猜想是 1929 年提出的，也许正因为它过于直观可信，证明反而十分之难，又不能拿它当公理来对待，这就给数学家们出了一道难题，很多知名数学家都无法解决这一猜想！虽然它未必难到令人绝望的程度，但想用手和笔轻易写出其证明，恐怕目前还是不现实的。

(2) $3x+1$ 问题

20 世纪 30 年代汉堡大学的卡拉兹（Callatz）提出一个猜想：

$x_0=n_0$，n_0 是自然数，若 n_0 是偶然，则取 $x_1=\frac{x_0}{2}$，若 n_0 是奇数，则取 $x_1=\frac{3x_0+1}{2}$；x_1 是偶数，则取 $x_2=\frac{x_1}{2}$，x_1 是奇数，则取 $x_2=\frac{3x_1+1}{2}$，如此进行，则到某一步，$x_k=1$。

东京大学的 N. 永内达（Nabuo Yoneda）用计算机检验了所有不超过 $2^{40}\approx 1.2\times 10^{12}$的自然数，结果都符合卡拉兹的猜想。这个问题在数学史上闹得沸沸扬扬，1950 年，卡拉兹在马萨诸塞州召开的世界数学家大会上向与会的数学家公布了这一问题，后来，耶鲁大学的师生纷纷讨论这一貌似初等的猜想，但谁也证明不了它，弄得很多学生不专心上课，一心冲击 $3x+1$ 问题，有人戏称抛出这个“鬼猜想”的人是蓄意延缓美国数学教学与研究工作的一个阴谋。著名的图论学家厄尔多尔（Erdös）指出：“数学还没有发展到能解决这个问题的水平。”

如果把一批自然数放在最高层，用 $3x+1$ 问题的规则算出第二层的值，继而算出第三层的值，每层的㊜都是顶，甲数算出乙数时，则在图上画有向边㊙→㊚，得到的有向图称为卡拉兹有向图，图 3-4 就是一个卡拉兹图；$3x+1$ 问题即猜想说卡拉兹图的最底层是顶①。

3.6 握手言欢话奇偶

(1) 晚会上大家握手言欢，握过奇次手的人数一定是偶数

事实上，让参加晚会的每个人都报告出自己握过手的次数，设参加晚会的人为 v_1，v_2，…，v_n，他们分别报告说握过 $d(v_1)$，…，$d(v_n)$ 次手，则 $d(v_1)+d(v_2)+\cdots+d(v_n)$ 是偶数，这是因为每当有两人握手，则他们对总和 $d(v_1)+\cdots+d(v_n)$ 恰提供了数值 2。不妨设 $d(v_1)$,…，$d(v_n)$ 中 $d(v_1)$，…，$d(v_k)$ 是奇数，$d(v_{k+1})$，$d(v_{k+2})$，…，$d(v_n)$ 是偶数，则 $d(v_{k+1})+d(v_{k+2})+\cdots+d(v_n)$ 是偶数，于是 $d(v_1)+\cdots+d(v_k)$ 也是偶数，而 $d(v_1)$，$d(v_2)$，…，$d(v_k)$ 每个皆奇数，所以它们的个数不能是奇数，不然其总和得不出偶数，即 k 是偶数，从而证明了握奇次手的人数是偶数。

若把 $\{v_1, v_2, \cdots, v_n\}$ 视为一个图的顶集，仅当 v_i 与 v_j 握手时，在 v_i 与 v_j 之间加一边 v_iv_j，则得到一个图 $G(V, E)$，v_i 握手的次数即与它关联的边的条数，我们称 $d(v_i)$ 是 v_i 的"次数"或"度数"，于是由上述论证知

$$d(v_1)+\cdots+d(v_n)=2\varepsilon \tag{3.1}$$

其中 ε 是 $G(V, E)$ 的边数。公式 (3.1) 是 Euler 1736 年给出的。从此还可以得出奇次顶的个数是偶数。

(2) 碳氢化合物中氢原子个数是偶数

以每个原子为顶，每条化学键为边，构成一个图，在碳氢化合物中碳是四价，氢是一价，故只有"氢原子顶"是奇次的，所以这些奇次顶个数是偶数，即碳氢化合物中氢原子个数是偶数。

(3) 是否有这样的多面体，它有奇数个面，每个面有奇数条棱

假设有这种多面体，以其每个面为顶，使当两面有公共棱时，在此二相应的顶间连一边，构成图 $G(V, E)$，于是 $V(G)$ 中元素个数是奇数，而且每个 $d(v_i)$ 皆奇数，$v_i \in V(G)$，与奇次项个数是偶数相

违，可见没有奇数个面每面奇数条棱的多面体。

(4) 两个人或两人以上的人群中，必有两个人在此人群中的朋友数一样多

以人为顶，仅当二人为朋友时，在此二人之间连一边，得一“友谊图” $G(V, E)$，设 $V=\{v_1, v_2, \cdots, v_n\}$，不妨设各顶的次数为 $d(v_1)\leqslant d(v_2)\leqslant\cdots\leqslant d(v_n)$，如果等号皆不成立，即

$$d(v_1)<d(v_2)<d(v_3)<\cdots<d(v_n)$$

①若 $d(v_n)=n-1$，则每个顶皆与 v_n 相邻，于是 $d(v_1)\geqslant 1$，$d(v_2)\geqslant 2$，…，$d(v_n)\geqslant n$，与 $d(v_n)=n-1$ 相违。

②若 $d(v_n)<n-1$，由于 $d(v_1)<d(v_2)<\cdots<d(v_n)$，所以，$d(v_1)\geqslant 0$，$d(v_2)\geqslant 1$，$d(v_3)\geqslant 2$，…，$d(v_n)\geqslant n-1$，与 $d(v_n)<n-1$ 相违。

至此知 $d(v_1)\leqslant d(v_2)\leqslant\cdots\leqslant d(v_n)$ 中至少有一处等号成立，即有两人朋友数一样多。

3.7 馋嘴老鼠哪里藏

一只老鼠想在 $3\times3\times3$ 的立方体点心堆上咬出一条洞，这个洞通过 $1\times1\times1$ 的 27 块小立方体的中心各一次，假设它是从大立方体的一角咬起的，它从一块 $1\times1\times1$ 的小点心的中心沿与某侧面正交的方向向邻近的未尝过的小点心块咬去，只进不退，问它能否尝遍 27 块小点心后藏在大立方体中心？

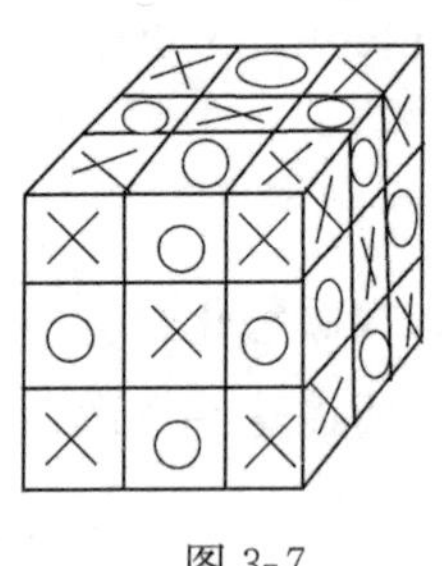

图 3-7

我们把图 3-7 所示的点心上 27 块小立方体分成两类，一类用○标志，一类用×标志。大立方体中心处那小块也标以○型；构造一图 $G(V, E)$，$V=X\cup Y$，其中 X 是×型小立方体结成的集合，Y 是○型小立方体组成的集合；仅当两个小立方体有公共侧面时，在两顶间连一边；再在老鼠开始咬的那块小点心与大立方体中心那块小点心之间加一条边，则 G 是 27 顶的二分图。

问题问的是 G 是否有含 27 个顶的圈。

所谓圈是指图上的一条闭曲线，其上的每顶仅通过一次即可把它画

出。例如图 3-2 的七桥图上 $A1C3B4D6A$ 就是一个圈（其上还有别的圈）。

我们画二分图时，把 X 集的顶画在上层，Y 集中的顶画在下层，如果此图中有圈 C，设 $x_0 \in X$ 在 C 上，则从 x_0 出发沿 C 行走一定是（从 x_0 下沉，上升），（下沉，上升），…，（下沉，上升到 x_0），可见 C 有偶数条边，即二分图中无奇数个顶的圈。

我们上述的“鼠洞图” G 是二分图，所以不会有含 27 个顶的圈，可见老鼠不可能藏在大立方体的中心，它只能吃遍点心后逃之夭夭或当场被擒。

顺着老鼠前进的路径看，它咬出的洞上通过的小点心块都是一次性的；一般地，在一个图上画一曲线，其起止顶点不同，且其上的顶皆通过一次，这一曲线称为图的一条轨道，记成 P（u，v），u 与 v 是轨 P 的起止顶，一个图如果任二顶间皆有轨相连，则称其为连通图。

3.8 一辆车跑遍村村寨寨

我们把完全图的每边用红绿两种颜色之一任意染色，把红边擦掉（保留端点）得绿边图 G_1，把绿边擦掉得红边图 G_2，G_1 或 G_2 中可能有孤立顶或互相不连通的几“片儿”，每一片作为一个子图都是连通的，上述 G_1 与 G_2 称为互补图，它们并在一起正好是原来的那个完全图；如上所说，G_1 或 G_2 不一定全是连通的，也可能全是连通的，例如在图 3-8（a）中的 G_1 与 G_2 都是连通图，图 3-8（b）中的 G_1 与 G_2 中 G_1 不连通，G_1 有三个连通片，其中一个是孤立顶。所谓连通片是一个不连通图的几个子图，它们每个都连通，彼此却不连通。

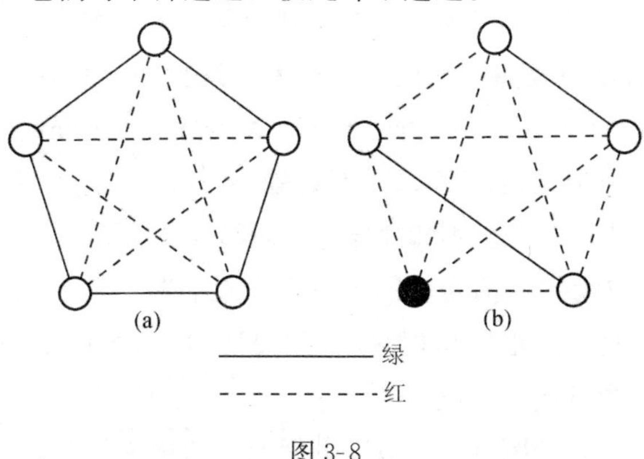

图 3-8

两个互补图之中，至少一个是连通的。

事实上，不妨设绿图 G_1 不连通，只欠证红图 G_2 连通。若这时 G_2 也不连通，设 G_{21}，G_{22}，…，$G_{2\omega}$ 是 G_2 的全体连通片，$\omega \geqslant 2$，任取 u，v 两顶，若 u，$v \in G_{2i_0}$，$i_0 \in \{1, 2, \cdots, \omega\}$，再取 $w \in G_{2i_1}$，$i_1 \in \{1, 2, \cdots, \omega\}$，$i_0 \neq i_1$，则边 uw，$vw \in E(G_1)$，于是在绿图 G_1 中 u 与 v 有绿轨相连接，若 u，v 在 G_2 分属两个连通片，则边 uv 是绿色的，u，v 之间也有绿色轨相连接，总之对于任二顶 u，v，都有绿轨连接，故绿图 G_1 连通，与 G_1 不连通矛盾，故 G_2 连通。

如果 G 与 H 是两个图，且 $V(G)=V(H)$，$E(H) \subseteq E(G)$，则称 H 是 G 的生成子图；互补的图都是相应的完全图的生成子图。

村镇若干，任两个村子之间都修筑了公路，有的两村之间是二级公路，有的两村之间是四级公路，规定汽车只在二级公路上行驶，拖拉机只在四级公路上行驶，问是否乘坐汽车或拖拉机中的一辆车即可到达每个村子？

答案就在上述论证之中，一辆车跑遍村村寨寨。

3.9　没有奇圈雌雄图

同学甲：你看我在纸上任意画了一些直线，把平面划分成若干区域，给你绿、红两色彩笔，能把每区皆染上一种颜色，且使邻区异色吗？

同学乙：当然能，不信你听我说。

事实上，我们以区域为顶，仅当二区域有公共边界时，在此二顶点间连一边，且使这一边与你画的直线只一个交点。得到了一个图 G；于是 G 中不会有奇数条边围成的所谓奇圈，这种图必然是二分图，也称雌雄图，即 $V(G)$ 可划分成两个子集 X 与 Y，X 中顶点两两不相邻（不相爱），Y 中顶两两不相邻（不相爱），这时，把 X 中顶皆染成红色，Y 中顶皆染成绿色，则邻顶异色，即邻区异色了。

同学甲：为什么没有奇圈的图一定是二分图呢？

同学乙：这一点很容易理解，例如四边形 $ABCD$ 是一个偶圈，即有四条边（偶数条边）围成，$\{A, D\}=X$，$\{B, C\}=\overline{Y}$，就识破它的“二分性”了，如图 3-9，事实上偶圈上的顶为 v_1，v_2，…，v_{2k}时，

令 $X=\{v_1, v_3, \cdots, v_{2k-1}\}$，$Y=\{v_2, v_4, \cdots, v_{2k}\}$，即可把顶一分为二，使 X 中的顶两两不邻，Y 中亦然。

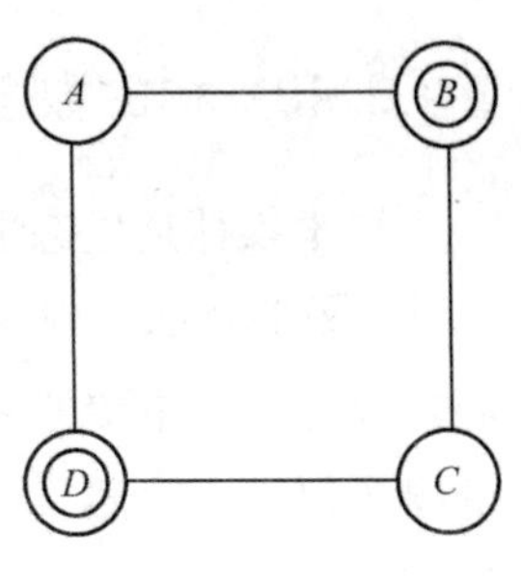

图 3-9

同学甲：你这不算证明，至多能算个说明。

同学乙：那就让我证明给你看。

我们约定 $d(u, v)$ 表示两顶 u，v 的距离，即连接 u 与 v 的轨道中的边数最少者的边数。不妨设 G 是连通图，任取 $v_1 \in V(G)$，令

$$X=\{w \mid w \in V(G), d(v_1, w) \text{ 是偶数}\}$$

$$Y=\{w \mid w \in V(G), d(v_1, w) \text{ 是奇数}\}$$

则 $X \cup Y=V(G)$，$X \cap Y=\varnothing$，任取 $u, v \in X$，我们来证 u，v 不相邻，设 $P_1(v_1, u)$ 是从 v_1 到 u 的最短轨，$P_2(v_1, v)$ 是从 v_1 到 v 的最短轨，又设 u_1 是 P_1 与 P_2 上最后一个公共顶，由 P_1 与 P_2 的最短性质，故 P_1 上一段 $P_{11}(v_1, u_1)$ 与 P_2 上一段 $P_{21}(v_1, u_1)$ 等长，且是 v_1 到 u_1 的最短轨，又 P_1 与 P_2 之长是偶数，从而 P_1 上一段 $P_{12}(u_1, u)$ 与 P_2 上一段 $P_{22}(u_1, v)$ 有相同的奇偶性，若 u 与 v 相邻，则由 P_{12}、P_{22} 及边 uv 围成的圈是奇圈，与 G 中无奇圈矛盾，故 X 中的任二顶不邻，同理 Y 中任二顶不邻，可见无奇圈的图是二分图。

前面我们已经讲过，二分图无奇圈，所以二分图的充分必要条件是无奇圈。

同学甲：你还欠证明开始时以区域为顶的那个图 G 中确无奇圈啊！

同学乙：这个容易。如果那个图 G 中有奇圈 C，由于 G 的每边当初造 G 时是与你画的直线仅一个交点，于是 C 与你画的直线一共只有奇数个交点，但与这个圈相交的每直线与圈的交点是偶数个，矛盾！所以 G 中不会有奇圈。

同学甲：谢谢你的严格证明；看起来只靠直观和说明还不算是数学，数学的魅力出自它的严格性。

同学乙：数学的一个无可置疑的特征是，它实际上是一种不可比拟的严格语言！每个数学家都警惕地守卫着他们的科学的严格性，在不够严格的问题出现时，他们互相之间半点也不宽容。

3.10 树的数学

树木森林是生态平衡的基础，风调雨顺消灾繁荣的保障，世上找不出不喜欢树的人。现在我们数学地研究树的性质和应用，树在数学家的心目里是一个重要的数学关键词，但它的原型就是窗外一棵棵枝繁叶茂的绿色树木，我们只不过用大画家毕加索的名画《公牛》的创作手法进行特征提炼来定义树。

无圈连通图称为树，一次顶称为叶，每个连通片皆树的不连通图叫做林。

树有丰富的数学性质。

(1) 树有叶

考虑顶数不少于 2 的树 T，一方面，如果它没有叶，则是一个每顶次数至少为 2 的连通无圈图；另一方面，任取两顶 u，$v\in V(T)$，设 $P(u, v)$是从 u 到 v 的最长轨，则由 $d(v)\geqslant 2$，还有一条边 e 不在 $P(u, v)$上，e 的另一端 w 一定在 $P(u, v)$ 上，不然 $P(u, v)$ 还可以延长，与 $P(u, v)$ 的最长性相违；由 w 在 $P(u, v)$ 上可知，T 上有圈，与 T 是树相违，故 T 上有一次顶，即树 T 上有叶。

设 ε 是树 T 的边数，ν 是其顶数，则有公式

$$\varepsilon=\nu-1 \tag{3.2}$$

公式 (3.2) 的证明很朴素：因为 T 有叶，设 v_1 是 T 的叶，从 T 上删除 v_1，则与 v_1 相关联的那条边也随之消失，于是 T 减少了一边一顶；$T_1=T-v_1$ 仍是树，T_1 有叶 v_2，$T_2=T_1-v_2$，则 T_2 比 T_1 少一边一顶，如此继续往下揪叶，由于顶的有限性，揪去 $\nu-1$ 个顶后，T 损失了 $\nu-1$ 条边，这时只一个顶 v_ν 而无边了，所以 $\varepsilon=\nu-1$。

从 (3.2) 可以推导出不止一个顶的非退化树 T 至少两个叶，而且恰有两个叶的树是一条轨。

事实上，若非退化树 T 只一个叶，则

$$2\varepsilon=\sum_{i=1}^{\nu}d(\nu_i)\geqslant 2(\nu-1)+1$$

$$2\varepsilon\geqslant 2(\nu-1)+1=2\nu-1$$

$$\varepsilon\geqslant\nu-\frac{1}{2}$$

此与$\varepsilon=\nu-1$矛盾。所以T至少两叶。

若T只两个叶，其余顶的次数不小于2，于是$2\varepsilon=\sum_{i=1}^{\nu}d(v_i)=2(\nu-1)$，于是非叶顶次数之和为$2\nu-4=2(\nu-2)$，可见非叶顶每个次数都不超过2，即每个非叶顶次数恰为2，故T是一条轨。

公式（3.2）很有用，下面是它的一些推论。

推论1 e是树T上任一边，则$T-e$不连通。

事实上，T有$\nu-1$条边，于是$T-e$有$\nu-2$条边，但仍是ν个顶，且$T-e$仍无圈，如果$T-e$连通，则它是树，应有$\nu-2=\nu-1$，矛盾，所以$T-e$不连通。

推论2 T是树，在T上添加一条边e，则$T+e$恰含一个圈。

T满足顶数比边数多1，又添一条边，则$T+e$不满足公式（3.2），所以$T+e$不再是树，连通图T添加边后当然还是连通的，又不是树，所以$T+e$上有圈；如果$T+e$有两个圈，则（$T+e$）$-e=T$上无圈；另一方面，$T+e$这两个圈都含e，去掉e后，变成了一个大圈，与T上无圈矛盾，所以$T+e$上仅一圈。

推论3 烃C_mH_n中C是4价，H是1价，价键不构成回路，则对每个自然数m，仅当$n=2m+2$时，化合物C_mH_n才可能存在。

事实上，把碳、氢原子看成一个图G的顶，价键视为边，则此图$m+n$个顶，又无回路，则是树，其边数是顶数减1，即边有$m+n-1$条，另一方面，$\sum_{V\in V(G)}d(V)=4m+n=2(m+n-1)$，从而$n=2m+2$，即$n=2m+2$是$C_mH_n$存在的必要条件。

图论在化学上有大用处，有一门称为“分子拓扑学”的学科，就是用图论的方法研究化学分子结构的。

（2）树是同顶数连通图中边数最少者

对于顶数相同的两个连通图G与T，其中T是树，如果G也是树，则G与T的边数相等，都是顶数减1；如果G不是树，则G中有圈，从圈上删除边e_1后，$G-e_1$仍连通，这时G至少减少了一个圈，用删除圈上边的办法有限次，可得一个无圈连通图$G_k=G-e_1-e_2\cdots-e_k$，即G_k是树，与T有相同的边数，而G比G_k的边多k条，所以G比T边多。

树上边边是桥。

所谓桥，是指连通图的一条边，删除它之后该图就不连通了。

3.11 一共生成几棵树

(1) 生成一棵树要做些什么

如果一个图 G 的生成子图是一棵树 T，则称 T 是 G 的生成树，也称为支撑树。

一个图 G 是连通图的充要条件是 G 有生成树。

事实上，因为树是连通的，若 G 有生成树，G 显然是连通图；反之，若 G 是连通图，前面我们已经做过，用删去 G 中圈上的边的办法则可得到 G 的一个生成树。至此证明了图连通与该图有生成树等价。

但具体找一棵生成树时，却不能用在该图上从圈上删边的办法办，事实上，找出图上的圈绝非易事，下面我们模拟自然界中一棵树的生长过程，"仿生"地生成一棵支撑树：

①任取一顶 $v_1 \in V(G)$，其中 G 是连通图。

②把与 v_1 关联的边及其端点全染成绿色，得一小树 T_1。

③选 T_1 的一个叶 v_2，v_2 在 G 中的次数不小于 2，把与 v_2 关联的边中一端无色的一条边及其无色端点染成绿色得树 T_2。

④逐次依上述方式染绿一些边和顶，直至染绿了 $\nu-1$ 条边为止，其中 ν 是 G 的顶数，绿色子图即为 G 的一棵生成树。

在现代数学当中，把一组有穷的操作步骤叫做一个算法；我们不再把算法仅仅理解为算术或代数等运算法则了，还要承认有（例如上述求取生成树的）所谓行为算法。

(2) 完全图有几棵生成树

$\triangle ABC$ 的生成树共 3 棵，见图 3-10。

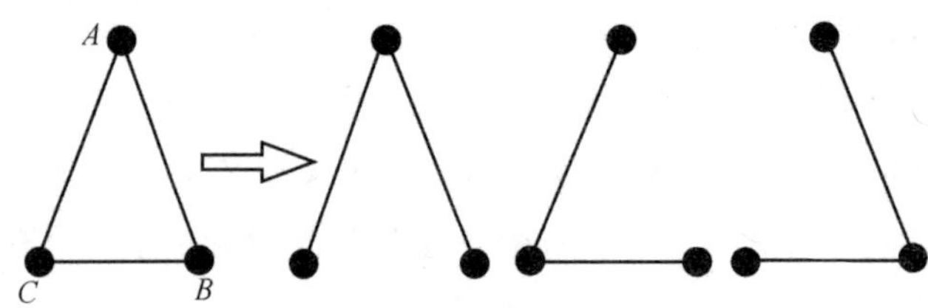

图 3-10

K_4 的生成树共 16 棵，见图 3-11。

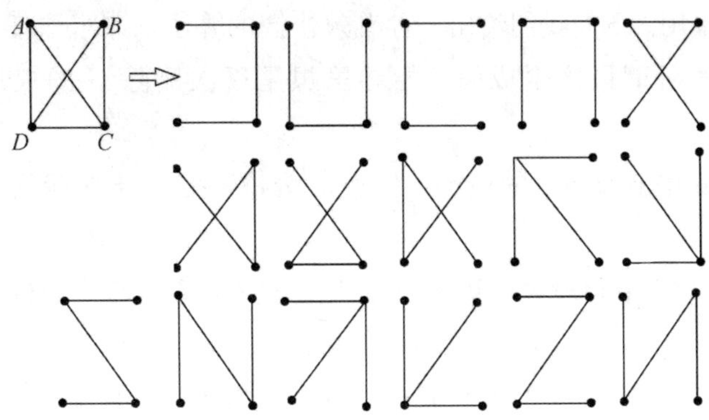

图 3-11

请读者动手画出 K_5 的所有的生成树。

我们经验地归纳一下：K_3 的生成树个数是 $3=3^{3-2}$，K_4 的生成树的个数是 $16=4^{4-2}$，猜想 K_5 的生成树个数为 $5^{5-2}=125$ 个，K_6 的生成树则有 $6^{6-2}=1296$ 个。对一般情形，数学家凯莱（Cayley）证明了 K_n 生成树的个数为

$$\tau(K_n)=n^{n-2}$$

于是 $\tau(K_{10})=10^8$，一个小小的十顶图，竟有一亿棵不同的生成树。如果有人要求我们画出 K_{10} 的全体生成树，每页纸上画十棵，需要一千万张纸，我们哪有这么多钱去买这么多纸！我们哪有这么多工夫去画这么多树！我们已经领教了一个图中所含的信息量是多么丰富。

3.12 生成一棵最好的树

今欲修筑连通 n 个城镇的公路网，已知各城之间的公路段之造价，设计一个筑路选线方案，使得总造价最低。

这个实际问题的数学模型是以各城为顶构作一图，当两城之间可以筑路时，在两城之间连一边，再以此段路的造价为该边之“权”，于是得到一个加权连通图 $G(V, E)$，我们的任务是求 G 的一棵在其全体生成树当中总权最小的生成树。

上面我们已经讲过，一个不大的图的生成树的个数也可以是一个不可捉摸的天文数字，例如 100 个顶的完全图的生成树的个数竟是个 197

位数！如果先求出一切生成树，再从中挑选权重最小者，这种办法只有愚公才会采用。下面我们给出一种有效快捷的算法，来求取任一连通图的权最小的所谓最优生成树，指导思想是逐次删除 G 的权最重的非桥边：

①在 G 中取权最大的边 e_1，仅当 e_1 为桥，把 e_1 染成绿色，令 $G_1=G-e_1$。

②在 G_1 中取权最大的边 e_1，仅当 e_2 是 G_1 某连通片的桥时，把 e_2 染成绿色，令 $G_2=G_1-e_2$。

③反复上述过程，直到得到一个绿色子图 T，T 即为 G 的最优生成树，见例图 3-12，其中粗实线是绿色的最优生成树之边；最优生成树总权重为 9。

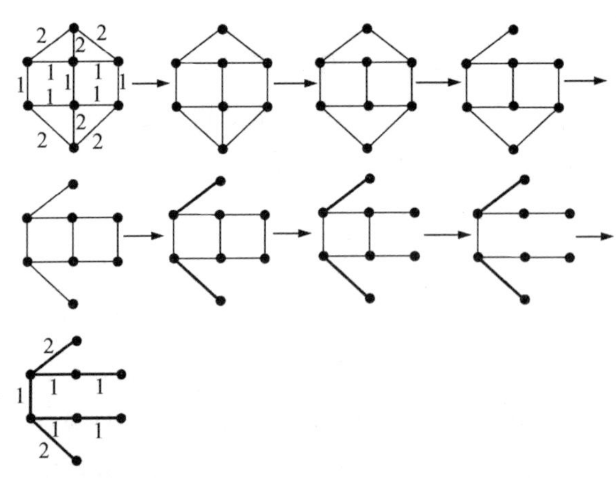

图 3-12

3.13　树上密码

收报机滴滴作响，我军收到司令部来电，电码抄收如下

1110111101001010100000010001010100000101

敌军可能也同时收到这一电码，但没等敌方破译出我方密电内容，我军已行动在先，一举活捉了敌军司令，原来我司令部的保险柜中有一张树密码图如图 3-13，v_0，是树根，向下生长每当分叉时，恰分成两叉，且左标 0，右标 1，这两个生出的顶点称为兄弟，在它们上方的分叉顶称为它俩的父亲。它有 8 个叶，从左到右依次是 a，f，g，h，i，

n，x，z，从根到 a 叶的唯一轨上的码为 000，称为此叶的前缀码，写成 $a=000$，于是 $f=001$，$g=010$，$h=011$，$i=100$，$n=101$，$x=110$，$z=111$。所以从此树上唯一确定出电码译文为

Zhixing A fang'an

执行 A 方案

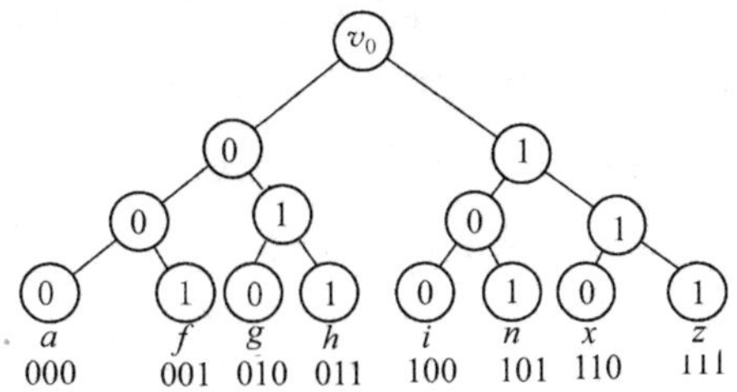

图 3-13

如果画一棵有 26 个叶的二叉树，则每个拉丁字母 a，b，c，…，x，y，z 皆有确定代码，于是每句话都可变成 0—1 电码。

可以看出 26 个叶的二叉树的个数非常之多，对方是很难搞清我们用的是哪一个二叉树发的报，进而也就不易破译我方密码了。以图 3-13 为例，还可把例如最右侧的两个叶移到最左侧的那个叶的下方，作为最左侧那个叶分叉出的两个儿子，变成图 3-14。

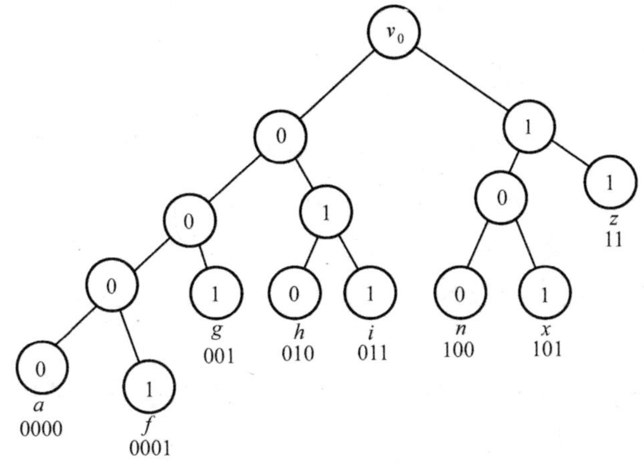

图 3-14

用图 3-14 抄出的电码为

11010101011110000100000001000010000010000100

我方仍可译出“执行 A 方案”，不过这次翻译要用图 3-14，用哪个二叉树发报和收抄翻译，我方要事先约定。

密码要具有己方易于翻译，敌方难以破译的特点。我们介绍的只是一种很简单的密码，在实际使用中，还必须再予“加密”才能增加保密性。历史上，由于密码被敌方破译而吃败仗的例子很多，例如第二次世界大战中，日军司令海军大将山本五十六偷袭中途岛美军的部署密码被美军破译，美军事先在中途岛海面设下埋伏，一举击沉日军“赤城”、“加贺”、“苍龙”、“飞龙”四艘航空母舰，日本海军从此一蹶不振。之后，山本五十六到南太平洋督战的密电又被美军破译，他的专机被美军准备好的大批战斗机截击，山本葬身鱼腹，结束了他罪恶的一生。

保密通信自古有之，相传安徽省凤阳县的农民朱元璋等人于中秋节前夕把“杀鞑子”的纸条包在月饼里，号召各家各户杀掉统治汉人的蒙族鞑子，后来朱元璋果真推翻元朝统治，建立了明朝，自称明太祖。又一传说云，北宋年间，辽国奸细王钦若打入宋朝内部“卧底”，官至“枢密使”，辽国为了送密信给王时逃避路上盘查，竟把传书人的大腿切开，把密件腊丸塞入大腿的肌肉里，等腿伤痊愈后，再去宋朝，见到王钦若，此人把腿切开，把密件交王执行！当年人们的数学水平低，传输技术差，竟用这般落后乃至野蛮的方式来传递密件！

3.14　追捕逃犯

逃犯若干，在公路网上逃窜，问最少派几名刑警，才能保证把逃犯全部抓获归案？或曰纵横交错的河道中有大鱼若干条，渔翁最少要准备几张与河面一样宽的渔网，才能把这些鱼全捞上来？

我们把上述公路网或河道网视为一个无向图 G，所需刑警的最小值记为 h（G）。

如果 G 是一条轨道，只要一名持枪刑警从此轨的一端向另一端追捕即可，即 h（轨）$=1$。

如果 G 是一个圈 C，则派一刑警在 C 上一个顶处堵截，这个圈已被切断成一轨，所以还需另一刑警参加追捕，即 h（圈）$=2$。

如果 G 是星形图，即 G 是只一个顶不是叶的树，则一刑警在星的非叶顶处堵截，另一刑警逐条边进行追捕即可，即 h（星）$=2$。

下面用捞鱼的语言来谈（更方便一些），确知无鱼的边称为 0 型边，不知是否有鱼的边称为 1 型边。与一顶关联的边皆 0 型时，该顶处的渔网可以拿走用于他处，与一顶关联的边中只一条 1 型边，则可把该顶上的网沿此 1 型边拖至邻顶，以上两种动作称为在该顶上“起网”。

图 G 上添加一条边 e 后得 $G+e$，显然有 $h(G)\leqslant h(G+e)$。对于完全图 K_n，先从其一顶 v 用 $n-1$ 张网沿与之关联的 $n-1$ 条边拖至 v 的各邻顶，则这些边全成了 0 型边，且得到了由 1 型边组成的 K_{n-1}，这 K_{n-1} 上每顶处有一张网堵截，再拿一张网来，在此 K_{n-1} 上逐条边拖捞一遍即可，由此可知 $h(K_n)\leqslant n$，而且

$$\delta(G)\leqslant h(G)\leqslant \Delta(G)+1$$

其中 $\delta(G)$ 与 $\Delta(G)$ 分别是 G 中顶的最小次数和最大次数。

下面着重讨论所谓“树上追逃”，不妨设树 T 不是轨且 T 上无二次顶，$h(T)$ 的求法如下：

①把 T 的叶全删除得树 T_1，若 T_1 是一条轨或一个顶，止；否则执行②。

②用 T_1 扮演 T 的角色，执行①。

③反复执行①与②，止时，若被删过叶的树共 k 棵，则 $h(T)=k+1$。

例如图 3-15 上可以给出 T_0 上具体的追捕过程。

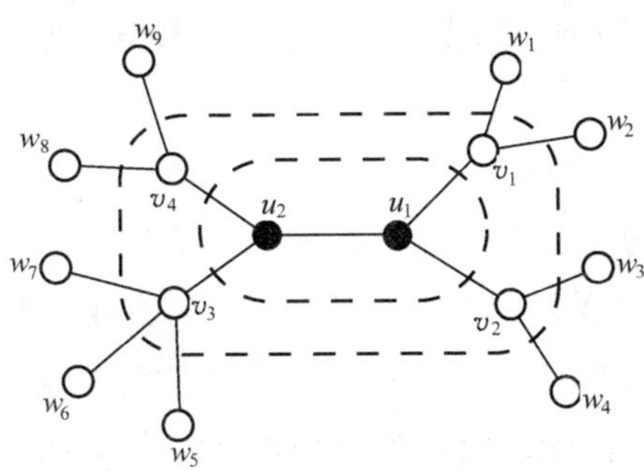

图 3-15

第一批删除的叶是 w_1，w_2，w_3，w_4，w_5，w_6，w_7，w_8，w_9，是沿用虚线的那个较大的圈子把它们剪掉的；第二批删除的叶是 v_1，v_2，v_3，v_4，是沿较小的虚线圈子把它们剪掉的；至此得一轨 u_1u_2，止，于

是 $h(T_0)=2+1=3$，即用三张网即可把此树状河道中的大鱼全部捞出。

捕捞过程是：在 u_1 处截一网，在 v_1 处截一网，再用第三张网在边 v_1w_1，v_1w_2 上拖网把 v_1w_1，v_1w_2 变成 0 型边；这时 v_1 起网，把截在那儿的网拖至 u_1 处，u_1v_1 变成零型边，u_1 处留下一网堵截，v_2 处插一网堵截与上面过程相似地把 $v_2w_3v_2w_4$ 变成 0 型边，继而把 u_1v_2 变成 0 型边；这时把 u_1 处的网拖至 u_2，u_1u_2 变成 0 型边；从 u_2 分叉出去的枝杈上的捕捞过程与上面类似进行，用三张网就完成了捕捞全过程。

直观地，$h(T)$ 等于剪叶时的“虚圈”个数加 1。

如果 G 不是树，则 G 上有圈，于是可先在圈的一顶上堵一网，这时此圈被破，如此把全部圈破掉后，得到的是树或林，再用上面对树的捕捞方法进行。破圈时可以先用求取最优生成树的算法（设每边权皆 1）求得一个生成树，把破圈的网插在每条无色边（树是绿边）的一个端点上，且使得用网最少即可，不过这一方法用的总网数只是 $h(G)$ 的近似。

3.15　乱点鸳鸯谱

开学之初，全班同学排座位，同桌至多坐两位同学，可能出现每张桌子都有两位同学，也有可能有一些桌子只安排一位同学。这正是数学上匹配与许配概念的原始模型之一。我们把有同桌同学的桌子组成的集合称为匹配集合，简称匹配。

把实际模型概括抽象后得出下面的匹配概念，它是离散数学的重要内容。

所谓图 G 的一个匹配，是指边子集 $M=\{e_1, e_2, \cdots, e_k\}\subseteq E(G)$，其中任两边无公共端点，匹配边形象地称为“对儿集”或“鸳鸯集”，如果 G 中已无匹配 M'，使得 M' 中的边数比 M 的边数多，则称 M 是 G 的一个最大匹配；匹配 M 中一条边的两个端称为在 M 中相配，每个端点称为被 M 许配；把 G 的每顶皆许配的匹配称为完备匹配。

（1）K_{2n} 与 $K_{n,n}$ 中完备匹配的个数

K_{2n} 中任一顶有 $2n-1$ 种被许配的方式，选定一种许配后，剩下的尚未许配的顶有 $2(n-1)$ 个，它们在一个 $K_{2(n-1)}$ 中，相似地 $K_{2(n-1)}$ 中的任一顶有 $2n-3$ 种许配方式，如此递推知 K_{2n} 中不同的完备匹配的个

数是$(2n-1)(2n-3)\cdots 3\cdot 1=(2n-1)!!$个。

例如K_{18}中有34459425个不同的完备匹配。

对于$K_{n,n}$，由于其任一顶有n种许配方式，一旦选定一种许配后，还有2$(n-1)$个顶未被许配，这2$(n-1)$个顶在$K_{n-1,n-1}$中，递推地可知$K_{n,n}$中不同完备匹配的个数是$n!$

例如$K_{10,10}$中不同的完备匹配的个数有3628800。

（2）树上完备匹配不超过1个

从上我们可知道，K_{18}，$K_{10,10}$这种不超过20个顶的图中，不同的完备匹配的个数竟有百万千万之多，但也有的图类中，完备匹配个数极少，例如任一树，其上至多一个完备匹配。

事实上，树T上若有两个完备匹配M_1与M_2，则从$M_1\cup M_2$中删去$M_1\cap M_2$中的边之后，所得的边子集不空，以这个边子集为边集，以这个边子集中边的端点组成顶集所成的子图（称为此边子集的导出子图）G中每顶皆两次，故G中有圈，与T是树相违，所以T上不会有两个不同的完备匹配M_1与M_2，至多一个完备匹配；无完备匹配的树当然不少，例如奇数个顶的树上必无完备匹配。

3.16 错装了信笺

某人给六个人各写一封信，又写好六个信封，问有多少种可能，使得向信封里插入信笺时，每封信的信笺与信封上写的收信人都不相符？

设x_i是信笺，y_i是信封，x_i与y_i相符，$i=1,2,\cdots,6$，以x_i，y_i为顶，仅当x_i与y_i不相符时，在x_i与y_i之间连一边，得一二分图G，见图3-16。

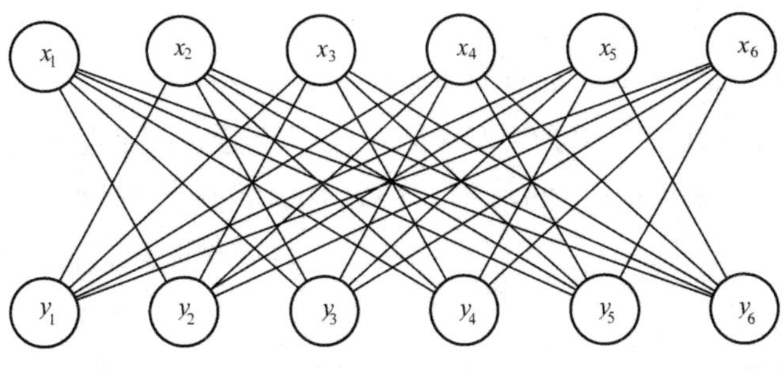

图3-16

问题化成图 3-16 中有多少完备匹配，我们把完备匹配的个数记作 $\varphi(6)$，x_1 与 y_2 相配时，完备匹配的个数等于从 G 中删去 x_1 与 y_2 这两个顶之后得的图 $G_{x_1y_2}$ 中的完备匹配的个数，把这个数记成 $\psi(5)$；在 $G_{x_1y_2}$ 中，若 x_2 与 y_1 相配，则 $\psi(5)=\varphi(4)$，若 x_2 不与 y_1 相配，则 $\psi(5)=\varphi(5)$。于是 x_1 与 y_2 相配时，得到 $\varphi(5)+\varphi(4)$ 个完备匹配，同理 x_1 与 y_j $(3\leqslant j\leqslant 6)$ 相配时亦有 $\varphi(5)+\varphi(4)$ 个完备匹配，故

$$\varphi(6)=5[\varphi(5)+\varphi(4)]$$

同理 $\varphi(5)=4[\varphi(4)+\varphi(3)]$，$\varphi(4)=3[\varphi(3)+\varphi(2)]$，$\varphi(3)=2[\varphi(2)+\varphi(1)]$，而 $\varphi(2)=1$，$\varphi(1)=0$，故 $\varphi(3)=2$，$\varphi(4)=9$，$\varphi(5)=44$，$\varphi(6)=265$。即有 265 种错放信笺的可能。

一般而言，对于任意的 n 封信，全把信笺放错的可能有 $\varphi(n)=(n-1)[\varphi(n-1)+\varphi(n-2)]$ 种。因为 $\varphi(n)>(n-1)!$ 当有 11 封信时，错放的可能超过 3628800 种，每分钟错放一次，也要超过 6 万小时才能把所有可能都显示一遍，这当然是几乎不可能实现的事了。

3.17 瓶颈理论和婚配定理

(1) 瓶颈理论和双最定理

通过铁路把产地的商品发往市场，假设途中火车的运载不发生增减，每一路段单位时间的运量有一定限度，如何确定全路网上由产地到市场的运输方案，使得单位时间内运达的货物最多。

把铁路网视为一个有向图 G，产地 s 是始发站，$s\in V(G)$，市场 t 是终点站，$t\in V(G)$，每一路段 e 是 G 的一条有向边，其运量限度为 $c(e)$，如此加权 $c(e)$ 的有向图亦称一个有向网络。

设 $s\in S$，$t\in T$，$S\cup T=V(G)$，$S\cap T=\varnothing$，则尾在 S，头在 T 的边们形成的边子集记成 (S,T)，(S,T) 叫做网络的“截”，(S,T) 中各边的容量 $c(e)$ 之总和称为截量，在一切截中，截量最小的截 (S_0,T_0) 称为瓶颈，(S,T) 上的截量记成 $C(S,T)$，单位时间内运到 t 的净流量记成 $F(G)$，则对任何截，任何运输方案

$$F(G)\leqslant C(S,T)$$

由此可知，当上式等号成立时，$C(S, T)$ 即最小截量，$F(G)$即单位时间的最大运输流量，于是有下面的重要结论：

瓶颈上的容量总和即是全路单位时间从始发站运往终点站的最大运输量。

或曰：最大流量等于最小截量。所以上述瓶颈理论亦称“双最定理”。

瓶颈理论是图论和经济管理当中的核心理论之一，它有许许多多精彩应用。匹配技术中的婚配定理就是它的一个推论。

（2）婚配定理

城中每位小伙子都爱慕 k 位小姐，每位姑娘都爱慕 k 位小伙子，那么这些未婚青年都会与自己爱慕的人儿结婚。

这就是霍尔（Hall）婚配定理。它的数学模型是每顶皆为 k 次的二分图$G(V, E)$上必有完备匹配。

下面用瓶颈理论证明婚配定理是真的。

显然这些未婚青年，男女各半；事实上，由于$k|X|=k|Y|=\varepsilon$，其中 X 是小伙子集合，Y 是姑娘集合（G 中一顶的邻顶是该顶爱慕的人），$|X|$ 表示 X 的元素个数，ε 是 G 的边数；所以$|X|=|Y|$。

我们设计一个相关的网络：

在$G(V, E)=G(X\cup Y, E)$中添加两顶 s 和 t，把 G 中的边定方向，每边皆从 X 指向 Y；s 为尾，X 中每顶为头，添加$|X|$条有向边，t 为头 Y 中每顶为尾，添加$|Y|$条有向边；添加的有向边上的容量皆为 1，$G(X\cup Y, E)$中的边之容量皆为无限大，见图 3-17。

只欠证明：

①图 3-17 中的网络之最大流量即为$G(X\cup Y, E)$上的最大匹配中的边数。

②图 3-17 上网络之最小截量为 n，其中 $n=|X|$。

如果证出①与②，则由双最定理，$G(X\cup Y, E)$上的最大匹配有 n 条边，即为完备匹配，就是说相配每对儿都是互相爱慕的人儿，而且没有未被许配的姑娘。

①若 M 是$G(X\cup Y, E)$中的最大匹配，对于 M 中的每条边 xy，

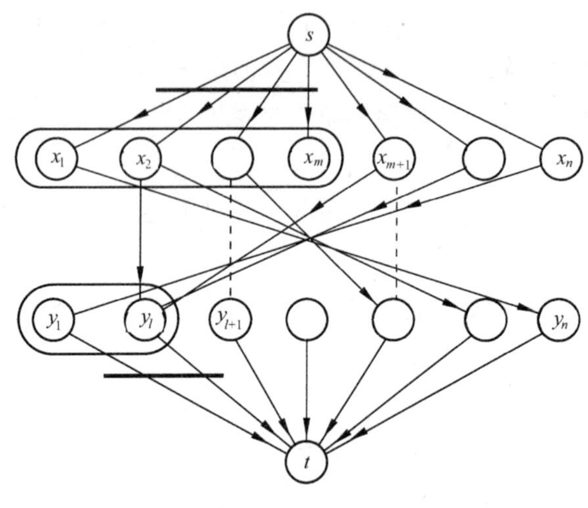

图 3-17

通过有向轨 $sxyt$ 可从 s 向 t 运送 1 个单位的货物，可见最大流量 $F \geqslant |M|$。

因从 s 到 t 的有向轨皆形如 $sxyt$，若在 $sxyt$ 上已通过一个流量，则不会同时在 $sxy't$ 与 $sx'yt$ 上也运送一个流量，因为 x 顶与 y 顶同时中转的货物最多为 1（注意 sx 与 yt 容量仅为 1），故 G（$X \cup Y$，E）中同时运送 1 单位货物的边们构成一个匹配，所以最大匹配 M 满足 $|M| \geqslant F$。

$|M| \geqslant F$，$|M| \leqslant F$，故只有 $|M| = F$。即最大流量就是 G（$X \cup Y, E$）中的最大匹配的边数。

②$S=s$，$T=X \cup Y \cup \{t\}$ 则（S，T）是一个截，即切断（S，T）中的所有边，则截断从 s 到 t 的运输，这个截就是一个最小截，即瓶颈。

因为 X 到 Y 的边容量为∞，所以这种边不在最小截中，如果（$X \cup Y \cup \{s\}$，$\{t\}$）是最小截，截量与（$\{s\}$，$X \cup Y \cup \{t\}$）的截量一致，都是 n，如果这两个截不是最小截，则最小截中的边，一部分以 s 为尾，另一部分以 t 为头。设它们是 sx_1，sx_2，…，sx_m，$1 \leqslant m < n$，y_1t，y_2t，…，y_lt，$1 \leqslant l < n$；若 $m+l<n$，我们来找矛盾。这时在 G（$X \cup Y$，E）中，x_{m+1}，x_{m+2}，…，x_n 的每个邻顶皆在 $\{y_1$，y_2，…，$y_l\}$ 中，不然此最小截截不断由 s 向 t 的运输。又 G 中每顶皆 k 次，则与 $\{y_1$，y_2，…，$y_l\}$ 各顶关联的边之总数至少 k（$n-m$）条，又 $l<n-m$，则

$\{y_1, y_2, \cdots, y_l\}$ 中各顶关联的边之总数多于 kl 条，这与 G 中每顶皆 k 次，l 个顶 y_1，y_2，…，y_l 的关联边恰 kl 条矛盾，至此知②成立，即 G 的最小截中恰 n 条边。

下面是婚配定理的一些具体应用

【应用 1】 署名问题。

数学杂志社悬赏征解八个问题，过了些日子，编辑部收到了每题的两个正确解答，16 个解答是由八人寄来的，每人寄来两道题的解答。编辑决定每题只发表一种答案，而且希望因为解答被发表而使八人都得奖，这可能吗？

完全可以巧妙安排，使八人都得奖，事实上，以题目构成 X 集，投稿人构成 Y 集，当且仅当 $y\in Y$ 解答了 x_i，x_j 两题时，连 x_iy，x_jy 两条边，这样得到了每顶皆两次的二分图，由婚配定理，此二分图中有完备匹配 M，当 $xy\in M$ 时，对 x 题发表 y 的答案，则会使人人得奖。

至于如何求取二分图中的完备匹配，或怎样求网络中的最大流和瓶颈，有兴趣的读者可以参考《图论及其算法》（王树禾，中国科学技术大学出版社 1990 年版）的有关章节。

【应用 2】 碉堡选址。

有一街区如图 3-18 所示，其中所有街道都是直线段，为控制巷战，我军最少应在哪些街口修筑碉堡，即可控制所有的街道？

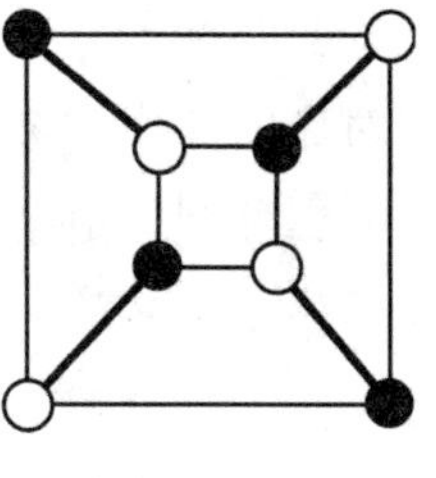

图 3-18

以每个街口为顶点，每条街为边构成一个图 $G(V, E)$，G是每顶三次的二分图，四个○号顶组成 X 集，四个●号顶构成 Y 集，由婚配定理，G 中有完备匹配，例如四条粗实线即是一个完备匹配；在四个○型顶处修筑碉堡或在四个●型顶处修筑碉堡即可。事实上，这样做已经可以控制所有街道，因为 X 中的全体顶或 Y 中的全体顶关联的边包含二分图 G 中的所有边。但若再少修一碉堡，则不能控制全部街道，因为三个顶只能控制完备匹配中的至多三条边，完备匹配中至少还有一条边不能被三个顶中的任何一顶控制，可见我们的方案是最佳的，即碉堡数已最少，又能全面控制巷战。

【应用 3】 龟兔混合接力比赛。

一只龟与一只兔为一队，进行 100 米的接力比赛，每只兔认识 10 只龟，每只龟认识 10 只兔，龟兔们都希望和自己的相识者搭档组队，能否使 20 位运动员都如愿？如果能，若限制每对龟兔只能合作一次，这种比赛最多能进行几轮？是否每对龟兔朋友都合作过？

龟兔们个个都能如愿以偿，事实上，以龟组成 X 集合，以免组成 Y 集合，以 $X \cup Y$ 为顶集构作一个二分图 G（$X \cup Y$，E），仅当龟兔相识时，在相应二顶之间连一边，则 G 是每顶皆 10 次的二分图，由婚配定理，G 中存在完备匹配 M_1，按 M_1 相配的方式组队进行第一轮比赛，把 M_1 的边从 G 中删除，得到每顶皆 9 次的二分图，其上有完备匹配 M_2，按 M_2 相配的方式组织第二轮比赛；可见，最多可组织 10 轮比赛。每对龟兔朋友都组队参加过比赛。

【应用 4】 16 棋子问题。

国际象棋盘上有 64 个格子，从中选出 16 个格子，使得每行每列含其中的两个格子；把八个黑子和八个白子放在这 16 个格子上，是否可以使得每行有一白一黑，每列也有一白一黑两个棋子呢？

答案是肯定的，以棋盘的每一行为一个顶，组成 X 集合，以每一列为一个顶，组成 Y 集合，构造一个二分图 G（$X \cup Y$，E），仅当行与列的公共格子是选定的那 16 个格子之一时，在此二顶间连一边，此边用对应的那个“选定的格子”来标志，于是 G（$X \cup Y$，E）是每顶皆两次的二分图，由婚配定理，G 中有完备匹配 M_1，把 M_1 中的八条边对应的格子中各放上一个白子。把这八条边从 G 上删除，则得到一个每顶皆一次的二分图，有完备匹配 M_2，M_2 中的八条边对应的格子里各放一只黑子，这样每行每列都有一白一黑两个棋子。

3.18 中国邮路

邮政局一位邮递员选好邮件骑摩托车去投递，局长要求他把辖区内每个街道都要至少投递一次，且尽快返回邮局，请为这位邮递员设计一种投递路线。

上述问题就是中国邮路问题。这一问题由我国数学家管梅谷先生于 1960 年首次提出并进行了研究，且引起了世界上许多数学家的兴趣。1973 年，埃德蒙兹（Edmonds）和约翰逊（Johnson）对中国邮路问题给出了一种有效的解法。

与中国邮路问题的味道有些相似，但却比中国邮路问题难解得多的问题是下面所谓的货郎问题：

百货货郎担着挑子去卖货，他要把所有村子全走遍，再返回家中，试为这位货郎设计一条售货路线，使其行程最少。

货郎问题已经难倒了所有的数学家，看来离解决之日不知还有多少年代！

与货郎问题有密切关系，有趣又能解的一个问题是哈密顿周游世界问题：

1857 年，爱尔兰著名数学家哈密顿（W. R. Hamilton1805～1865）发明了一种注册为“周游世界”的玩具，在正 12 面体的 20 个顶点上分别标注北京、东京、柏林、巴黎、纽约、旧金山、莫斯科、伦敦、罗马、里约热内卢、布拉格、新西伯利亚、墨尔本、耶路撒冷、爱丁堡、都柏林、布达佩斯、安亚伯、阿姆斯特丹和华沙，要求从以上 20 个遍布世界的大都市中某一个城市出发，沿正 12 面体的棱行进，每城只到一次，再返回出发地。

哈密顿把这项专利卖给一个玩具商，得酬金 25 个金币，但由于这个游戏的数学含量高，大多数数学素质欠佳的市民玩不好，所以销路不佳，但在数学史上，哈密顿周游世界的游戏与欧拉的七桥问题是两例标志性建筑，播下了图论诞生与发展的种子。

（1）欧拉回路与欧拉行迹

在七桥问题中，每桥恰过一次再回到出发点实属不可能的事，但如图 3-3 所示，再修筑两座桥，则可以每桥恰过一次再返回出发点了。用图论的术语谈，即可以每边恰过一次再返回出发的顶，能做到这种旅游的图称为欧拉图，所行路线称为欧拉回路。如果从一顶出发可以一次性地行遍所有的边，但终止于与出发顶相异的另一顶，则此所行路线称为欧拉行迹，有欧拉行迹的图可以“一笔画”。

欧拉图显然是连通的，而且由于每顶在欧拉旅游当中“出”与“进”的次数相等，所以每顶皆偶次，反之，若 G 是每顶皆偶次的连通图，则 G 必为欧拉图，事实上，由 G 是每顶皆偶次的连通图，则它没有零次顶（孤立顶），每顶次数至少为 2，于是 G 上有圈 C_1，从 G 上把

C_1 上的边删除得图 G_1，G_1 仍是每顶皆偶次，G_1 的有边连通片仍是每顶皆偶次的连通图，G_1 上有圈 C_2，把 C_2 的边从 G_1 上删除得 G_2，如此以往，有限次之后，得到了孤立顶 v_1，v_2，…，v_n，而 G 中的边全部删掉了，可见 G 是由无公共边的圈 C_1，C_2，…，C_k 并成的。由于 G 连通，所以 C_1 必与 C_2，…，C_k 中某一圈有公共顶，例如 C_1，C_2 有公共顶，则 $C_1 \cup C_2 = C_{12}$ 形成一个欧拉型回路，即从其上任一顶出发沿其上的边行进，每边恰通过一次即可返回出发的顶，同理 C_{12} 与 C_3，…，C_k 中某圈例如 C_3 有公共顶，于是 $C_{123} = C_{12} \cup C_3$ 是欧拉型的回路，如此递推知 $C_{123\cdots k} = C_1 \cup C_2 \cup C_3 \cup \cdots \cup C_k$ 是 G 的欧拉回路，即 G 是欧拉图。

从上述论证容易看出以下结论：

结论 1 G 是欧拉图的充要条件是 G 是每顶皆偶次的连通图。

结论 2 G 是欧拉图的充要条件是 G 是由两两无公共边的圈并成的连通图。

结论 3 G 可以一笔画的充要条件是 G 是至多两个奇次顶的连通图。

在图 3-19 中，3-19（a）可以一笔画，而 3-19（b）不可能一笔画，因为3-19（b)中有四个 3 次顶（在外围四个角上），而 3-19（a）中恰两个奇次顶，如果你有兴趣，请在 3-19（a）图上执行一笔画，一笔画即使可行，也不总是可以轻易完成的，需要动用一点小聪明。

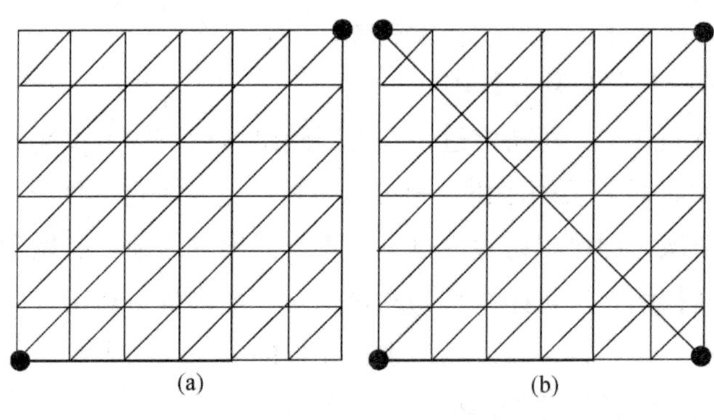

图 3-19

（2）中国邮路设计

①求取欧拉图上的中国邮路。

如果需要邮递的图是一个欧拉图，那么只需求出它的一条欧拉回路即可，当然，欧拉回路也不是可以随便得到的。例如图 3-20 是一个欧拉图，从邮局 v_0 出发，首先通过 e_1 到达 v_4，我们约定通过一边时，相当于把此边染红，再把与 e_1 相邻的 e_6 染红，到达 v_1；再把 e_2 染红，到达 v_0，这就糟了，e_3，e_4，e_5 这三条街就去不了啦。事实上，e_2 是染红 e_1 与 e_6 后无色边们导出的图的“桥”，这样提前过桥必然造成不能把每边一次性行遍再回邮局的后果，正确的办法是过了 e_1 边，e_6 边之后可过 e_5；这时无色边 e_2，e_3，e_4 的导出图每边都是桥，不得已只能选无色图的桥 e_4，e_3，e_2 了。

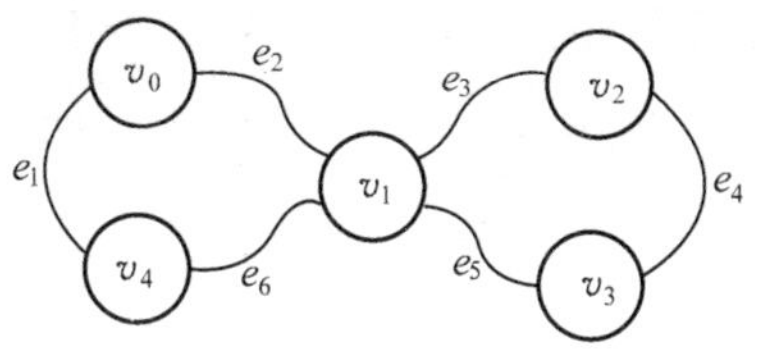

图 3-20

我们从此悟出一个要领：投递时，非不得已时，不要过早地去投递未投递过的边们导出的子图的桥，因为桥只允许通过一次，如果提前过桥，会造成“对岸”一些未投递的街道不能再去投递的后果。

总结成如下算法：

算法 1　从指定顶（邮局）v_0 出发，任取一条与 v_0 关联的边 e_1，把 e_1 染成红色；再选 e_1 的另一端点 v_1 关联的边 e_2，如果不是已无选择的余地，不要选无色子图的桥为 e_2，把 e_2 染成红色。

算法 2　选与 e_2 端点 v_2（$\neq v_1$）相关联的无色边 e_3，如果不是已无选择的余地，不要选无色子图的桥为 e_3，把 e_3 染成红色。

算法 3　如上递推地直至把全图的边染红为止，按所选边的先后次序，e_1，e_2，…，e_m 即为一条红色的中国邮路，其中 m 是全图的边数。

②求取非欧拉图上的中国邮路。

设邮递员需要投递的街区是连通图 G，每个街口是 G 的顶，每条街是 G 的边，每街 e 的长度 l（e）是 e 的权，我们欲求从 v_0 出发的一条回路使得回路总路程最少，若 G 不是欧拉图，则必然会有某些边在回路上不止一次地出现。

下面以实例说明“进口的”一种方法，它是由匈牙利数学家埃德蒙兹等人首创的。

考虑图 3-21 上的中国邮路，边旁数字是各边边长，v_1，v_2，v_3，v_4 是四个 3 次顶，所以此图不是欧拉图。应在 v_1 与 v_4，v_2 与 v_3 之间各添加一条轨，或在 v_1 与 v_2，v_3 与 v_4 之间；v_1 与 v_3，v_2 与 v_4 之间分别

添加一条轨，才能使其成为欧拉图，添加的边权之和应最小，再按上段的欧拉图中国邮路来解决，实际操作如下：

步骤 1 求 G 中奇次顶集 $V_0=\{v_1, v_2, v_3, v_4\}$。

步骤 2 求 V_0 中每对顶的距离：

$d(v_1, v_2)=4$，$d(v_1, v_3)=5$，$d(v_1, v_4)=2$，$d(v_2, v_3)=3$，$d(v_2, v_4)=5$，$d(v_3, v_4)=3$。

步骤 3 以 V_0 为顶集，作加权完全图，各边之权即步骤 2 中各顶间的距离，如图 3-22。

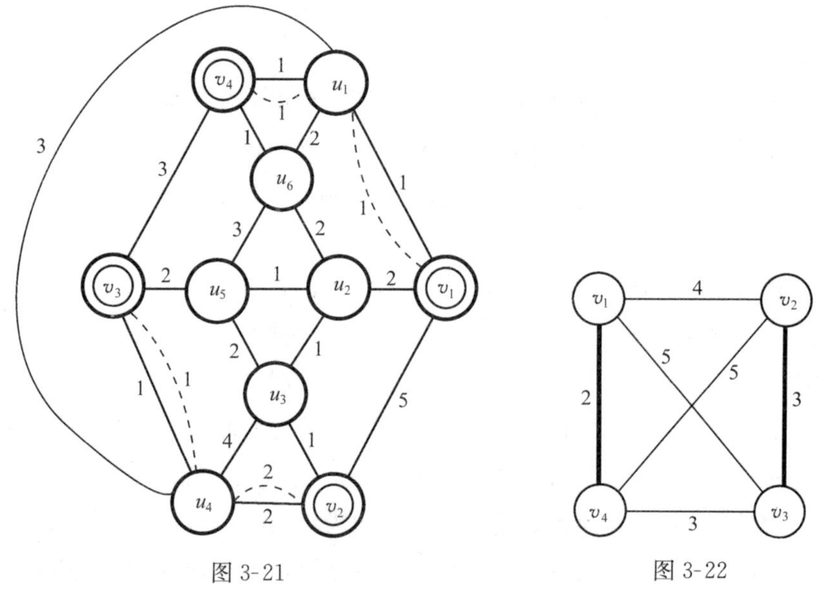

图 3-21　　图 3-22

步骤 4 求出图3-22中 $K_{|v_0|}$ 上的最小权的完备匹配，$M=\{v_1v_4, v_2v_3\}$。

步骤 5 求 G 中 v_1 与 v_4 之间和 v_2 与 v_3 之间的最短轨：$P(v_3, v_4)=v_1u_1v_4$，$P(v_2, v_3)=v_2u_4v_3$。

步骤 6 在 G 中把 $P(v_1, v_4)$ 上的边变成同权双边，$P(v_2, v_3)$ 亦然，图 3-21 中的虚线是添加的新边，于是得到加权欧拉图 G'。

步骤 7 在 G' 上取一条欧拉回路 C 即为所求

$C=v_1u_1v_4v_3u_4v_2v_1u_2u_3v_2u_4u_3u_5v_3u_4u_1v_4u_6u_5u_2u_6u_1v_1$

3.19 周游世界

(1) 周游世界游戏的变招儿

设想正 12 面体的每条棱是橡皮筋做成的，正 12 面体每个面都是正五边形，任取其中一个正五边形，把它向所在平面的各个方向扩张，其他棱受到这个正五边形扩张的牵连，则会变成状似图 3-23 所示的平面图形，尽管图 3-23 一点也不像一个正 12 面体，不过它却反映了与正 12 面体中相同的顶点相邻关系，我们只关心能否周游，至于游走时所经路线的形状与长度，不是我们过问的事，所以哈密顿的玩具与图 3-23 本质上是一回事，即只需考查图 3-23 上是否有含 20 个顶的圈。我们已用粗实线构造出了一个这样的圈，所以哈密顿周游世界的答案是肯定的，但不是唯一的。读者还可以自行构作出其他的含全部顶点的圈。

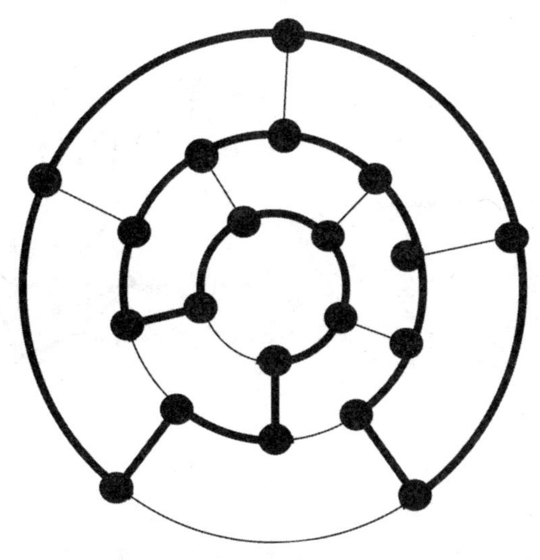

图 3-23

这种含图上每顶的圈称为哈密顿圈，存在哈密顿圈的图叫做哈密顿图，例如奇数个顶的二分图就不是哈密顿图，因为二分图无奇圈。

由于正四面体、正六面体、正八面体和正 20 面体都是哈密顿图，所以还可以把哈密顿周游世界的游戏玩具用所有的正多面体来制作。

图 3-24 中的粗实线表示哈密顿圈。

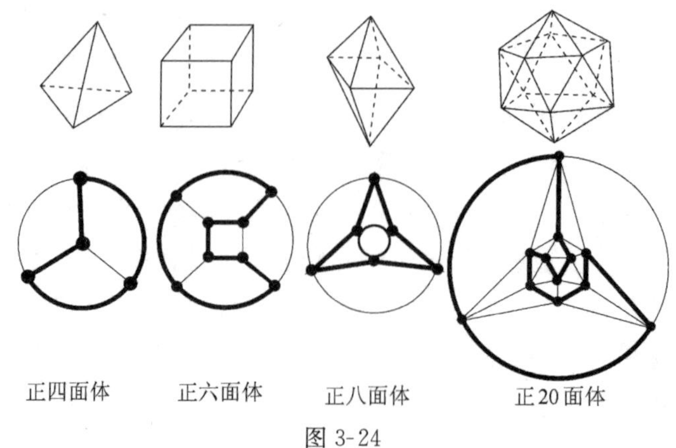

图 3-24

上面的三维立方体（即正六面体）可以推广成 k 维立方体，$k\geqslant 2$ 时，都是哈密顿图，图 3-25 中画的是一维、二维、三维、四维立方体，粗实线画出一个哈密顿圈，k 维立方体是如下构作出来的：

一维立方体：是线段，把它的两端分别编码 0，1。

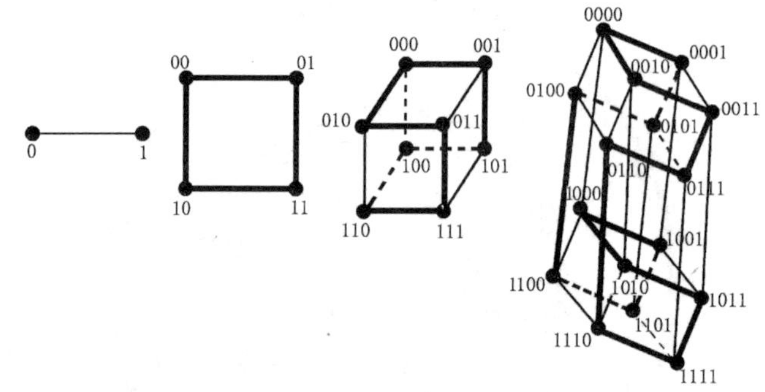

图 3-25

二维立方体：把一维立方体的一个复制品平行地放在其正上方，再把有相同号码的顶之间连一边，且把上方的一维立方体的码加“0 头”，下方的一维立方体的码加“1 头”。

k 维立方体：把 $k-1$ 维立方体的一个复制品平行地放在其正上方，再把有相同号码的顶之间连一边，上方 $k-1$ 维立方体的码加“0 头”，下方 $k-1$ 维立方体的码加“1 头”。

k 维立方体一个显著性质是任一边两端点的编码皆由 0，1 组成，且仅在一个相同位置上有不同的数码，由此知其哈密顿圈上的一条含所有顶的轨上的每顶依次变更一个位置上的数码。

由 k 维立方体的这一特点可以得出下面的命题为真：

一个有限非空集合的全部子集可以如此排序，使得任何相邻子集恰相差一个元素。

事实上，设 A 是有限集，A 中共 n 个元素，把每个元素编号，则 A 可表成 $A=\{1, 2, \cdots, n\}$，其中 i 代表编号为 i 的那个元素，若 $B\subseteq A$，约定用长 n 的 0－1 数串表示 B，$i\in B$ 时，数串的第 i 位写 1，否则写 0。A 的全部子集共 2^n 个，每个皆为 n 维立方体的一个顶点，所以 n 维立方体上的一条含所有顶的轨即为 A 的子集之排序。

以后把含图中一切顶的轨称为哈密顿轨。

(2) 22 岁的天文学教授哈密顿

哈密顿，1805 年生于爱尔兰都柏林一个律师家庭。5 岁通拉丁文，14 岁学会了 12 种语言，13 岁阅读牛顿的《普遍算术》一书而对数学产生强烈兴趣，1823 年入都柏林三一学院，对天文学有特殊的天赋和偏爱，大学尚未毕业，即被都柏林大学任命为天文台台长，天文学教授，时年 22 岁，1932 年当选爱尔兰科学院院士，后来又当选英国皇家学会会员和法国科学院院士，成为当时成绩卓著的科学大师，由于操劳过度，1865 年去世，年仅 60 岁。

他的著作有 140 余篇，善于处理特殊实例，再把对具体问题的研究方法与结论过渡成为一般理论，他在力学、数学和光学上有杰出贡献，数学上有深远影响的成就是四元数和哈密顿图，所谓四元数是形如 $t+xi+yj+gk$ 的数，其中 t，x，y，z 是实数，$i^2=j^2=k^2=-1$，$ij=k$，$jk=i$，$ki=j$，$kj=-i$，$ik=-j$，$ji=-k$，“四元数”对数学、力学和光学都有重要的应用。

哈密顿重视外语学习，为人谦虚忠厚，重视科研，也重视教学，文章写得好，教书教得好，著作十分畅销，是 19 世纪青年人崇拜的典范人物。

3.20 贪官聚餐

n 个两两相识的贪官，每天都到一家五星级饭店聚餐，他们围坐在一张圆桌边与邻座交谈权钱之术，他们都希望每天聚餐时换成新的邻座，问这样的聚餐能进行几次？

这些愚不可及的官僚去请教一位图论专家，专家笑曰："这种聚餐至多允许一次。"其实这位搞图论的专家心里十分清楚，如果他们是 11 个人天天来此吃喝，鱼肉百姓，去掉双休日，可以足足进行一周！一般地，若 n 个人这样聚餐，可以进行 $\left[\frac{n-1}{2}\right]$ 天；$[x]$ 是 x 的整数部分，例如 $[3,5]=3$。

下面是 $\left[\frac{n-1}{2}\right]$ 正确性的证明。

以贪官为顶，构成 K_n，问题就是求 K_n 中无公共边的哈密顿圈的个数，K_n 的边数为 $\frac{1}{2}n(n-1)$，每个哈密顿圈有 n 条边，所以 K_n 中哈密顿圈的个数不超过 $\left[\frac{1}{2}(n-1)\right]$ 个。

用构造性的办法可以找到 $\left[\frac{1}{2}(n-1)\right]$ 个哈密顿圈，从而知 K_n 中的无公共边的哈密顿圈共 $\left[\frac{1}{2}(n-1)\right]$ 个。

对于 $n=2k+1$，$k\geqslant 1$，图 3-26 的粗实线画出了一个哈密顿圈，其中 0，1，2，…，$2k$ 代表 K_{2k+1} 中的顶点，这个哈密顿圈是 $C_1=0$，1，2，$2k$，3，$2k-1$，4，…，k，$k+2$，$k+1$，0。

0 在圆心处，1，2，…，$2k$ 是等分圆周的顶点，把此哈密顿圈 C_1 顺时针依次旋转 $\frac{\pi}{k}$，则得到 $k-1$ 个新的哈密顿圈，与 C_1 共计 k 个两两无公共边的哈密顿圈。

对于 $n=2k+2$，$k\geqslant 1$，把第 $2k+1$ 号顶放在 0 号顶的"上空"，如图3-27，粗线画出一个哈密顿圈 C_2，用上面的旋转法可得 k 个无公共边的哈密顿圈。当图 3-26 中 C_1 从 0 开始运行到左侧距水平直径最近的顶点时，在 $n=2k+1$ 的情形是向右下方运行，$n=2k+2$ 时，改成向 $2k+1$运行，再从 $2k+1$ 运行至右下距水平直径最近的顶，再按图 3-27 的方式运行。

综上所述，K_n 中共有 $\left[\frac{n-1}{2}\right]$ 个无公共边的哈密顿圈，贪官们每次按这些哈密顿圈上的次序入席。

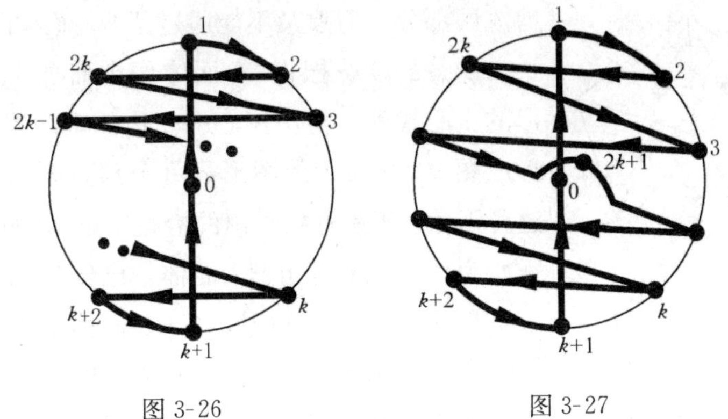

图 3-26　　图 3-27

如果这 n 个可耻贪官选定 n 名小姐，要求每次就餐身旁有两名未邻坐过的小姐，这种排场可以进行几日？

这一问题就是问 $K_{n,n}$ 上有多少无公共边的哈密顿圈。

图 3-28 中画出 $K_{n,n}$ 的一个哈密顿圈，其中 x_1，x_2，…，x_n 是 n 名贪官，y_1，y_2，…，y_n 是 n 名小姐，用 K_n 中的旋转法可知 $K_{n,n}$ 中的无公共边的哈密顿圈共计 $\left[\frac{n}{2}\right]$ 个。细节论证与 K_n 的情形相似，建议读者写出证明细节。

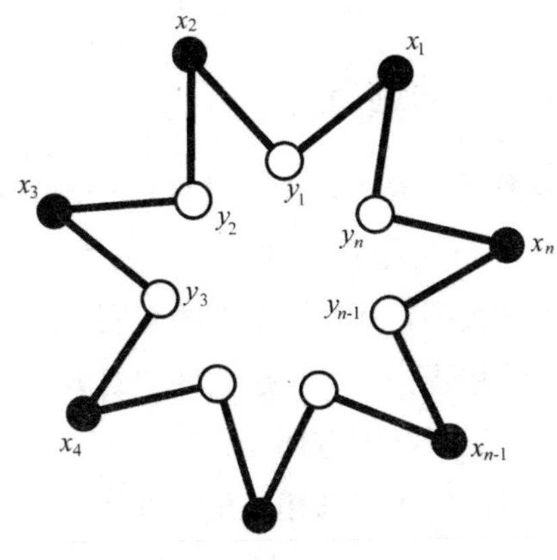

图 3-28

3.21　正 20 面体上的剪纸艺术

姐姐用纸片剪出 20 个全等的正三角形，黏成一个正 20 面体，她把剪刀递给妹妹，要求妹妹把这个正 20 面体剪成两部分，而且每个面也

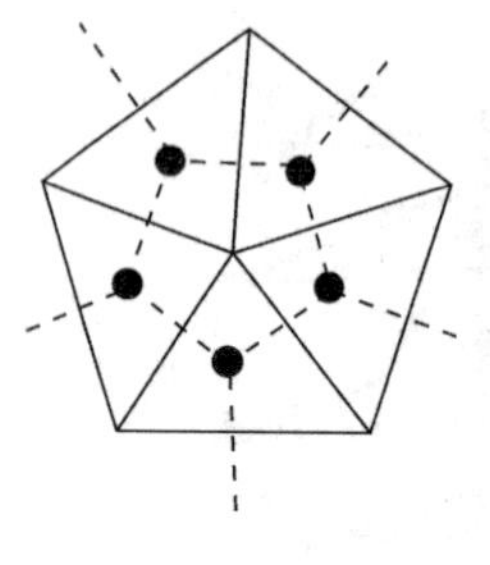

图 3-29

剪成两部分，剪痕又不能通过正 20 面体的顶点。

聪慧的妹妹把正 20 面体每个面那个正三角形的重心找到，再从重心引三边的垂线段，于是形成图 3-29 所示的图形，每个顶点附近都呈现这种形象。于是妹妹画出的恰是以正 20 面体各面重心为顶点的一个正 12 面体，已经从哈密顿周游世界的游戏当中知道，正 12 面体上有一条哈密顿圈，她用剪刀沿正 12 面体上的一条哈密顿圈剪一圈，则把正 20 面体剪成两片，且正 20 面体的每个面也剪成了两片。

正 20 面体与正 12 面体的这种“我面中心你之顶，你面中心我之顶”的现象称为两个正多面体的对偶关系。

正六面体与正八面体是一对对偶关系图。

一个正 20 面体存在唯一的内接正 12 面体，此内接正 12 面体上又唯一的内接一个正 20 面体，两种正多面体无穷次交替地镶嵌在一起，形成一种极其规则、极其匀称、极其豪华的空间结构，对偶的正六面体与正八面体也会构成如此动人的框架结构。

3.22 国际象棋马的遍历

国际象棋的马是否可以遍历，即它从任一格出发跳到每格恰一次又回到出发的那个格子，是否可能？这个问题的答案是肯定的，图 3-30 给出了马的一种遍历路线图，图 3-31 中的数目是跳马的次数，说来也妙，每行的和，每列的和皆为 260，是一种“幻方”。

但在小棋盘上，马就未必能遍历了。

以棋盘每格为顶点，仅当马从甲格能一步跳到乙格时，甲乙两格之间连一边，如此构成的图称为“马图”，马能否遍历等价于马图是否哈密顿图。8×8 的马图是哈密顿图。

2×2 的小棋盘的马图无边，不是哈密顿图。

3×3 的马图中心那个格的马跳不出或马跳不到，所以也不是哈密顿图。

4×4 的马图中四个 c 号顶构成一个圈，见图 3-32，四个 d 号顶构

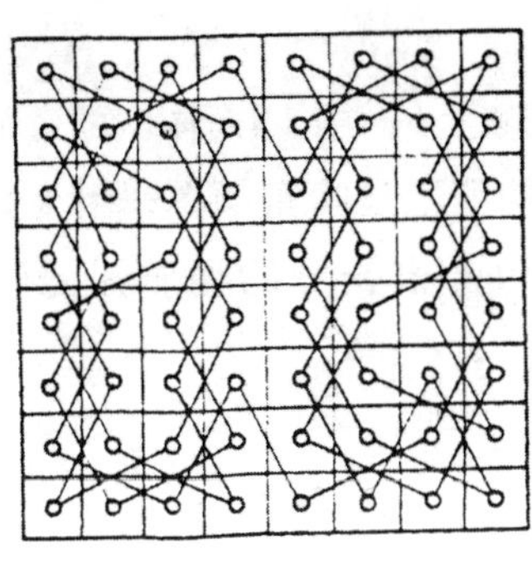

图 3-30

50	11	24	63	14	37	26	35
23	62	51	12	25	34	15	38
10	49	64	21	40	13	36	27
61	22	9	52	33	28	39	16
48	7	60	1	20	41	54	29
59	4	45	8	53	32	17	42
6	47	2	57	44	19	30	55
3	58	5	46	31	56	43	18

图 3-31

成一个圈，四个 a 号顶皆 2 次顶，每个 a 与两个 b 相邻。如果从这个马图中把四个 b 顶删除，则出现四个 a 号孤立顶和一个 c 号正方形，一个 d 号正方形，共计六个连通片；如果 4×4 的马图中有一个哈密顿圈 C，则 b 们都在 C 上，把 b 都删除，至多产生四个连通片。事实上，即使是一个哈密顿圈，再无不在圈上的边，删去四顶，也至多破碎成四片，如果尚有不在哈密顿圈上的边，则破碎不会增多。如今却产生了六个连通片，这一矛盾证明4×4的马图不是哈密顿图。

5×5 的马图也不是哈密顿图，它的四个 a 号顶皆 2 次顶，与四个 b 号顶构成一个八条边的圈 C，把四个 b 删除至少得五个连通片，其中四个是孤立顶 a，见图 3-33，与 4×4 的马图同理，5×5 的马图也不是哈密顿图。

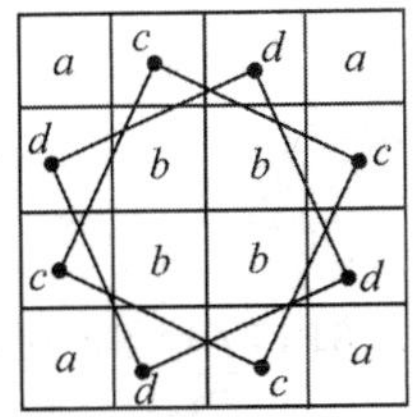

图 3-32

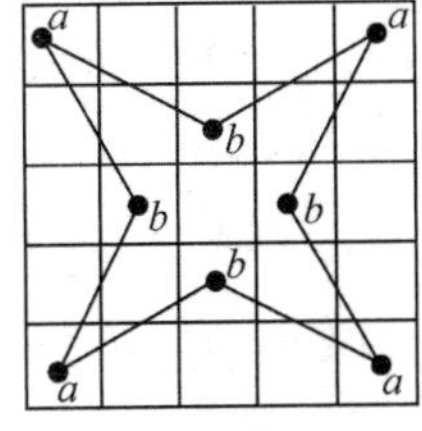

图 3-33

通过上述分析，我们可以建立哈密顿图的一个重要性质：

从 n 顶哈密顿图上任意删除 k 个顶，$k<n$，得到的图的连通片的个数不多于 k 个。

这条性质反映了哈密顿图靠其哈密顿圈的维系，失去几个顶也不会碎得太厉害，碎片数不超过失掉的顶数，用这一性质判别一图不是哈密顿图时往往见效。

例如在一个正八面体的每个面上贴上一个正四面体，两者的一个面重合，则此 14 顶的多面体以棱为边的图不是哈密顿图；因为删去原来八面体的六个顶，得八个孤立顶，由哈密顿图的性质知此图非哈密顿图。

3.23 又是贪官聚餐

一日，$2n$ 名（$n>1$）贪官来酒店吃饭，某些贪官之间有积怨，但每个贪官的积怨者不超过 $n-1$ 个，他们想围圆桌就坐时，都不与有怨者为邻，是否可能？

若以贪官为顶，在每对儿无怨者之间连一边，则每顶次数不小于 n，任二顶次数之和不小于顶数 $2n$，当年匈牙利的一位中学生波沙(L. Pósa）证明了下面的定理：

n 顶图 G（$n\geqslant 3$）中每对顶次数之和不小于 $n-1$ 时，G 中有哈密顿轨；每对顶次数之和不小于 n 时，G 中有哈密顿圈。

这个定理是 1960 年奥尔（Ore）提出的，下面介绍波沙的精彩证明(波沙后来成为了著名的图论专家)。

首先证明若每对顶 u，v，$d(u)+d(v)\geqslant n-1$，则 G 是连通图，若 G 不连通，有 G_1，G_2，…，G_ω 这 ω 个连通片，$\omega\geqslant 2$，取 $u\in V(G_1)$，$v\in V(G_2)$，则 $d(u)\leqslant n_1-1$，$d(v)\leqslant n_2-1$，n_1，n_2 分别是图 G_1，G_2 的顶数，于是

$$d(u)+d(v)\leqslant n_1+n_2-2\leqslant n-2$$

与 $d(u)+d(v)\geqslant n-1$ 相违，所以 G 连通。

设任二顶 u，v，$d(u)+d(v)\geqslant n-1$，但 G 中无哈密顿轨，令 $P(v_1, v_{l+1})=v_1v_2\cdots v_{l+1}$ 是 G 中最长轨，$l<n-1$，则与 v_1，v_{l+1} 关联的边（当然有）之另一端点必在 $P(v_1, v_{l+1})$ 内部（非端点），不然，若 v_iv_{l+1} 是边，又 $P(v_1, v_{l+1})$ 不是哈密顿轨，还有一顶 v_{l+2} 不在 $P(v_1, v_{l+1})$ 上，再由 G 之连通性，定会形成图 3-34 的结构，其上的粗实线表出的轨比 $P(v_1, v_{l+1})$ 至少多一条边，与 $P(v_1, v_{l+1})$ 最长矛盾。

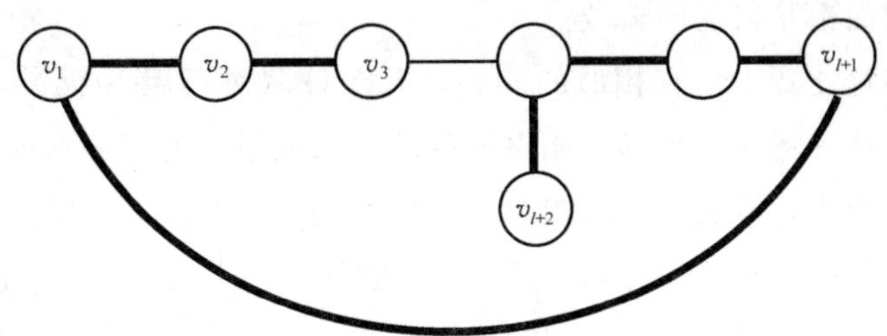

图 3-34

设 v_1 的邻顶是 v_{j1}，v_{j2}，…，v_{jk} 而 v_{j1-1}，v_{j2-1}，…，v_{jk-1} 都不与 v_{l+1} 相邻，则 $d(v_1)=k$，$d(v_{l+1})\leqslant l-k$，于是 $d(v_1)+d(v_l+1)\leqslant k+l-k=l<n-1$，与定理条件不符，于是存在 $P(v_1, v_{l+1})$ 的两个内顶 v_i，v_{i+1}，v_1 与 v_{i+1} 相邻，v_{l+1} 与 v_i 相邻，见图 3-35。

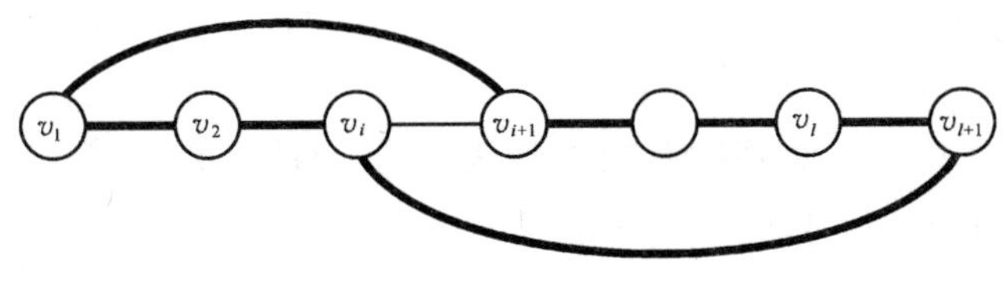

图 3-35

图 3-35 中存在长 $l+1$ 的圈 C 如粗实线所示。又 $P(v_1, v_{l+1})$ 上不包括 G 的一切顶，存在 $v_{l+2}\notin\{v_1, v_2, \cdots, v_{l+1}\}$，$v_{l+2}$ 与 C 上一顶相邻，于是出现比 $P(v_1, v_{l+1})$ 还长的轨，与 $P(v_1, v_{l+1})$ 最长矛盾，至此证得 G 中有哈密顿轨。

因为 $d(u)+d(v)\geqslant n$ 时，G 中出现哈密顿轨 $v_1v_2\cdots v_{n-1}v_n$，是最长轨，于是出现 $v_1v_n\in E(G)$ 或图 3-35 的结构，总之，当 $d(u)+d(v)\geqslant n$ 时，G 中有哈密顿圈，证毕。

联系开始提到的 $2n$ 贪官聚餐问题，由于与之对应的图 G 任二顶次数之和不小于顶数，由奥尔定理，G 中有哈密顿圈，按一条哈密顿圈的顺序入席即可使邻座无怨。

3.24 天敌纵队和王

有 100 种昆虫，每两种之中必有一种能咬死另一种，即一种昆虫是另一种昆虫的天敌，能不能把它们排成一路纵队，使得每种昆虫（除排头外）前面都是自己的天敌？

在体育比赛中也有相似的问题，几个球队进行甲 A 循环赛，每两队队间都赛一场，无平局；如果甲胜乙，则从甲向乙画一有向边，以 n 个球队为顶集，构成一有向图 G，则 G 称为循环赛图，上述的“天敌纵队问题”的图论模型是以虫为顶，甲能咬死乙时，从甲向乙连一有向边，于是构成一循环赛图，问的是循环赛图中是否有有向哈密顿轨，即含图上一切顶的有向轨。

答案是肯定的，下面用数学归纳证明：

循环赛图中存在哈密顿轨。

循环赛图 G 的顶数为 2 时，命题显然成立。

假设对不超过 k 个顶的循环赛图，命题已成立，$k\geqslant 2$，往证 $k+1$ 的循环赛图，命题仍成立。任取一顶 $v\in V(G)$，由归纳法假设，$G-v$ 中有有向哈密顿轨 $u_1u_2\cdots u_k$，$u_i\in V(G)$，$i=1, 2, \cdots, k$。

①若 G 中与 v 关联的有向边皆从 v 指向 $G-v$ 中的顶，或从 $G-v$ 中的顶指向 v，则显然 $vu_1u_2\cdots u_k$ 或 $u_1u_2\cdots u_kv$ 是 G 的有向哈密顿轨。

②若 $V(G)$ 中以 v 为头的边的尾集 $V_1\neq\varnothing$，以 v 尾的边之头集 $V_2\neq\varnothing$，设 G_1，G_2 分别是 G 中以 V_1，V_2 为顶集的子循环赛图，由归纳法假设，G_1 中有其有向哈密顿轨 $P_1(v_1, w_1)$，G_2 中有其有向哈密顿轨 $P_2(v_2, w_2)$，于是 G 中的有向轨 $P_1(v_1, w_1)vP_2(v_2, w_2)$ 是有向哈密顿轨，证毕。

在体育竞赛中，胜者为王，优胜劣汰，如果 u 胜 v，则称 u 优于 v，如果 w 是 u 的手下败将，而 w 又胜 v，则亦称 u 优于 v。若竞赛中有一运动队优于所有其他运动队，则称其为王牌运动队，相应地，在循环赛图中，优于一切其他顶的顶称为“王点”。

若规定胜一次得一分，败者得零分，则有结论：得分最多的为王点。

事实上，设 u 是循环赛中得分最多者，若 u 得分为 $n-1$（n 是循环赛图的顶数），则 u 优于所有其他顶，u 自然是王点，若 u 的得分不是 $n-1$，但 u 得分最多，u 战胜了 v_1，v_2，$\cdots$，v_k，而败给了 v_{k+1}，v_{k+2}，$\cdots$，v_{n-1}。若 v_{k+1} 战胜了 v_1，v_2，$\cdots$，v_k，则 v_{k+1} 比 u 多胜一次，与 u 得分最多矛盾，所以存在 v_j，$1\leqslant j\leqslant k$，v_j 胜过 v_{k+1}，于是发生 u 胜 v_j，v_j

又胜u_{k+1}的现象，即u优于v_{k+1}，同理u优于v_{n+2}，…，v_{n-1}，即u是王点，证毕。

如果得分最多者为冠军，王点未必能得冠军，即王点不一定是得分最多的，例如图 3-36 中v_2得 3 分，是得分最多者，当然是王点，但v_1也是王点，它只得了 2 分，得不了冠军。

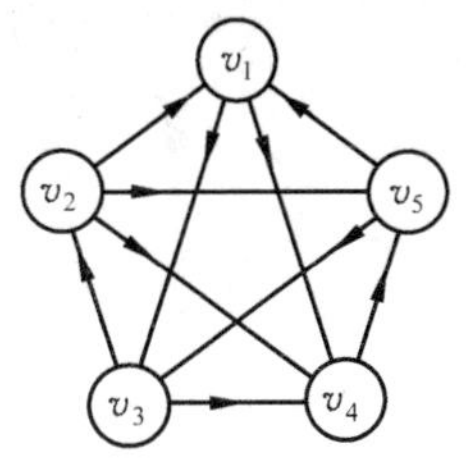

图 3-36

如果只有一个王点，则它得分$n-1$；反之，如果一顶得分$n-1$，则它是唯一的王点。

事实上，若u是G中唯一王点，但u的得分不超过$n-2$，则有有向边以u为头，把所有这种边尾上的顶作为顶集构成子循环赛图G'，由于得分最多的是王点，G'中也有王点v；于是v也是G的王点，与u是G的唯一王点相违，故u得分$n-1$。

反之，若u得分$n-1$，它得分最多，故u是王点。若还有一个王点$v\neq u$，则有一有向边以v为尾以u为头或有一有向轨vwu。总之u是某有向边的头，u至少败过一次，与u得分$n-1$矛盾，故不会有王点$v\neq u$，即这时王点唯一。

3.25 图能摆平吗

两根筷子放在桌面上，如果一根压在另一根上形成一个乘号状，我们就说没有摆平。如果两根裸导线打叉压在一起，电流就会“短路”，把保险丝烧断甚至引起火灾。交叉路口为避免交通堵塞或车祸而修筑立交桥，也是没有把路线摆平而成的。相传一位封建暴君死到临头时留下遗嘱，把国土瓜分给他的五个儿子做世袭领地，这五个小子后来在自己的领地上建造豪华宫殿，他们还企图修一些驿道，使彼此的宫殿两两相通，又要求道路不交叉，结果这五个愚蠢的王子煞费苦心，终告失败，这是一个典型的“无法摆平”的例子，其中道理我们过一会儿就会弄明白。

我们在纸上画一个图时，有时可以避免两边交叉的现象，有时不可避免，能避免者，称为平面图，例如K_5与$K_{3,3}$任意删去一条边则可以摆平，使得每两条边都不在内点相交，见图 3-37。

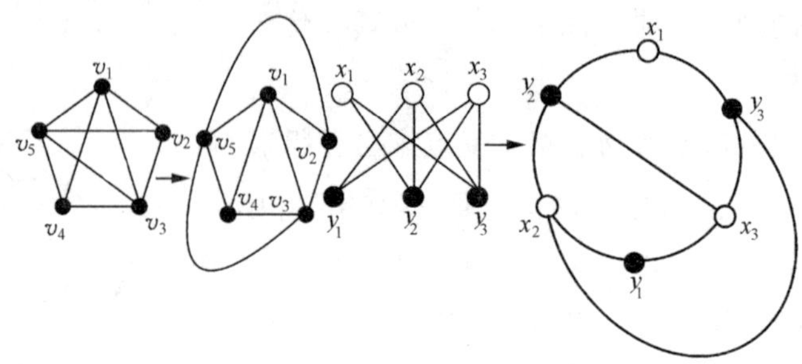

图 3-37

画在平面上能够使任两边不在内点相交的图称为平面图。图 3-37 中的图就是平面图。

树是平面图，可以如下把树镶嵌在纸面上：任取一顶 $v_0 \in V\ (T)$，T 是树，把 v_0 画在一组水平的平行线的第一条（从上向下数）上，第二条平行线上等距地画上 v_0 的邻顶 v_1，v_2，…，v_k，连接直线段 v_0v_1，v_0v_2，…，v_0v_k；第三条平行线上依次画出 v_1，v_2，…，v_k 的尚未画出的邻顶，间距为 1，且把 v_1，v_2，…，v_k 向下与其邻顶用直线段相连，如此类推直至把 T 画完，这样的图示中无任何两边在内点相交，可见 T 是平面图。

3.26 多面体黄金公式

平面几何中的正多边形有无穷多种，在立体几何当中，由全等正多边形为面每顶处棱数相等的正多面体是否也有无穷多种？如果不是，共有几种正多面体，它们的顶数、棱数和面数是多少？对于一般的凸多面体，有没有任意棱数的多面体？例如，有七条棱的多面体吗？

1736 年，欧拉给出了一个关于多面体的公式，一劳永逸地彻底解决了这些问题。我们知道，多面体是平面图，讨论平面图可以解决多面体的一些问题。

把连通平面图 G 画在平面上，使无边在内点相交，把平面划分成若干区域，每一区域称为平面图的一个面，面数用 φ 表示，若 ν 和 ε 分别表示顶数和边数，则下面的欧拉公式成立

$$\nu-\varepsilon+\varphi=2$$

由于这个公式简单漂亮，用途极广，人称多面体黄金公式，它的证明十

分简洁，对 φ 用数学归纳法证明如下：

$\varphi=1$ 时，G 中无圈，又 G 连通，则 G 是树，于是$\varphi=1,\varepsilon=\nu-1$，这时$\nu-\varepsilon+\varphi=\nu-(\nu-1)+1=2$，欧拉公式成立。

假设对于 $\varphi\leqslant k$（$k\geqslant 1$）时，公式已成立，考虑 $\varphi=k+1$ 的情形，由于$\varphi=k+1\geqslant 2$，G 中有圈，设 e 是某圈 C 上一边，则 $G-e$ 仍是连通图，被e 分隔的两个面变成$G-e$ 中的一个面，于是 $\varphi(G-e)=k$，由归纳法假设

$$\nu(G-e)-\varepsilon(G-e)+\varphi(G-e)=2$$

$$\nu(G)-[\varepsilon(G)-1]+[\varphi(G)-1]=2$$

$$\nu(G)-\varepsilon(G)+\varphi(G)=2$$

证毕。

把平面图画在平面上，使得边不交叉，可以有多种画法，例如可使任一顶点画在平面上面积无穷的那个所谓外面的边界上，但由欧拉公式，各种画法的面数 φ 是常数。

3.27　正多面体为何仅五种

(1) 多面体的棱数不会少于 6，不等于 7

事实上，以多面体的顶为图 G 之顶点，以多面体的棱为 G 的边，则 G 是连通平面图。又 $\nu(G)\geqslant 4$，$\varphi(G)\geqslant 4$，由欧拉公式得

$$\varepsilon(G)=\nu(G)+\varphi(G)-2\geqslant 4+4-2=6$$

即棱数不少于 6。

由于 $2\varepsilon(G)\geqslant 3\varphi(G)$，若有七棱多面体，则 $2\times 7\geqslant 3\varphi(G)$，$4\leqslant\varphi(G)\leqslant\frac{14}{3}$，$\varphi(G)$ 是整数，只有 $\varphi(G)=4$，而四个面的多面体只有六条棱，故无七条棱的多面体。

六条棱的多面体是存在的，正四面体就是一个，以 k 边形为底的棱锥是 $2k$ 条棱的多面体，$k\geqslant 4$；而把$k-1$ 边形为底的棱锥底角处的一个三面角锯掉一个小“尖儿”，则得 $2k+1$ 条棱的多面体，所以对于 $n\geqslant 6$，$n\neq 7$ 的 n，皆存在 n 棱多面体。

(2) 正多面体只有五种

不会有这样的正多面体，它的面是正六边形，因为正多面体的一个

顶点处至少有三个面拼在一起，而正六边形每个内角为 $120°$，三个正六边形拼在一起已经是 $360°$，形成平面的一部分，形不成正多面体的“顶尖”了。边数再多的正多边形更没办法做一个正多面体的面，因为它们的每个内角超过了 $120°$。可见正多面体的面只可能是正五边形、正方形和正三角形。

①正三角形为面的正多面体。

情形 1 若组成的正多面体每顶皆3次，则 $3\nu=2\varepsilon$，$\nu=\frac{2}{3}\varepsilon$，$2\varepsilon=3\varphi$，$\varphi=\frac{2}{3}\varepsilon$，代入欧拉公式得

$$\frac{2}{3}\varepsilon-\varepsilon+\frac{2}{3}\varepsilon=2$$

解得 $\varepsilon=6$，$\nu=4$，$\varphi=4$，这种多面体是正四面体。

情形 2 若组成的正多面体每顶皆4次，则 $4\nu=2\varepsilon$，$\nu=\frac{1}{2}\varepsilon$，$3\varphi=2\varepsilon$，$\varphi=\frac{2}{3}\varepsilon$，代入欧拉公式得

$$\frac{1}{2}\varepsilon-\varepsilon+\frac{2}{3}\varepsilon=2$$

解得 $\varepsilon=12$，$\nu=6$，$\varphi=8$，这种多面体是正八面体。

情形 3 若组成的正多面体每顶皆5次，则 $5\nu=2\varepsilon$，$\nu=\frac{2}{5}\varepsilon$，$3\varphi=2\varepsilon$，$\varphi=\frac{2}{3}\varepsilon$，代入欧拉公式得

$$\frac{2}{5}\varepsilon-\varepsilon+\frac{2}{3}\varepsilon=2$$

解得 $\varepsilon=30$，$\nu=12$，$\varphi=20$，这种多面体是正 20 面体。

②正方形为面的正多面体。

这种正多面体每顶只能 3 次，故 $3\nu=2\varepsilon$，$\nu=\frac{2}{3}\varepsilon$，$4\varphi=2\varepsilon$，$\varphi=\frac{1}{2}\varepsilon$，代入欧拉公式得

$$\frac{2}{3}\varepsilon-\varepsilon+\frac{1}{2}\varepsilon=2$$

解得 $\varepsilon=12$，$\nu=8$，$\varphi=6$，这种多面体是立方体。以上得到的四种正多面体的形象见图 3-24。

③正五边形为面的正多面体。

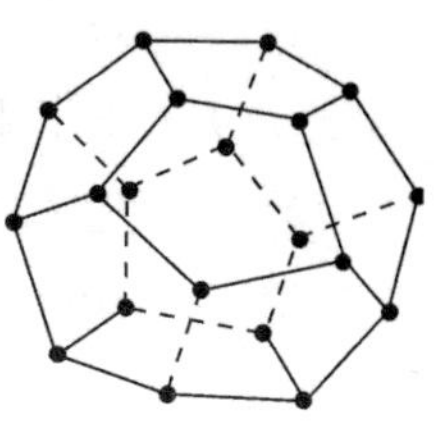
图 3-38

这种多面体每顶皆 3 次，于是 $3\nu=2\varepsilon$，$\nu=\frac{2}{3}\varepsilon$，$5\varphi=2\varepsilon$，$\varphi=\frac{2}{5}\varepsilon$，代入欧拉公式得

$$\frac{2}{3}\varepsilon-\varepsilon+\frac{2}{5}\varepsilon=2$$

解得 $\varepsilon=30$，$n=20$，$\varphi=12$，这种正多面体是正 12 面体，见图3-38。

可见只有以下五种正多面体：

面形	正三角形	正方形	正三角形	正五边形	正三角形
面数	4	6	8	12	20
棱数	6	12	12	30	30
顶数	4	8	6	20	12
每顶处棱数	3	3	4	3	5

3.28 非平面图的两个疙瘩

不是什么图都可以摆平画在平面上，使得边不交叉的。1930 年，波兰数学家库拉托夫斯基（Kuratowsky）证明了下面的定理：

G 是平面图的充要条件是 G 中无可以收缩成 K_5 或 $K_{3,3}$ 的子图。

所谓收缩是指把一些边收缩成长度为 0，且使其两端点重合的过程。例如图 3-39。

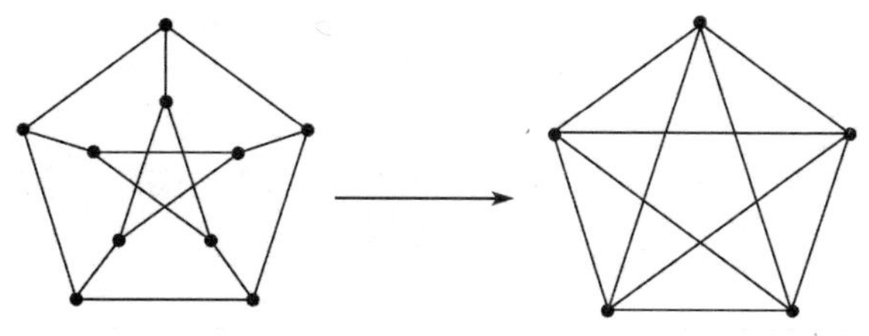
图 3-39

可见 K_5 与 $K_{3,3}$ 是图中的两个“瘤子”，而且是恶性的，只要有这两种疙瘩之一时，就不可摆平了，没有这种疙瘩，则一定可以摆平。为了证明 K_5 与 $K_{3,3}$ 是非平面图，需要用到下面的公式

$$\sum_{i=1}^{\varphi} d(f_i) = 2\varepsilon \tag{3.3}$$

其中 f_i 是平面图的面，d（f_i）是面 f_i 边界上的边数，不过 f_i 的边界上有桥时，此桥在 d（f_i）中要算 2，如图 3-40 中 d（f_1）$=6$，事实上，沿 f_1 的边界走一周，那个勺子把（桥）要走两遍。

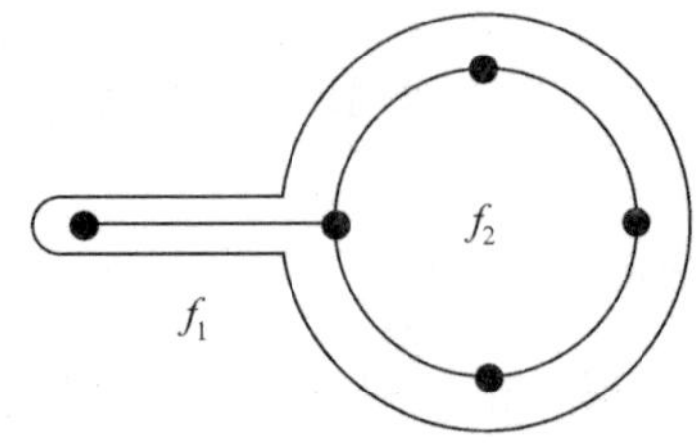

图 3-40

平面图可以把边不交叉地安排在平面上，可见它的边不会太多太密。对于平面图 G 有公式

$$\varepsilon(G) \leqslant 3\nu(G) - 6 \tag{3.4}$$

$$\delta(G) \leqslant 5 \tag{3.5}$$

其中 δ（G）是 G 的最小的顶次数，$\nu \geqslant 3$ 是顶数。

事实上，由于 G 是连通平面图时，对每个面 f，d（f）$\geqslant 3$，于是由公式（3.3）得

$$2\varepsilon = \sum_{i=1}^{\varphi} d(f_i) \geqslant 3\varphi$$

由欧拉公式，$3\nu - 3\varepsilon + 3\varphi = 6$，于是

$$3\nu(G) - 6 = 3\varepsilon - 3\varphi \geqslant 3\varepsilon - 2\varepsilon = \varepsilon$$

由于

$$\delta\nu \leqslant \sum_{v \in V(G)} d(v) = 2\varepsilon \leqslant 2(3\nu - 6)$$

得

$$\delta \leqslant 6 - \frac{12}{\nu}$$

故 $\delta \leqslant 5$，至此证出（3.4）、（3.5）式为真。

由公式（3.4），若 K_5 是平面图，则 ε（K_5）$\leqslant 3\nu$（K_5）-6，即 $10 \leqslant 3 \times 5 - 6 = 9$，这不可能，可见 K_5 非平面图。

若 $K_{3,3}$ 是平面图，又它无奇圈，所以它的每个面的边界上至少 4 条

边，于是

$$4\varphi \leqslant \sum_{i=1}^{\varphi} d\ (f_i)\ =2\varepsilon\ (K_{3,3})\ =2\times 9=18$$

故 $\varphi \leqslant \frac{18}{4}$，即 $\varphi \leqslant 4$，代入欧拉公式得

$$2=\nu\ (K_{3,3})\ -\varepsilon\ (K_{3,3})\ +\varphi\ (K_{3,3})\ \leqslant 6-9+4=1$$

矛盾，可见 $K_{3,3}$ 不是平面图。

前面提到的“五王子修路”问题显然无解，因为他们干的是想把 K_5 摆平的傻事！K_5 是非平面图，不可能边不交叉地画在地平面上，除非他们认可有两座宫殿间不设直通驿道或建造一座立交桥，见图 3-41，①③与②⑤交叉处是立交桥。

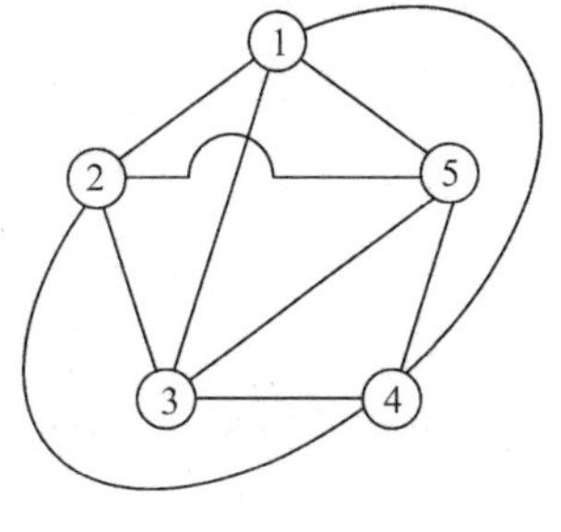

图 3-41

3.29 彩色图，不仅为了美

用几种颜色给一个图上色，使其每个顶或每条边或（平面图的）每个面着某种颜色，于是图上色彩斑斓，颜形俱佳，不愧为数学园地上的艺术品。如果邻顶异色或邻边异色或邻面异色，则分别称为正常顶着色、正常边着色或正常面着色；正常着色时使用的最少颜色数目，分别称为图的色数、边色数或（平面图的）面色数；且分别记成 $\chi\ (G)$，$\chi'\ (G)$ 和 $\chi^*\ (G)$。

前面讲过的地图染色时的四色猜想可以写成

$$\chi^*\ (\text{平面图}) \leqslant 4$$

染一个省（国家）的版图时，可以仅把其省会（首都）染成某种颜色，以省会的颜色代表全省已全面积染上了这种颜色；以省会为顶，仅当两省相邻时（有一段分界线）在两省会间连一边，构成平面地图的对偶图 G^*，于是 χ^*（平面图 G）$=\chi\ (G^*)$。这样就把面正常着色的问题化成顶正常着色的问题了。四色问题可以写成

$$\chi\ (\text{平面图}) \leqslant 4$$

四色问题至今仍然困惑着数学界，甚至殃及为数极多的业余数学爱好者。正如美国当代图论专家哈拉里（Harary）所言：“四色猜想可以

改名叫做‘四色病’，因为它真的像传染病似的在数学界流行，虽然还没有因它致死的消息，但它的确会使感染者异常痛苦，而且已经发现父亲传给了儿子的事，看来它甚至是遗传性疾病。”哈拉里说的是真话，绝非故弄玄虚。最近十几年当中，本书作者收到大学生和大中小学教师等各种年龄的人士寄来的稿件，宣称他们已经证明了四色猜想，希望给予肯定的评价，其中不乏十几年如一日废寝忘食的入迷者，甚至因此心力交瘁，实在令人敬佩。无奈那些手写的文稿皆因缺乏数学的严格性，只能说是某种“说明”而不够称为正确证明的资格。事实上，就目前图论发展的水平，手写的 4CC 证明问世的时机未必已经成熟，奉劝数学爱好者，不可轻信“有志者事竟成”之类唯意志论的误导，应当懂得，数学上的确存在百思不得其解的难题。切不可抓住 4CC 之类的难题不放。

给图上色，不仅仅是为了美，借助于着色的思路和技术来解决的实用问题非常之多，不信请看下面实例。

(1) 期末考试至少几天

全校共 n 门功课需要期末考试，不少学生不止选修一门功课，不能把一位同学选修的两门课安排在一个时间考试；以每门功课为顶，仅当两门功课被一些同学选修时，在此二顶之间连一条边，构成图 G。我们对 G 进行正常顶着色，$\chi(G)$ 即为所求的期末考试的最少场次。若每天考两场，则全校要进行 T 天考试

$$T=\begin{cases}\dfrac{1}{2}\chi(G),\ \chi(G)\ \text{为偶数}\\ \left[\dfrac{1}{2}\chi(G)\right]+1,\ \chi(G)\ \text{为奇数}\end{cases}$$

(2) 至少需要几间库房

有些货物，不能放在同一个库房，例如黄鼠狼和小鸡，放在一起不安全，问至少需要几间库房?

以货物为顶，仅当二宗货物放在一起不安全时，在此二顶间连一边，得一图 G，$\chi(G)$ 即为所需库房的最少间数。

(3) 距离约束同信道频率分配问题

地面上有若干无线电发射台，要对每个发射台分配一个发射频率，

频率用自然数从 1 起编号，称为信道号码。为排除同频率造成干扰，要求使用同一信道的发射台相距必须大于指定正数 d，问至少要用几个信道？

以$\frac{d}{2}$为半径，以发射台为中心作圆，仅当两圆有公共点时，在两圆的中心间连一边，以圆心为顶点，构成一图 G，χ（G）即为所需的最少信道数目。

3.30 五色定理和肯普绝招儿

1890 年，希伍德（Heawood）继承肯普（Kemple）1879 年误证四色定理时用的方法，证明了五色定理

$$\chi（平面图）\leqslant 5 \tag{3.6}$$

用对平面图 G 的顶数 ν 的归纳法来证明五色定理：

$\nu\leqslant 5$ 时，（3.6）式显然成立。假设 $\nu\leqslant n-1$ 时（3.6）式已成立，考虑 $\nu=n$ 的平面图 G。由于 δ（G）$\leqslant 5$，即存在 $\nu_0\in V$（G），d（v_0）$\leqslant 5$。

情形 1 d（v_0）$\leqslant 4$，考虑 $G-v_0$，由归纳法假设，χ（$G-v_0$）$\leqslant 5$，把 $G-v_0$ 用不超过 5 种颜色正常着色后，再把 v_0 着以异于其邻顶的第五种颜色即可。

情形 2 d（v_0）$=5$。设 v_1，v_2，v_3，v_4，v_5 是 v_0 的五个邻顶，按逆时针顺序画在 v_0 周围如图 3-42。它们分别着以 1，2，3，4，5 五种颜色。以下其他顶着色时只允许用这五种颜色；先把 $G-v_0$ 用以上五色正常着色。

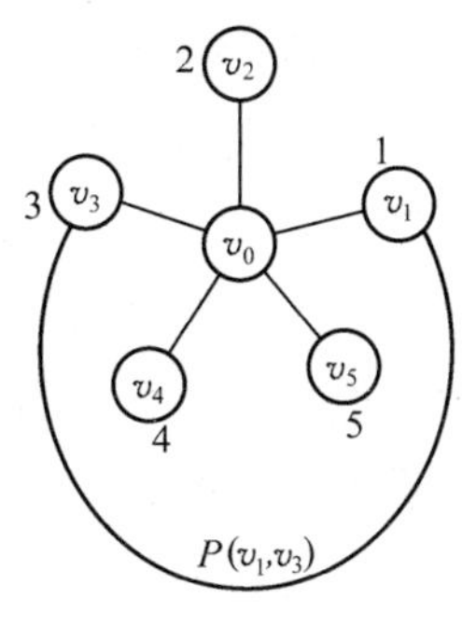

图 3-42

记 $G_0=G-v_0$，G_{13}是由 1 和 3 两种颜色的顶为顶集，边的两端为 1 色与 3 色时为 G_{13}的边形成的 G_0 之子图。G_{24}作相似理解。

若在 G_{13}中 v_1 与 v_3 分居于两个连通片，把含 v_1 的那个连通片中的 1 色与 3 色互换，由归纳法假设，χ（G_0）$\leqslant 5$，这时再把 v_0 着以 1 色即可。

若 v_1 与 v_3 在 G_{13} 的同一连通片内，则存在轨 P（v_1，v_3），在

P（v_1，v_3）上1色与3色交替出现，而在G中，v_0v_1P（v_1，v_3）v_3v_0是一个圈，v_2与v_4分居于此圈之内外，在G_0中，子圈G_{24}中，v_2与v_4必分属于G_{24}的两个连通片，不然，G_{24}中有轨道P（v_2，v_4）与P（v_1，v_3）相交于一个公共顶u，u在P（v_1，v_3）上应是1色或3色，u又在P（v_2，v_4）上，u应为2色或4色，这当然不可能。

既然v_2与v_4分属于G_{24}的两个连通片，把v_2所在的连通片中的2色与4色交换，再把v_0染上2色即可。至此证出五色定理（3.6）。

证明中两次使用两色互换的技术，这是肯普首创的一个绝招。在关于图的色的研究当中，人们不只一次地引用过这一绝招。阿佩尔也承认，他们在用计算机证明4CC时，也借鉴了肯普当年证明4CC时用过的方法和思路。

四色定理尚缺可视性证明，进一步的问题则更加尖锐：

$$任给一个平面图G，\chi(G)\leqslant 3吗 \tag{3.7}$$

这个问题有时回答：是，例如$G\trianglelefteq K_3$；有时回答：否，例如$G=K_4$，所以已无三色定理可言，但对任意给定的平面图G，如何有效地判定χ（G）是否不大于3，则是比四色定理还要困难的问题，四色定理还可以用计算机给出证明，而（3.7）问题目前用计算机也不能有效地解决。

3.31 颜色多项式

四色猜想问世一百多年来，数学家们对它的研究虽皆以失败而告终，但在人们冲击4CC的崎岖道路上却留下许多闪烁着智慧之光的所谓“中间成果”，1912年，伯克豪夫为研究4CC而引入的颜色多项式就是其中的杰作之一。

今有k（$\geqslant 1$）种颜色，用来对顶集为$V=\{v_1, v_2, \cdots, v_n\}$的图$G$进行正常顶着色，问有几种不同的着色方式。

所谓两种着色方式不同，是指至少有一个顶，在两次着色中的颜色不同，用P（G，k）表示G用k种颜色正常顶着色时不同的着色方式之数目。于是4CC可写成

$$P（平面图，4）>0$$

P（G，k）的确定和证明4CC一样，也是十分困难的，我们只能对一些特殊图G求得P（G，k）。

①若 $E(G)=\phi$，则 $P(G,k)=k^n$。

②$P(G,k)>0$ 的充要条件是 $\chi(G)\leqslant k$。

③$P(K_n,k)=k(k-1)(k-n+1)$。

对于一般图 G，有公式

$$P(G,k)=P(G-e,k)-P(G\cdot e,k) \tag{3.8}$$

其中 $G\cdot e$ 是把 G 中边 e 收缩掉，其两端点重合。

事实上，考虑 $P(G-e,k)$，在对 $G-e$ 用 k 种颜色正常顶着色时，e 的端点 u 与 v 可以同色，也可以异色；若 u 与 v 同色，则 $G-e$ 的着色方式数为 $P(G\cdot e,k)$，若 u 与 v 异色，则 $G-e$ 的着色方式数为 $P(G,k)$，所以 $P(G-e,k)=P(G,k)+P(G\cdot e,k)$，于是公式（3.8）成立。

可惜的是公式（3.8）对边数多的图是一个无能的“坏公式”，因为对 ε 条边的图，若用公式（3.8）把 G 变成两个图 $G-e$ 与 $G\cdot e$ 后，$G-e$ 与 $G\cdot e$ 再各自减一边缩一边变成两个图，如此会变换出 2^ε 个图来，每个皆无边之图，可以用无边图的公式来写出多项式 $P(G,k)$。但是 2^ε 这个数量太巨大，例如 2^{100}，$\lg 2^{100}=100\lg 2\approx 30.10$，可见 2^{100} 是个31位数，绝对不可能有那么多时间执行这个公式。

但对边少的图，公式（3.8）还是可以用的，例如

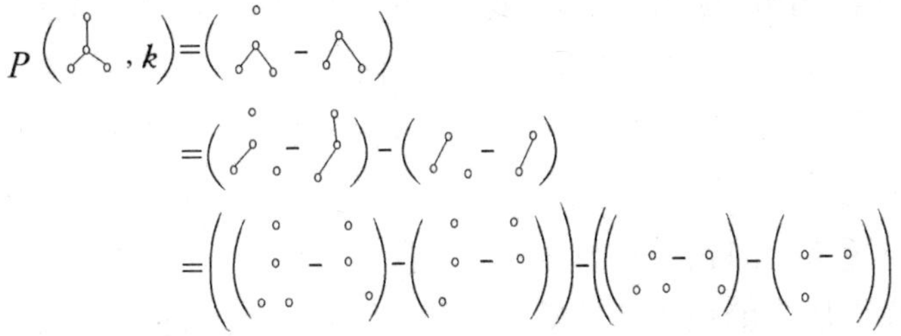

$$\begin{aligned}
P(\quad,k)&=(\quad-\quad)\\
&=((\quad-\quad)-(\quad-\quad))\\
&=(((\quad-\quad)-(\quad-\quad))-((\quad-\quad)-(\quad-\quad)))\\
&=((k^4-k^3)-(k^3-k^2))-((k^3-k^2)-(k^2-k))\\
&=k^4-3k^3+3k^2-k\\
&=k(k-1)^3
\end{aligned}$$

图论当中这种“形数同炉”的运算并非此处一次出现，又直观又定量，颇为新颖。

我们从公式（3.8）的反复执行中发现，对于任何图，都可化成秃图来求其 $P(G,k)$，所以 $P(G,k)$ 是 k 为变元的 n 次多项式，n 是

G 之顶数，且此多项式无常数项，此多项式称为颜色多项式。

上面求得4顶树的多项式为 $k(k-1)^3$，从"形数同炉"的运算过程中我们可以发现，对任何 n 顶树 T，有公式

$$P(T, k)=k(k-1)^{n-1} \tag{3.9}$$

用归纳法来证（3.9）。当 $n=2$ 时，（3.9）式显然成立；假设对于 n 个顶的树 T，（3.9）式已成立，考虑 $n+1$ 个顶的树 T'，设 v 是 T' 的一个叶，令 $T=T'-v$，由归纳法假设，$P(T-v, k)=k(k-1)^{n-2}$，对于 T' 的用 k 种颜色的每种正常顶着色，对 v 的颜色选择有 $k-1$ 种方式，可见 $P(T, k)=k(k-1)^{n-1}\cdot(k-1)=k(k-1)^n$。

关于颜色多项式，也有不少问题等待我们去研究，例如下面的Read猜想至今无人证其明亦无人证其伪。

Read猜想：按降幂排列的颜色多项式的系数的绝对值先是严格单调上升，继而严格单调下降。

本来企图用颜色多项式这种新概念来解决4CC难题，结果目的没有达到，反而给自己增添了难题。这真是，知识越多，本领越高，面临的困难越大。

3.32 八皇后和五皇后问题

八皇后问题：国际象棋盘上，双方共有八个"后"，这八个后在哪些格里，才能出现谁也不能吃掉对方后的局面？

五皇后问题：我方有五个"后"，应放哪些格子上，才可吃掉对方的任何一个子儿？

为解决上述皇后问题，应当从独立集谈起。$I\subseteq V(G)$，若 I 中顶两两不邻，则称 I 是 G 的独立集。K_n 中只有由一个顶构成的独立集，而 $K_{n,n}$ 中的 X 集合与 Y 集合都是独立集。在顶正常着色中，同色顶构成独立集。

以64个格为顶集，处于同一横行，同一纵列和在同一"斜行"上的两顶相邻，所谓"斜行"是指与水平线成45°角的方格串，如此构成的图 G 称为"皇后图"，即把一后放在 G 的任一顶上，它可以吃掉其邻顶上的对方的棋子。

高斯八皇后问题就是求皇后图 G 上的由八个顶组成的独立集 I；显

然，这个独立集是 G 的一切独立集当中顶数最多者；图论中称顶数最多的独立集为最大独立集，其顶数称为该图的独立数，记之为 α（G），例如 α（皇后图）$=8$。除最大独立集之外，还有一种独立集称为极大独立集，即 I 已是独立集，但再添加一顶则不是独立集了，这种不能在原有的基础上扩充的独立集叫做极大独立集，它是个局部概念，但不是全局性概念，极大独立集不一定是最大独立集。

五皇后问题就是求皇后图 G 的一个极大独立集 I，使得 I 由五个顶组成。它的一个解如图 3-43 所示，由此知极大独立集有的就不是最大独立集。

图 3-43 中，皇后图的每个顶要么在五个黑子组成的顶子集中，要么是这五个黑子中的某个的邻顶，即受黑子的"支配"，这五个黑子组成的集合称为支配集。一般地，设 $D\subseteq V$（G），且任一顶 $v\in V$（G），则或者 $v\in D$，或者 v 与 D 中一顶相邻，则称 D 为 G 的一个支配集。如果 D 是支配集，从 D 中删除一顶后则不再是支配集，则称 D 是极小支配集。最小支配集中的顶数称为图的支配数，记之为 γ（G）。显然，极大独立集一定是极小支配集。

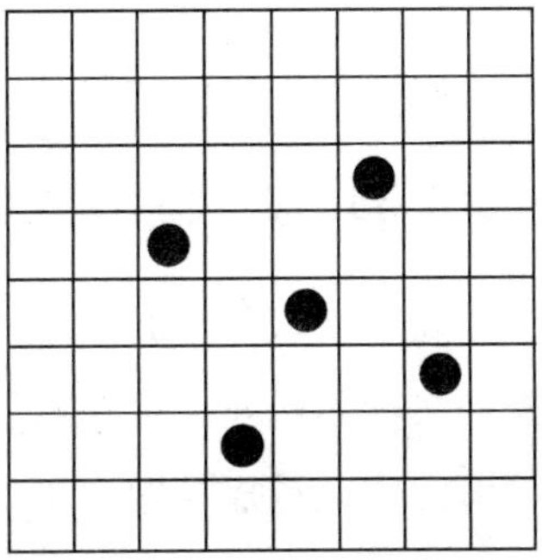

例如图 3-43 中的五皇后组成极大独立集，它们也就组成了一个极小支配集。

图 3-43

高斯八皇后问题的解在图 3-44 中给出了两个。图 3-44（a）中的解记成（72631485），代表每个后在各列的高度，例如 7 代表第 1 列后高 7，2 代表第 2 列后高 2，6 代表第 3 列后高 6，等等。可以验证，高斯八皇后问题的解有

(72631485)	(61528374)	(58417263)
(35841726)	(46152837)	(57263148)
(16837425)	(57263184)	(48157263)
(51468273)	(42751863)	[35281746]

上面 12 个序列的每一个都对应一个类似图 3-43 的皇后分布图，前 11 个序列对应的分布图按逆时针每转动 90°，则得另一种八皇后分布图，旋转得到的四个分布图按向右下方的对角线对称翻身，又得四个分

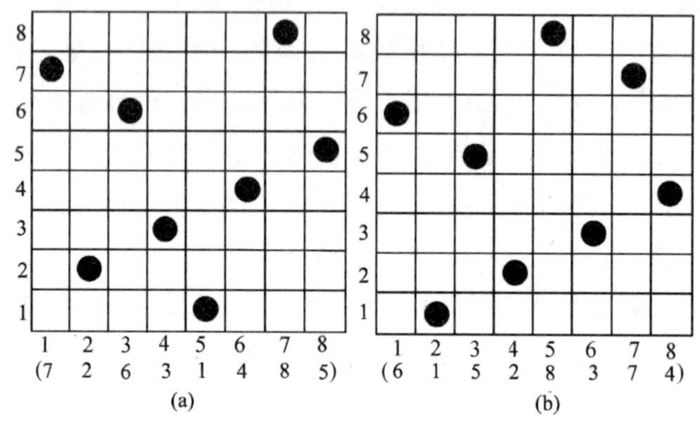

图 3-44

布图，所以共计可得 11×8＝88 个解。最后那个分布［35281746］旋转 180°后复原，所以它只会旋转 90°和翻身两次，得四个分布图，最后得知，高斯八皇后问题有 88＋4＝92 个解。

3.33 近代最伟大的数学家

高斯（C. F. Gauss，1777～1855），德国不伦瑞克人，其父是泥瓦匠，父母无钱亦无意对其子进行深造。就是这位出身穷苦非书香之家的子弟，后来对科学做出了非凡的贡献，成为最伟大的数学家，他三岁时就纠正了父亲工资表上的一处计算错误。在小学读书时，老师出了一道数学题：1＋2＋3＋…98＋99＋100＝？高斯考虑 100＋1，99＋2，…51＋50，组成 50 对，几秒钟后就报出计算结果 5050，全班师生为之惊讶。15 岁入卡罗林学院读书，其后转入哥廷根大学深造。19 岁解决了人类两千多年未解决的难题：用圆规直尺作出正 17 边形，轰动了当时的数学界。高斯去世后，他的墓碑上刻着一个用圆规直尺做出的正 17 边形。22 岁时，用四种方法证明了代数基本定理，获哥廷根大学博士学位。他证明了一个一般的定理：

凡边数是 $n=2^{2^k}+1$，$k=0$，1，2，…的正多边形皆可用圆规直尺作出。

例如 $n=3$，5，17，257 条边的正多边形皆可用圆规直尺作图。

高斯重视科学表达的严格性与精炼，他对前人一些经不起推敲的叙述和证明完全不能容忍，而决心使自己的著作在这方面无懈可击。他在致友人的信中明言：“你知道我写得慢，这主要是因为我总想用尽量少的字句来表达尽量多的思想，而写得简短比长篇大论地写更要花费时间。”

高斯才思泉涌，只得把科学发现作成简短的日志，来不及写成详述的论文，他说：“给予我最大愉快的事不是所取得的成就而是得出成就的过程。当我把一个问题搞清楚了，研究透彻了，我就放下不管，转而探索未知的领域。”有人估计，如果要把他在科学上的每一项发现都写成完满的形式发表出来，那就需要好几十个长寿的高斯终生的时间。他在数论、函数论、概率统计、微分几何、非欧几何等数学领域都有开创性的巨大成就。

高斯又分出不少精力研究物理学和天文学，开创了地磁理论，发明了电磁铁电动机，1807 年任哥廷根新天文台台长和天文学教授，被封为公爵，但他十分讨厌行政琐事，会议和官僚主义的繁文缛节。1840 年，雅可比在高斯家作客后给弟弟写信感叹道：“如果实际天文学工作没有把这位巨大天才的精力，从他光辉的事业中分散出去，数学的情况，将与今日大不相同。”一次雅可比到高斯家谈到自己和阿倍耳在椭圆函数论方面的新发现，高斯从抽屉里拿出他 30 年前的手稿，把雅可比所说的新发现指给他看。高斯淡泊名利，不少首创的学问并未及时发表，高斯对自己极端求全求好，发表的东西都是了不起的成果。

高斯是搞理论的大师，但也十分注重实际工作，例如他干过大地测量工作，准确测量了地球表面的大三角形，并由此促使他写出《关于曲面面积的一般论述》的名著；他用最小二乘法计算出“谷神星”的轨道，并成功地用望远镜观察到这颗很难追寻的神秘的小行星；他总结在天文台的实际工作，运用他的数学优势，写成《天体运动理论》，被公认为行星天文的圣经。此外，他还发明了望远镜和照相机上的“高斯大角度物镜”等。

1898 年，从高斯孙子家发现了只有 19 页的高斯笔记本，该日记中记载了他 146 项数学发现。数学史家评价说，把高斯的其他一切成果全不算数，仅就他孙子提供的这本日记，高斯也可以评为当代最伟大的数学家。

美国数学家 G. F. 塞蒙斯说："这就是高斯，一个至高无上的数学家，他在那么多方面的成就超过一个普通天才人物所能达到的水平，以致我们有时会产生一种离奇的感觉，以为他是上界的天人。"

3.34 妖怪的边色数

图 3-45 中画的两个漂亮图数学上称之为妖怪（snark graph），妖怪在此是数学名词，并非贬义的绰号。这种图是每顶皆三次的无桥图，删除三条边不会使它破裂成两个有边子图，它的最小圈上的边数不少于 5，边色数为 4，满足这些要求的图很难设计（捕捉）出来，所以命名为妖怪，以示其神秘和妖美。

图 3-45（a）是佩特森（Petersen）首先讨论过的，又称 Petersen 图，它已成为图论学科的"徽章"，在各种有关图论的杂志和著作的封面上经常出现。它是顶数最少的妖怪，所以亦称"小妖"。下面论证小妖的边色数是 4。

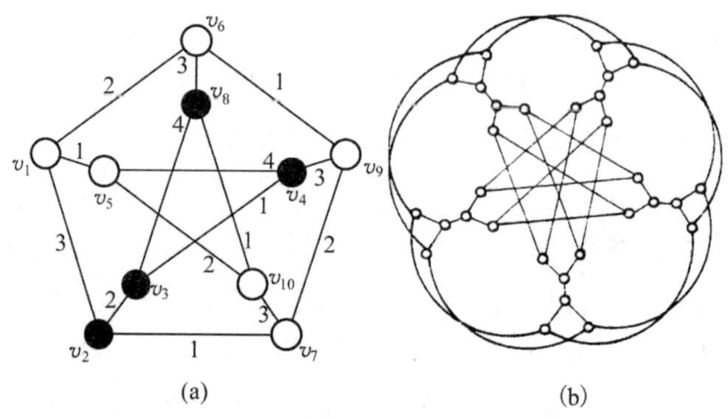

图 3-45

由于小妖每顶皆三次，所以 χ'（小妖）$\geqslant 3$。图 3-45（a）中已经用四种颜色 1，2，3，4 对小妖的边正常着色，故 χ'（小妖）$\leqslant 4$。下面证明χ'（小妖）$\geqslant 4$。为此只欠证用三种颜色不能对小妖正常边着色，我们把小妖画成图 3-46 的模样，设图 3-46 可以用三种颜色 1，2，3 正常边着色，由对称性，不妨设与 v_{10} 相关联的三条边已用 1，2，3 色染好，则 v_1v_5 与 v_4v_5 分别用 2 色 3 色或 3 色 2 色着色；v_2v_7 与 v_7v_9 分别用 1 色 3 色或 3 色 1 色着色；v_3v_8 与 v_6v_8 分别用 1 色 2 色或 2 色 1 色来着色，于是这六条边的着色有 $2\times2\times2=8$ 种可能的方式需加以讨论。

其中之一在图 3-46 上标出，我们来证这种方式行不通，同理可证其他七种方式也行不通，于是知用三种颜色染不了小妖的边，使邻边异色。

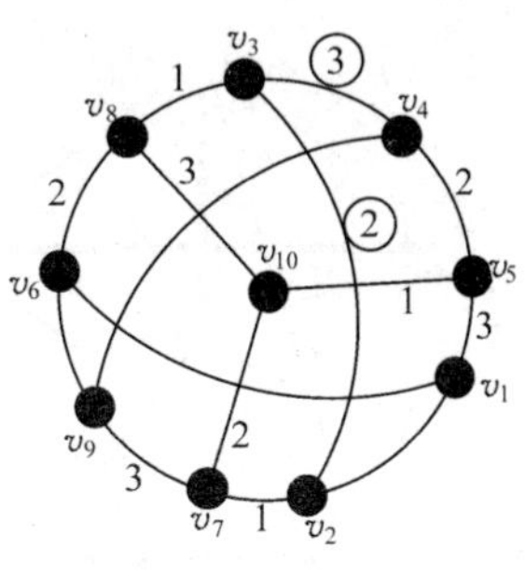

图 3-46

事实上，v_3v_4 只能选 3 色，这时 v_3v_2 只能选 2 色，进而 v_2v_1 的邻边已占用 1，2，3 三种颜色，v_2v_1 无色可选了！

至此知 χ'（小妖）$=4$。

图 3-45（b）中的大妖怪之边色数亦为 4。但论证则更为纷繁，读者可在计算机上去做。

我们何苦一定要讨论各种可能的情形，用笨拙的穷举法来确定小妖的边色数呢？难道没有简便有效的办法来求得任一图的边色数与顶色数吗？没有！至少目前还没有一个数学家或计算机专家能办到这一点；由于色数问题的本质困难，是否根本就不存在求色数的有效方法目前也没人敢说是或说否。

妖怪的边色数是其顶的最大次数加 1（它的最大次数是 $\Delta=3$，χ'（妖）$=4=\Delta+1$）有些图的边色数恰为 Δ，例如

$$\chi'(K_{2n-1})=\chi'(K_{2n})=2n-1$$

事实上，把 K_{2n} 的 $2n-1$ 个顶分别放在正 $2n-1$ 边形的 $2n-1$ 个顶点上，把另一顶点 v_0 放在正 $2n-1$ 边形的中心，K_{2n} 的边画成直线段，v_1，v_2，…，v_{2n-1} 为逆时针排列，如图3-47。我们发现一个完备匹配 $\{v_0v_1, v_2v_{2n-1}, v_3v_{2n-2}, \cdots, v_nv_{n+1}\}$ 把这个匹配形成的几何图形绕 v_0 转动 $\frac{2\pi}{2n-1}$，则得另一完备匹配，如此可以得到无公共边的 $2n-1$ 个完备匹配。K_{2n} 的每条边皆在上述 $2n-1$ 个匹配之中。若把每一匹配中的边染上一种颜色，则知 $\chi'(K_{2n})\leqslant 2n-1$。又 K_{2n} 的每个顶与 $2n-1$ 条边关联，所以 $\chi'(K_{2n})\geqslant 2n-1$，可见 $\chi'(K_{2n})=2n-1=\Delta(K_{2n})$。

把图 3-47 中的 v_0 从 K_{2n} 上删去，得 K_{2n-1}，此 K_{2n-1} 的边已用 $2n-1$ 种颜色正常着色，故 $\chi'(K_{2n-1})\leqslant 2n-1$。另外，边正常着色中，同色边组成一个匹配，$K_{2n-1}$ 有 $2n-1$ 个顶，其最大匹配只能许配 $2n-2$ 个顶，所以同色边最多 $n-1$ 条，又 K_{2n-1} 的边共 $(2n-1)(n-1)$ 条，故

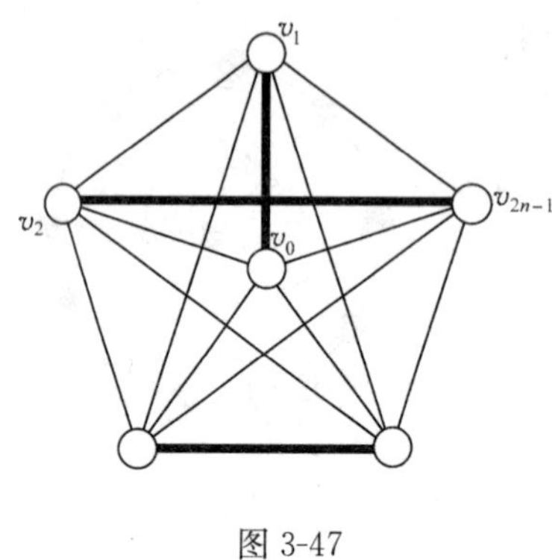

图 3-47

$\chi'(K_{2n-1}) \geqslant \frac{(2n-1)(n-1)}{n-1} = 2n-1$，所以 $\chi'(K_{2n-1}) = 2n-1 = \Delta(K_{2n-1})+1$。

由 $\chi'(K_{50}) = 49$，见图 3-47，可解下列问题：

某班共 50 位同学，每天两人编成一小组，25 个小组讨论数学题，但每位同学和另一位同学只能进行一次讨论，问这样的小组讨论可以持续多少天？

答：49 天。

从上面的讨论我们发现，有的图 G，$\chi'(G) = \Delta(G)$，有的图 H，$\chi'(H) = \Delta(H)+1$。

若问：什么样的图，其边色数是其最大的次数 Δ，什么样的图，其边色数是 $\Delta+1$？

这个问题从 1964 年维津（Vizing）向数学界“叫板”以来，尚无任何一位数学家能够回答！

图论这块硬饽饽，看起来很美，闻起来很香，吃起来往往消化不良，有的题目简直就一点也啃不动！这也许是图论之所以诱人的魅力所在。

3.35 亲疏恩怨，世态炎凉

在任何一个人群当中，总会有些人两两亲密，结为团伙，另一些人两两有怨或不相识，彼此相疏。如果以人为顶，两人亲近，在此二顶间连一边，两人相疏时，此二顶之间无边，形成一个社交图 G。于是任给一个图，都可以理解成为社交图，两两相疏的人构成社交图的一个独立集，两两亲近的人们则形成一个完全子图，称为社交图中的“团”。第一个非平凡的社交亲疏问题如下：

任何六个人的人群中，必有三人彼此亲近或有三人彼此疏远。

我们把相应的六顶社交图的边染成绿色，把彼此疏远的两人相应的顶之间补上一条染成红色的边（表示两人疏远，犹如交通信号中禁行的红灯），于是问题化成“在此两色的完全图 K_6 中必有同色三角形。”

设六人为 v_1，v_2，v_3，v_4，v_5，v_6，由抽屉原理，与 v_1 关联的五条边中，必有三条同色，不妨设 v_1v_2，v_1v_3，v_1v_4 是同色绿边，再考虑 $\triangle v_2v_3v_4$，若它是同色三角形，则命题得证，否则 $\triangle v_2v_3v_4$ 中有绿边，则此绿边与 v_1v_2，v_1v_3，v_1v_4 中的两条构成一个绿色三角形；总之会出现同色三角形。与 v_1 相关联的边中有三条是红色时，证明与此雷同。

值得注意的是，六人是保障必有三人相近或三人相疏的最小人数，若五个人，则未必能保障必然三人相近或三人相疏。例如社交图是一个五边形时，则既无三顶团亦无三顶独立集。

用边着色的话来讲，对 K_n 的边用两种颜色任意着色，总会出现同色三角形时，n 最小是 6。这一命题记成 r（3，3）＝6。

用上面的社交问题 r（3，3）＝6 可以证明一些颇为怪异的题目，例如：

设平面上六个点，任何三个点都是不等边三角形的顶点，则这些三角形中有一个三角形的最短边是另一个三角形的最长边。

为证明此题，我们用红绿两种颜色对三角形的边染色，把每个三角形的最短边染成红色，之后，把其余的边染成绿色。由于 r（3，3）＝6，故必出现同色三角形，又每个三角形都有最短边，所以每个三角形上都有红色边，于是有一个三边全红的三角形，即它的最长边也是红的，但这条红边当初是作为某三角形的最短边才被染红了的，所以有一三角形，其最短边是另一三角形的最长边。

我们已经感触到，如果不是图的染色技术和社交问题 r（3，3）＝6 的巧妙运用，即使再聪明，这种偏、难、怪的题目，怕是不会这么简洁地论证严格的，我们应当感谢图论。

3.36 同色三角形

上面的三人相亲近或三人疏远问题可以推广成：用 m 种颜色任意染 K_n 的边，总会出现同色三角形，问 n 最少是几？这一问题的答案记成

$$r_m = r\underbrace{(3,\ 3,\ \cdots,\ 3)}_{m\text{个}}$$

1955 年，格林伍德（Greenwood）和格里逊（Gleason）求得 $r_3=r(3,3,3)=17$，无奈 $r_4=r(3,3,3,3)=?$ 至今尚未解决！即用四种颜色任意给 K_n 进行边着色，必能出现同色三角形，n 的最小值是多少，至今无人知晓！

我们知道 π 的任意给定的数位上的数字的确定已经不是用手和笔可以解决的难题，只能用大型计算机逐个数位地来确定，例如，1989 年哥伦比亚大学的戴维和丘德诺夫斯基已经把 π 算到小数点后 1011196691 位，但是 π 是有定量的公式可循的，例如

$$\frac{\pi}{4}=1-\frac{1}{3}+\frac{1}{5}+\frac{1}{7}-\cdots$$

或 π 是函数 $y=\dfrac{4}{1+x^2}$ 的图像曲线与 x 轴所夹的面积在 $x=0$ 与 $x=1$ 之间的部分（曲边梯形的面积），而 $r(3,3)=6$，$r(3,3,3)=17$，$r(3,3,3,3)=?$ $r(3,3,3,3,3)=?$ …这无穷个值的确定，每一个都比确定 π 在相应数位上的值要难得多，$r\underbrace{(3,3,\cdots,3)}_{m个}$ 可恨就可恨在它没有统一的计算公式或计算法则可循！

定性研究是定量不足的情况下唯一的选择，人们不能定量地解决 $r\underbrace{(3,3,\cdots,3)}_{m个}$，但却可以定性地讨论它的好多性质，再从这些性质出发导出许多定性与定量的结论。例如，舒尔（Schur）1916 年得到下面的重要结论，称为舒尔定理。

如果 S_1，S_2，…，S_n 是 $\{1,2,\cdots,r_n\}$ 的任一划分，其中 $r_n=r\underbrace{(3,3,\cdots,3)}_{n个}$，则某个子集 S_i（$1\leqslant i\leqslant n$）中有三个数 x，y，z 满足方程 $x+y=z$。

事实上，以 $\{1,2,\cdots,r_n\}$ 为顶集构作 K_{rn} 用 1，2，…，n 这 n 种颜色对 K_m 的边进行着色，当且仅当 $|u-v|\in S_i$ 时，把边 uv 染成 i 色，由 r_n 的定义，K_{rn} 中会出现同色三角形，即有三个顶 a，b，c，使得边 ab，ac，bc 颜色相同，皆为 i 色，不妨设 $a>b>c$，记 $x=a-b$，$y=b-c$，$z=a-c$，则 x，y，$z\in S_i$，且 $x+y=z$。

例如，把 $\{1,2,3,4,5,6\}$ 划分成两个集合，则必有一个集合含两数及其差。

这是因为 $r_2=r(3,3)=6$，由舒尔定理，在划分成的两个子集中必有一个子集 S，S 中有三个数 x，y，z，满足 $x+y=z$，即 S 中含 x，z 两数及其差 y。

3.37 拉姆赛数引发的数学劫难

我们把“三人相识与三人不相识”的社交问题推广，若问：任给一群人，其中有 k 位彼此相识或有 l 位彼此不相识，问这群人至少几人？

这一问题转述成图与色的语言则是对 K_n 的边用两种颜色任意着色，不是出现同色的 K_k 就是出现同色的 K_l，n 最少是几？

我们把上述问题的答案记成 $r(k,l)$，称 $r(k,l)$ 为 (k,l) 阶拉姆赛数。

相似地，如果把 K_n 用 m 种颜色任意进行边着色，对于任给自然数列 k_1，k_2，…，k_m，总有某个 i 色子图 $K_{k_i}i\in\{1,2,\cdots,m\}$，问 n 最小是几？

我们把这一问题的答案记成 $r(k_1,k_2,\cdots,k_m)$，称其为 $(k_1,k_2,\cdots,k_m)$ 阶拉姆赛数。(k,l) 阶拉姆赛数是 $(k_1,k_2,\cdots,k_m)$ 阶拉姆赛数 $m=2$ 的特殊情形。

由定义，显然 $r(k,l)=r(l,k)$，且平凡地可得 $r(1,k)=r(k,1)=1$，$k=1,2,\cdots$，$r(2,k)=r(k,2)=k$，$k=1,2,\cdots$。要确定 $k\geqslant 3$，$l\geqslant 3$，$l+k>7$ 的 (k,l) 阶拉姆赛数都不是平凡的问题。

下面来确定 $r(3,4)$。

首先图 3-48 既无三顶团又无四顶独立集，所以 $r(3,4)>8$，即 $r(3,4)\geqslant 9$。

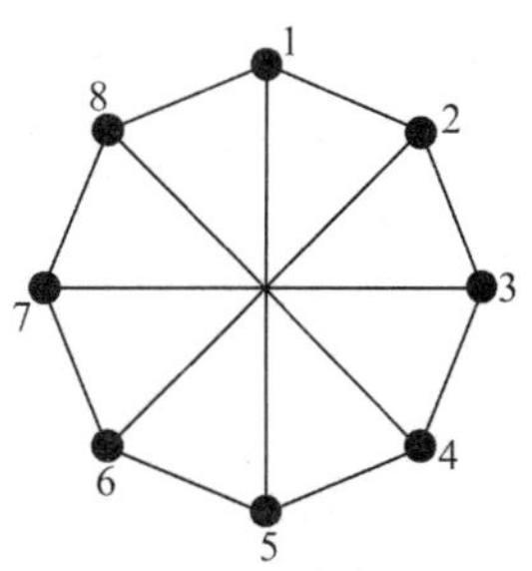

图 3-48

下面想办法得出 $r(3,4)\leqslant 9$。

为此考虑有 $r(3,3)+r(2,4)-1=9$ 个顶的图 G，G 有奇数个顶，至少有一个顶 v 是偶次的，于是下面①②会成立一个：

①v 至少与 G 中 $r(3,3)$ 个顶不邻。

②v 至少与 G 中 $r(2,4)$ 个顶相邻。

事实上，若G中与v不邻的少于r（3，3）个，同时与v相邻的少于r（2，4）个顶，又v是偶次顶，所以与v相邻的不多于r（2，4）$-2=2$个，而与v相邻与不相邻顶数之和为

$$9-1=8<r(3,3)+r(2,4)-2=8$$

即$8<8$，矛盾，可见①、②至少会成立一个；若①成立，在G中与v不邻的r（3，3）个顶的导出子图有三顶团或三顶独立集，则G中有三顶团或四顶独立集；若②成立，在G中与v相邻的r（2，4）个顶的导出子图中必有二顶团或四顶独立集，于是在九顶图G中，必有三顶团或四顶独立集。所以r（3，4）$\leqslant 9$。

至此得r（3，4）$=9$。

与确定r（3，4）$=9$相似地可以确定

$$r(3,5)=14,\ r(4,4)=18$$

事实上，如上可证

$$r(3,5)\leqslant r(2,5)+r(3,4)=5+9=14$$

由于图3-49上既无三顶团亦无五顶独立集，所以r（3，5）$\geqslant 14$。

于是得r（3，5）$=14$。

$$r(4,4)\leqslant r(3,4)+r(4,3)=9+9=18$$

由于图3-50上既无四顶团又无四顶独立集，所以r（4，4）$\geqslant 18$。于是得r（4，4）$=18$。

经过全世界数学家与计算机科学家的几十年奋斗，至今已确定的非平凡的拉姆赛数只有10个：

r（3，3）$=6$，r（3，4）$=9$，r（3，5）$=14$，r（3，6）$=18$，
r（3，7）$=23$，r（3，8）$=28$，r（3，9）$=36$，r（4，4）$=18$，
r（4，5）$=25$，r（3，3，3）$=17$

r（k，l）-1个顶且既无k顶团又无l顶独立集的图称为（k，l）阶拉姆赛图。图3-48是（3，4）阶拉姆赛图，图3-49是（3，5）阶拉姆赛图，图3-50是（4，4）阶拉姆赛图，图3-51是（4，5）阶拉姆赛图。

我们对拉姆赛图极端端正、极端对称、极端漂亮的形象十分欣赏，但拉姆赛图的绘制则需要鬼斧神工的数学技艺，其难度非常之大。

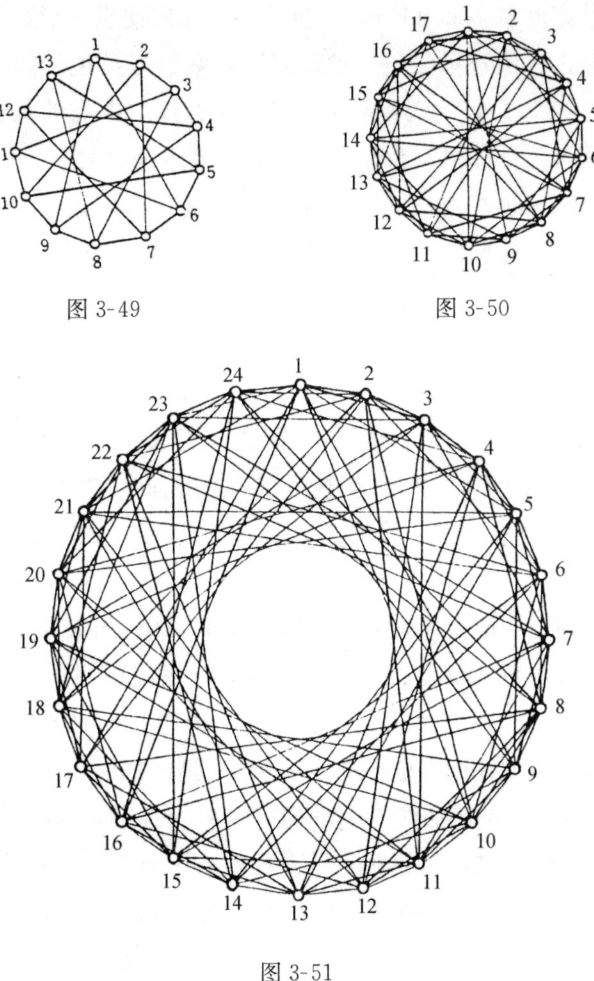

图 3-49

图 3-50

图 3-51

1993 年，罗彻斯特理工学院的拉齐斯佳威斯基（S. P. Radziszowski）和澳大利亚国立大学的麦凯（B. D. Mckay）用计算机求得 r（4，5）=25，这是自 1928 年以来拉姆赛数研究之中最不平凡的成果。他们的计算量相当于一台标准计算机 11 年的工作量。投入的精力与物力十分可观，美国著名编辑兰德斯（Amn Landers）在报纸上设专栏讨论这种研究的价值，甚至引起了一些读者的抱怨："花在拉姆赛问题研究上的钱，本该用来资助世界上那些饱受战争创伤国家的饥饿儿童。"但愿战争永不再起，但愿早日求得 r（5，5），r（5，6），r（6，6），…当然这个艰而又巨的任务用手和笔是完不成了。著名的匈牙利数学家厄尔多斯（Erdös）曾经用下面的比喻来形容求拉姆赛数的困难程度：一伙外星强盗在地球着陆，威胁人类说，如果不能在一年内求出 r（5，5），他们将动手灭绝人类！此时人类的最佳对策是调用地球上所有的计算机和数学家，日以继夜地来计算 r（5，5）的值，以求人类免于灭顶之灾；如果外星人威胁说要求得 r（6，6），那我们已别无选择，只能同仇敌忾，对这批入侵者施以先发制人的打击。

拉姆赛（Ramsey）是英国著名数学家、哲学家和经济学家，他于 1928 年在伦敦数学会上宣读的著名论文，提出拉姆赛数的问题和他本人在这方面的开创性工作。1930 年，拉姆赛因腹部手术并发症不幸早逝，亡年仅仅 26 岁！但这位年轻人关于拉姆赛数的精神遗产却永远福泽数学界和一切热爱科学的人们。数学家认为，如果要从组合数学当中挑选一个最美的成果，那么大多数数学家将投拉姆赛理论的票。

拉姆赛理论中似乎含有更为深刻的哲理，体现出来的思想不仅仅属于数学，甚至不仅仅属于自然科学。例如，我们用两种颜色胡乱地对 K_n 的边涂上颜色，使得每条边都上了某种颜色，这时的操作不遵守任何规则，哪条边上什么颜色完全是随意的，造成的后果呢？对于任意指定的自然数 k，只要 n 足够大，即 $n \geqslant r$（k，k），则会收获一个同色的 K_k；我们在染 K_n 时，是绝对盲目进行的，丝毫没有蓄意造成同色 K_k 的意向和努力。完全无序的活动却产生了规则有序的后果。无序中包含着某种规律性。可惜拉姆赛英年早逝，不然，他也许会再告诉我们更为富有哲理的数学理论。

拉姆赛向当代和后代数学家和计算机专家挑战，给本来已经难题多多的数学又增添如此之难的题目。

3.38 多心夫妻渡河

下面是四个妇孺皆知的民间数学游戏，我们很多人也都玩过这种趣题。

①三对多心的夫妻同时来到一个渡口，欲到河对岸去，当时只有一条小船，最多能载两人，由于封建意识严重，妻在其夫不在场时拒绝与另外男子在一起，问应如何安排渡河才能最快地使六人都

渡过河去？

②人、狗、鸡、米都要渡过河去，小船除一人划船外，最多还能运载一物，但人不在场时，狗要吃鸡，鸡要吃米，问人、狗、鸡、米应如何安全渡河且所用时间最短？

③有酒 8 升，装满一桶，另有只可装 5 升与 3 升的空桶各一，今欲平分其酒，应如何操作，才使分酒时间最短？

④敌我各两名军事人员同到某地去谈判，途中要渡过一河，无桥。仅一最多能乘两人的小船，为了安全，敌我双方同时在场时，我方人员不能少于敌方人员，每次过河往返需用 10 分钟，问最快多少时间四人都可到对岸？

作者用这些趣题考问过少年班的学生，孩子们兴趣盎然地反复摸索试探，大都能完成渡河或分酒的任务，但在试验过程中往往发生失败后重新开始的现象，如果追问是不是最省时间的最优方案，则无言以对了。

这些数学游戏充满了棋弈味，纯属杜撰，几乎没有什么实用价值；随你胡乱折腾，失败了可以重来，如果是一项价值连城的科学工作，例如人造地球卫星的发射，则绝对禁止临场随便试验了！必须事先经过缜密的设计和计算，才敢点火。更何况，还要求满足最优化的条件，要有确定的操作步骤。

下面以敌我渡河问题为例来说明此类数学游戏的解法。

敌我人员同时在场的允许状态共六种

$$(2,\ 2),\ (2,\ 1),\ (2,\ 0),\ (1,\ 1),\ (0,\ 1),\ (0;\ 2)$$

括号内第一个数是我方在场人数，第二个数是敌方在场人数。以河的此岸这六种可能状态为 X 集，以彼岸这六种可能的状态为 Y 集，构作二分图 G（$X \cup Y$，E），仅当两岸间的两种状态可以通过人员渡河互相转化时，在此二顶间连一边，见图 3-52。

目标即求二分图 G（$X \cup Y$，E）中从 x_1 到 y_1 的最短轨。显然一次顶 x_3，x_5，y_3，y_5 不在所求的轨上。于是问题化成求图3-53中从 x_1 到 y_1 的最短轨。

从图 3-53 看出，y_4 与 y_6 只能是所求最短轨的第二个顶点。于是从 x_1 出发的到 y_1 去的最短轨如图 3-54 所示，这是树结构，从根 Ⓧ(x_1)到四

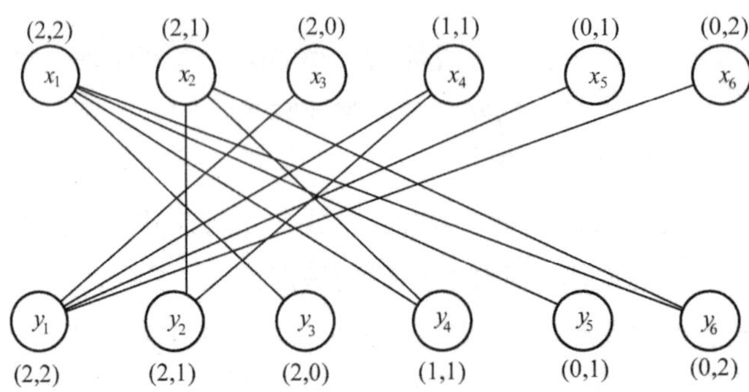

图 3-52

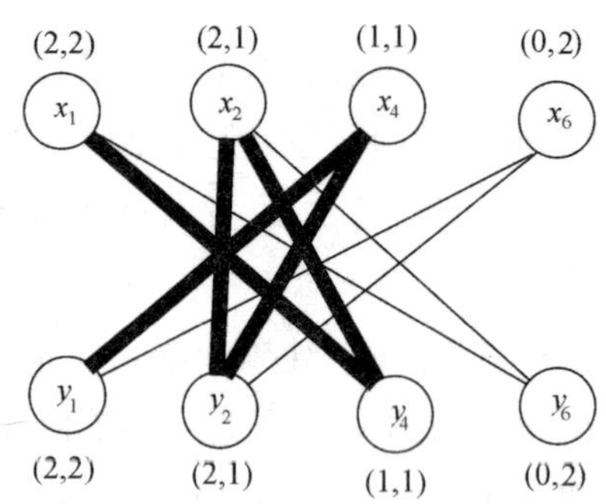

图 3-53

个叶y_1四条轨：

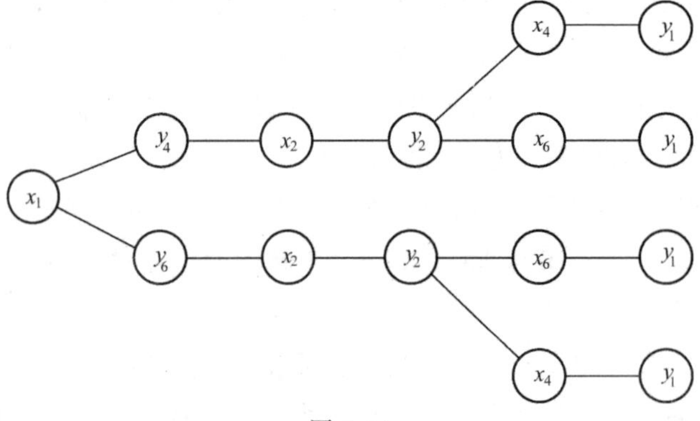

图 3-54

以 $x_1\ y_4\ x_2\ y_2\ x_4\ y_1$ 为例，即从北岸敌 1 人我 1 人上船到达南岸，北岸剩下敌我各 1 人；我方 1 人从南岸乘船返回北岸，北岸我 2 人敌 1 人，南岸敌 1 人，我方 2 人乘船到南岸，这时，北岸敌 1 人，南岸我 2 人敌 1 人；我方 1 人乘船从南岸返北岸，北岸敌我各 1 人，南岸敌我各 1 人；敌我各 1 人从北岸乘船到南，于是 4 人都到达了南岸。

其他三条轨仿此运作，这四条轨皆长 5，都是最短的从 x_1 到 y_1 的轨，即都对应最省时间的一种渡河方案，每种方案用时 25 分钟。

3.39 巧布骨牌阵

正方形骨质方片，上刻有从 1 个点到 6 个“点儿”之一，或者不刻“点儿”，一共七类，再把点数相异的方片贴在一起形成长 2 宽 1 的长方片，称为多米诺骨牌对儿，没刻点儿的方片认为是零个点儿。如果把多米诺骨牌对儿摆成一圈，使得两两相异，且每两个靠近的骨牌对儿靠近的两端有相同的点数，则称此圈为一个骨牌连环阵。

如何构作一个最大的骨牌连环阵？

以 7 个点儿数的集合 {0，1，2，…，6} 为顶集，（如图 3-55），构作 K_7，把此 K_7 的每条边视为一个骨牌对儿，其端点即骨牌对儿两端的点数，则知不同的骨牌对共有 $\frac{1}{2}\times7\times6=21$ 种。可见最大的骨牌连环阵上的骨牌对个数不超过 21。

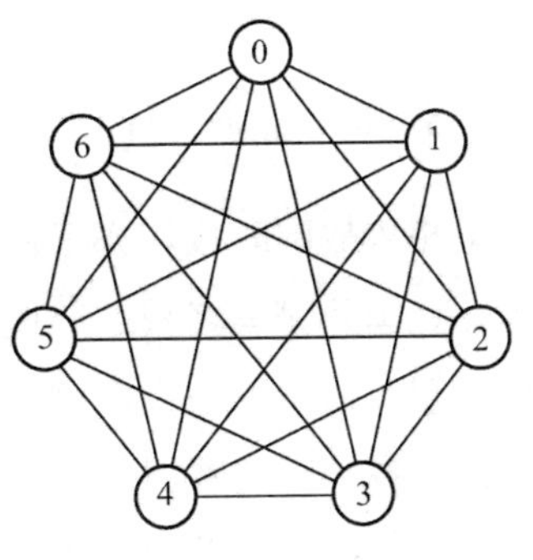

图 3-55

K_7 每顶皆 6 次，是欧拉图，它有一个欧拉回路：

0123456053164204152630 相应的最大骨牌连环阵如图3-56所示。

这种最大骨牌阵的排法不是唯一的，图 3-55 不同的欧拉回路对应不同的连环阵

0123456036251402461350

是另一欧拉回路，仿前可以画出与之对应的另一连环阵。

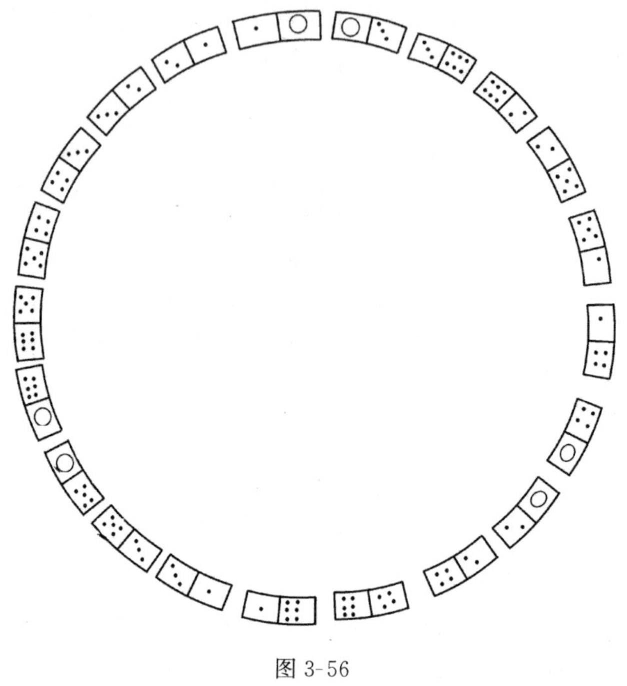

图 3-56

3.40 孙膑巧计戏齐王

相传战国时代，齐王派大将田忌为先锋，孙膑为军师，屡攻北邻燕国，燕国乃驷马名骥之产地，齐王与田忌掳得大批马匹。一日，齐王心血来潮，约田忌在泰山脚下的围猎场赛马。双方约定各自选上、中、下三种马各一匹比赛三局，每局胜者赢千金。同一等级的马，齐王的马比田忌的马略强，但田忌的上马比齐王的中马稍强，田忌的中马比齐王的下马稍强。齐王原以为田忌会用上马与其上马对抗，中马与中马对抗，下马与下马对抗，如此，田忌会连输三局，齐王赢得三千金已成定局。田忌忙找军师孙膑请教对策，孙膑笑曰："恭喜将军今日得胜千金！"田忌面带愁色而怨之："先生不可讥忌耳！"孙膑对田忌附耳献计，田忌笑曰："军师真神人也！"孙膑的策略用图论的语言可表述如下。

齐王的上、中、下三马分别记为 x_1，x_2，x_3，田忌的上、中、下三马分别记为 y_1，y_2，y_3，令 $X=\{x_1, x_2, x_3\}$，$Y=\{y_1, y_2, y_3\}$，构作 $K_{3,3}$，$V(K_{3,3})=X\cup Y$，如图 3-57。

各边上标出的±1是田忌相应的得分，胜得1分，败得−1分，每得1分，即赢得千金，得−1分，则输千金，例如x_1 y_1表示上马对上马田输千金。$K_{3,3}$是每顶三次的二分图，由婚配定理，$K_{3,3}$中有完备匹配，且有三个无公共边的完备匹配

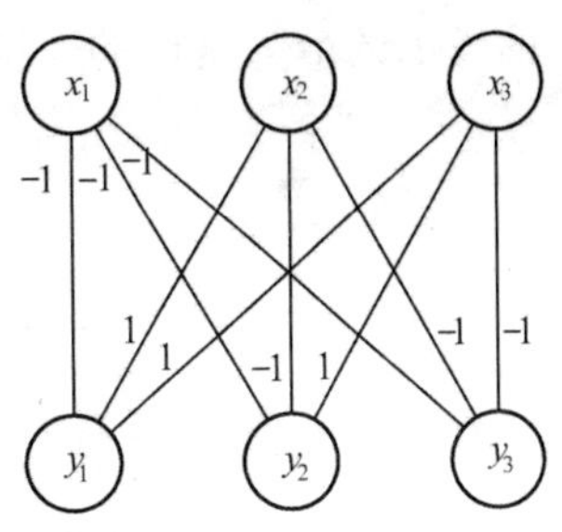

图 3-57

$$M_1 = \{x_1y_1, x_2y_2, x_3y_3\}$$

$$M_2 = \{x_1y_2, x_2y_3, x_3y_1\}$$

$$M_3 = \{x_1y_3, x_2y_1, x_3y_2\}$$

若田用M_1的对策，得分$M_1 = (-1) + (-1) + (-1) = -3$，即输金3千；若用$M_2$的对策，得分$M_2 = (-1) + (-1) + (+1) = -1$，即输金1千；若田用$M_3$的对策，得分$M_3 = (-1) + (+1) + (+1) = 1$，即田赢1千。可见田用下马对齐王上马，故意输一局，但失去了齐王的上马优势，用中马对齐王的下马，用上马对齐王的中马，连扳两局，净胜一局。M_3为上策。

在国际乒乓球锦标赛等赛事当中，为防止孙膑式的教练用排兵布阵的技巧以弱胜强，一般都采用运动员出场顺序抽签制。

3.41　图上谎言*

(1) 火星上的运河

C国的人造火星卫星发现火星上的城市遗址及各城间的运河水道如图3-58所示。每个城市有一拉丁字母标志，T是火星的“南极城”。《C国日报》登了如下的悬赏征解题目：

从某火星城出发，沿水路而行，每城恰过一次，且所经城市的标志字母恰拼写成一句话，是否有这样的途径？如果有，请把它写出来。

编辑很快收到五万多读者的来稿，都回答说：“不可能存在这样的途径（There is no possible way.）”

读者的答案是正确的，图3-58中已用1～20标出此途径。一路上所经的城市的标志字母拼写成的是“不可能存在这样的途径”，但这句

* 根据《萨姆·劳埃德的数学趣题》改编。

话显示的恰为这样的途径，即这样的途径存在。

图 3-58

字面上，“不可能存在这样的途径。”（There is no possible way.）表示不存在题目中要求的途径，形成了类似说谎者悖论那样的自相矛盾的幽默。

读者回答的，“不可能存在的途径。”是此图上的一条哈密顿轨，若从 y 再行到 T，则从南极出发又回到南极，是一个 Hamilton 圈，即此图是哈密顿图。

此题是“判定一个图是否哈密顿图”这一极其困难的问题的一个实例。其一般问题是属于下面要谈的所谓 NPC 问题集团的，可见这一科幻型题目的背景很沉重，根子很深。

(2) 棋盘阅兵式

斯科特将军（W. Scott，1786～1866）是 19 世纪美国的著名将领，他又是全美家喻户晓的国际象棋高手。一次斯科特对林肯的陆军部长斯坦顿（E. M. Stanton，1814～1869）抱怨说：“尽管我们有 20 位指挥官都能指挥一个师的士兵开进一个公园，但他们都无人完全知道如何指挥这些士兵按进入的队形开出公园。”

杰出的美国智力玩具专家萨姆·劳埃法（Samuel Loyd，1841～1911）是最出名的全美国际象棋趣题的作者，曾主持编辑《科学美国人》的国际象棋副刊。下面介绍的是劳埃法有感于斯科特将军上述的牢骚编写的一道奇妙的棋盘阅兵趣题。

阅兵的公园划分成 8×8 个小方格，每个方格里有一个拉丁字母，如图 3-59，接受阅兵的部队从入口进入公园后，排头兵按国际象棋中车的走法每格恰过一次，且要穿过 O 与 C 之间的凯旋门，从出口把队伍带出公园，同时要求所经格子里的字母按排头通过的顺序抄出一句话。

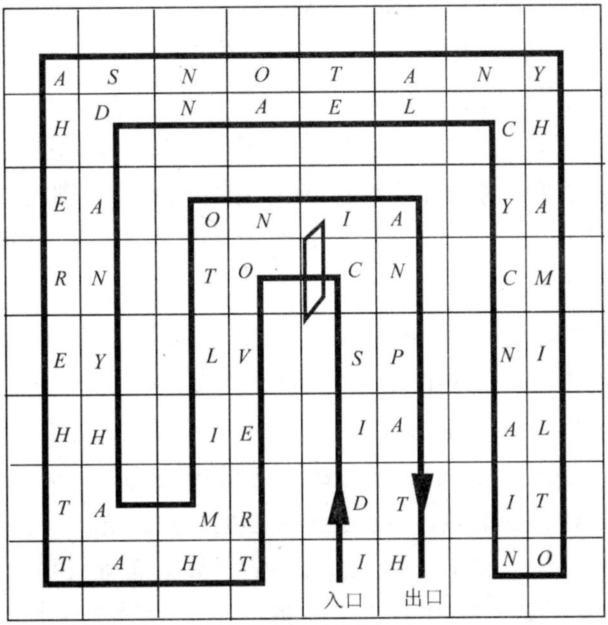

A	S	N	O	T	A	N	Y
H	D	N	A	E	L	C	H
E	A	O	N	I	A	Y	A
R	N	T	O	C	N	C	M
E	Y	L	V	S	P	N	I
H	H	I	E	I	A	A	L
T	A	M	R	D	T	I	T
T	A	H	T	I	H	N	O

入口　出口

图 3-59

行进路线已用粗实线画在图 3-59 中，我们看到，如果有公共边的两个小格作为图 G 的邻顶，如此形成的“车图”是哈密顿图，但抄出的那句话都偏偏是：“我发现此处无哈密顿圈也无哈密顿轨。(I discover that there has not any hamiltonian cycle and any hamiltonian path.)”

与火星运河上的谎言相似，“言行”相反，分明是画出了哈密顿圈和哈密顿轨，却硬说发现此处无哈密顿圈与哈密顿轨！

读者可以看出，如果不再要求“拼写成句”，图 3-59 的路线是所有哈密顿轨当中拐弯抹角次数最少者。

3.42 走投无路之赌

外地甲乙两司机同驾一轿车到我省旅游，甲先把车子开到某城旅游第一站，乙接着把车子开到某相邻的城市继续旅游，如此轮流驾车，每人每次都要把车从一城开往另一未曾观光过的新城。如果轮到谁开车，谁都走投无路，即找不到相邻近的未到过的城市，谁就是输家。问甲必胜的充分必要条件是什么？取胜策略如何？

把公路连通的各城视为一图 G 的诸顶点，每对有直通公路段的城市之间路段视为 G 的边，若 G 中有完备匹配 M，设甲选的出发点为 v_1，则乙选 $v_1v_2 \in M$，甲选 $v_2v_3 \notin M$，乙选 $v_3v_4 \in M$，如此递推，乙坚持选甲把车交给他驾驶时的那座城在 M 中相配的城市，则乙行的路段为 v_1v_2，v_3v_4，…，$v_{2k-1}v_{2k}$，G 中的顶数为 $2k$，当乙把车开至 v_{2k} 后，甲已走投无路，甲必败。

若 G 中无完备匹配，取 G 的一个最大匹配 M'，设 v_1 是未被 M' 许配的顶，甲首先选 v_1 为出发点，接着乙开往 v_2 时，v_2 一定是被 M' 许配的顶，不然，v_1v_2 可以添加到 M' 中得一比 M' 还要大的配匹，与 M' 最大矛盾。以后甲坚持行径 M' 中的边把车开往新的一城，迫使乙每次只能选得被 M' 许配的顶，不然会出现乙把车开到 v_l，但 v_l 未被 M' 许配，这时把 v_1v_2，v_3v_4，…，$v_{l-1}v_l$ 添加 M'，而把 v_2v_3，v_4v_5，…，$v_{l-2}v_{l-1}$ 从 M' 删除，则 M' 扩大了一条边，与 M' 之最大性矛盾，见图 3-60。由于 G 的顶数有限，有限次交换驾驶后得一轨道如图 3-61。

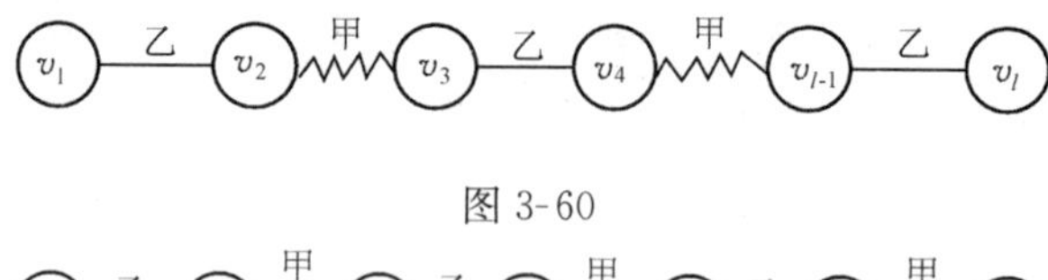

图 3-60

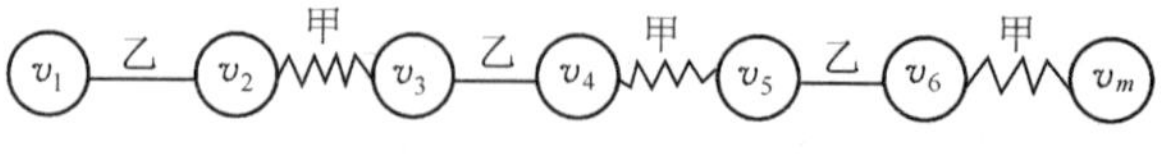

图 3-61

这时已无与 v_m 相邻的未观光过的城市了，但这时轮到乙开车，乙走投无路，甲必胜。

综上可知甲必胜的充要条件是 G 中无完备匹配。

甲取胜的策略是：首选一个未被某最大匹配 M' 许配的项（城）为出发点，把车交给乙，之后甲坚持把车沿 M' 中的边开行。

这种匹配技术在图上智斗中经常应用，例如有一种“捉乌龟”游戏，把 54 张扑克牌暗中藏起一张，剩下的 53 张牌中有一张没对儿的，称它为“乌龟”，把这 53 张牌随意分给甲乙二人，每人把手中的对子都甩出来，这时只要谁手里的牌多，谁手里定握有乌龟。因为把“对儿”视为图中最大匹配 M' 中的边的端点，当二人甩光手里的对儿后，M' 中其他边的两端点必分居于甲乙二人之手，那个唯一的未被 M' 许配的顶是乌龟，它定在牌多者手中。

3.43 图上智斗

甲乙二人约定如下：把圆周 n 等分，甲先连接其中两个分点画一条绿色的弦，乙接着连接另一对分点画一条红色的弦，如此交替画弦，事先指定一个图 G（V，E），甲画出绿色 G（V，E）时为胜，甲画不出绿色 G（V，E）则乙胜。

甲是成事者，努力画出 G（V，E），乙是败事者，对甲的目标进行破坏。

如果 n 很大时，甲必能成功，今问：n 最小是多少，甲仍有必胜策略?

例如甲的目标是画三角形，$n=3$ 时显然不能成功，因为只有三条弦，甲只能占用两条，另一条被乙染红了；当 $n=4$ 时，甲仍不能成功，见图 3-62；事实上，四边形 $ABCD$ 及其两条对角线组成一个 K_4，不妨设甲第一次画绿了 AB 弦，甲至多占用六条弦中的三条，所以甲若成功，不是画成 $\triangle ABC$，就是画成 $\triangle ABD$，于是乙从 AD，AC，BD，BC 任取一弦，把它画红，则甲只能指望成功 $\triangle ABC$ 与 ABD 中的一个了，不妨设 $\triangle ABC$ 这时是 AC，BC 皆无色待甲去画，甲画绿其中一条，另一条乙接着占用画红了，甲仍然成不了功。

在 $n=5$ 的情况下，不妨设甲首次选 AB 画绿（粗实线），见图 3-63。这时，以 AB 为底边的三角形有三个，其顶点分别是 C，D，E，乙必须努力在每个三角形上占用一条无色边，不妨设乙首先占用了 AE（粗虚线），接着甲占用了 BD，乙必须接着抢占 AD，甲接着占用了

BC，这时轮到乙画，$\triangle ABC$ 与 $\triangle BCD$ 皆有两边已画绿，乙面临顾此失彼的被动局面，甲必胜。故知，当 n 最小为 5 时，甲必胜，$n\leqslant 4$ 时，乙必胜；即仅当 $n\geqslant 5$ 时，成事者成，败事者败。

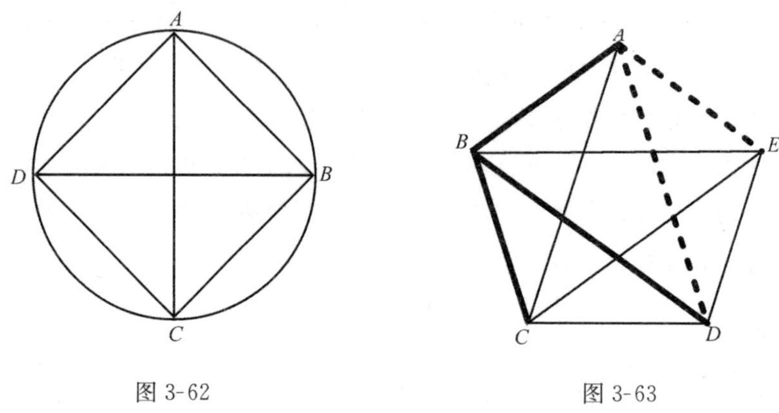

图 3-62　　　　图 3-63

事先指定的目标图 G 可以是任意取定的。

例如是四边形、五边形，甚至长 n 的哈密顿圈，也可以是树，特别地是星或哈密顿轨，这种问题大都极为困难。建议读者以星为指定目标试试看，看 n 最小是多少，甲必胜；所谓星是仅一顶非叶的树。

甲乙活动的场地 K_n 也可以用 $K_{n,n}$ 替代来讨论类似问题。

在 $K_{3,3}$ 上画四顶星，见图 3-64（c），甲必败，见图 3-64（a）、图 3-64（b）。

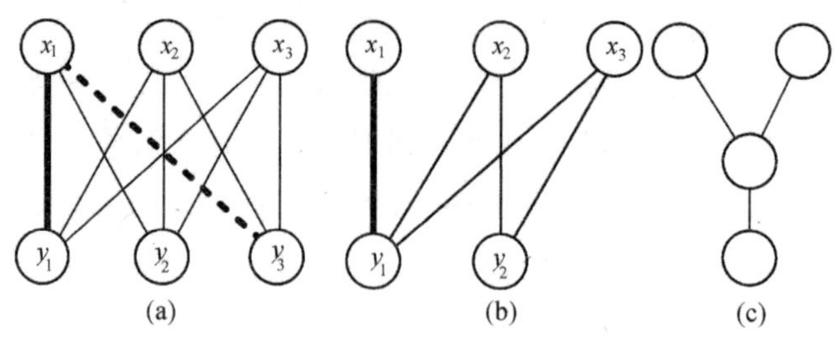

图 3-64

由于 $K_{3,3}$ 各边在全图中的位置对称性，不妨设甲第一笔画绿（粗实线）x_1y_1，乙接着画红（粗虚线）x_1y_3。至此甲放弃 x_1 顶与 y_3 顶，见图 3-64（b），甲唯一的选择是在 y_1 处发展，但那里只两条无色边，甲只能分得一条，可见甲在 $K_{3,3}$ 上必败。

在 $K_{4,4}$ 上，见图 3-65，甲第一笔画绿 x_1y_1，这时与 x_1，y_1 关联的

无色边皆三条，乙必须接着把与 x_1 关联的无色边画红一条，不然，等到甲把与 x_1 关联的无色边再画绿一条，还剩两条无色边与 x_1 关联，甲还能分得一条，于是甲胜。同理，当甲第一笔画绿 x_1y_1 后，乙必须接着把与 y_1 关联的无色边画红一条，于是乙同时必须画一条与 x_1 关联的边和一条与 y_1 关联的边，这当然顾此失彼，所以在 $K_{4,4}$ 上甲必胜。

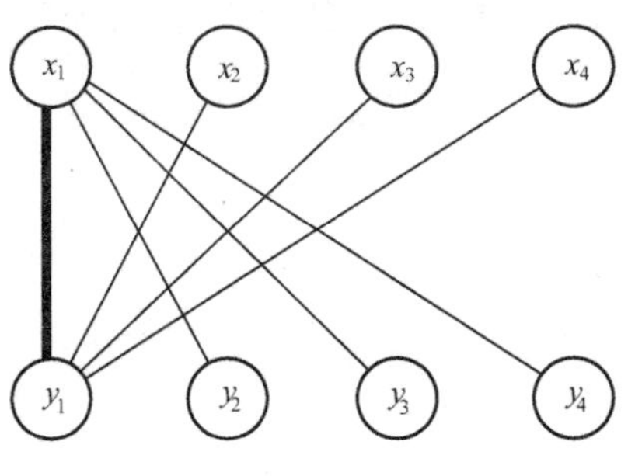

图 3-65

至此知对于目标图为四顶星，在 $K_{n,n}$ 上，n 最小为 4 时甲必胜，n 小于 4 时，甲必败。

3.44 平分苹果有多难

任给一堆苹果，每只苹果的重量以"两"为单位都是整数，问能否把这堆苹果平分成两小堆，使每堆重量占总重的一半，且不许把苹果切开。

这一问题的答案可以是"是"，例如一共两个苹果每个都是半斤；也可以是否定的答案，例如三只苹果，两个每只六两，一个半斤。判断平分的可能性可以如下进行：

设有 n 个苹果，从中任取 1 个为一堆，其余的为另一堆，有 C_n^1 种可能的分法；任取 2 个为一堆，其余为一堆，共有 C_n^2 种分法；……任取 $\left[\frac{n}{2}\right]$ 为一堆，其余为一堆，共 $C_n^{\left[\frac{n}{2}\right]}$ 种分法，其中 $\left[\frac{n}{2}\right]$ 指 $\frac{n}{2}$ 的整数部分。于是共有 $C_n^1+C_n^2+\cdots+C_n^{\left[\frac{n}{2}\right]}$ 种分法，再把每种分法称量一下，看是否平分。设每种分法与称量的耗时为 1 分钟，如果是每种分法都不是等分，则判此堆苹果不可等分，这种穷举法需要多长时间呢？

如果 $n=2k+1$，则由于

$$(1+1)^{2k+1}=1+C_{2k+1}^{1}+C_{2k+1}^{2}+\cdots+C_{2k+1}^{k}+C_{2k+1}^{k+1}+\cdots+C_{2k+1}^{2k}+1$$

所以

$$C_{2k+1}^{1}+C_{2k+1}^{2}+\cdots+C_{2k+1}^{k}=\frac{1}{2}\ (2^{2k+1}-2)\ =2^{2k}-1$$

即需要 $2^{2k}-1$ 分钟，若共有 101 个苹果，则 $2k=100$，于是 $\lg 2^{2k}=100\ \lg 2\approx 0.3010\times 100=31.10$，所以 2^{100} 是 32 位数。大于 10^{31}，每年共计 525600 分钟，以每年 6×10^{5} 分钟计，$10^{31}\div(6\times 10^{5})=\frac{1}{6}\times 10^{26}$，即需要连续工作（分苹果）$\frac{1}{6}\times 10^{26}$ 年以上，或者说工作 $\frac{1}{6}\times 10^{24}$ 世纪！这么多时间去做这件小事，其难度已经到了令人绝望的程度，是人类所不能完成的任务！

你一定想说，这种愚公移山式的办法太笨，应当想出一种有效的判别法来判别苹果能否平分。可惜至今仍未找到一种有效的方法，也无人证明这个“等分问题”不可能存在有效的方法，天底下那么多聪明人和数学家，硬是拿这个貌似平庸的问题没办法。

3.45 周游世界谈何易

有的图有哈密顿圈，例如 K_n，有的图没有哈密顿圈，例如树。任给一个图 G，如何判断它有无哈密顿圈呢？

把 G 的顶进行全排列，设 G 有 n 个顶，则有 $\frac{1}{2}n!$ 种不同的全排列（$abcd$ 与 $dcba$ 视为一种），逐个检查每种全排列是否为 G 上的一个圈。如果 G 是哈密顿图，总会从中查出一个哈密顿圈来，如果 G 不是哈密顿图，则必须把这 $\frac{1}{2}n!$ 个排列全查一遍，最后一个也不成圈时，才能判定 G 中无哈密顿圈。这种排山倒海式的普查似乎能万无一失地判定 G 是否有哈密顿圈。只可惜所需要的时间太多，谁也没有那么多时间把它进行到底。事实上

$$n!\ =n^{n}e^{-n}\sqrt{2\pi n}e^{\frac{\theta}{12n}},\ 0<\theta<1$$

当 $n\geqslant 6$ 时，$n!\ >2^{n+1}$，从上述平分苹果的估计中我们已领教过 2^{n+1} 这个数之巨大。

这种穷举式方法的复杂性在于所耗时间太多，比 $k \cdot 2^{n+1}$ 还多，k 是判别一个排列是否有哈密顿圈用的时间。

用指数时间 $k \cdot a^n$ 的算法都是坏算法，一个 2^n 型时间复杂度的坏算法，即算法的运算（行为）次数是 2^n，其中 n 是图的顶数或输入的已知数据之长度，在每秒百万次运算的计算机上，解决 $n=60$ 的问题耗时为 366 个世纪!

通常把运算耗时为输入长的多项式的算法称为好算法或有效算法。例如，求支撑树的算法的时间复杂度为 kn，常数 $k>0$，n 是图的顶数，是有效算法。

3.46 梵塔探宝黄粱梦

相传在古印度北方的一座圣殿中，曾有一巨大的黄铜板，竖有三根两米高的宝石柱，在其中一根上串着中间有孔的三厘米厚的金盘 64 个，它们两两不等，小盘压在大盘上。据说这 64 块金盘是世界始创时上帝留下来用以考验人类智慧的宝物，且有命令曰：把这些金盘一个个地全部转移到另一宝柱上串起，移动时只能从一宝柱插到某一宝柱，仍然是小压大。一旦这 64 块金盘移动完毕，喜玛拉雅山将变成一座金山。僧侣们日以继夜地移动金盘，谁也没等到金山出现之日就都回到天国里去了。

设 $h(n)$ 是把 n 个盘子从 a 柱移至 c 柱移动的盘次数（图3-66）。$n=1$ 时，显然 $h(1)=1$，$n=2$ 时，先把小盘移到 b 上，再把大盘移至 c 上，最后把小盘从 b 移至 c，即 $h(2)=3$。若有 n 个盘，已用 $h(n-1)$次把 $n-1$ 个盘从 a 移至 b，再把 a 柱上的底盘移至 c，把 $n-1$ 个盘从 b 移至 c 又用了 $h(n-1)$ 次，所以共用了 $h(n)=2h(n-1)+1$次。容易验证，$h(n)=2^n-1$。对于 $n=64$，需移动 $2^{64}-1$ 盘次。上述过程的时间复杂度是 $k2^n$，$k>0$，但这些移动次数是不能缩小的，所以上述“梵塔”问题不存在有效算法，非用坏算法不可。

这一问题国际上通称“梵塔探宝”；即使每秒钟移一盘子，也需要 5800 亿年完成，可见喜玛拉雅山变成金山纯属财迷梦想。

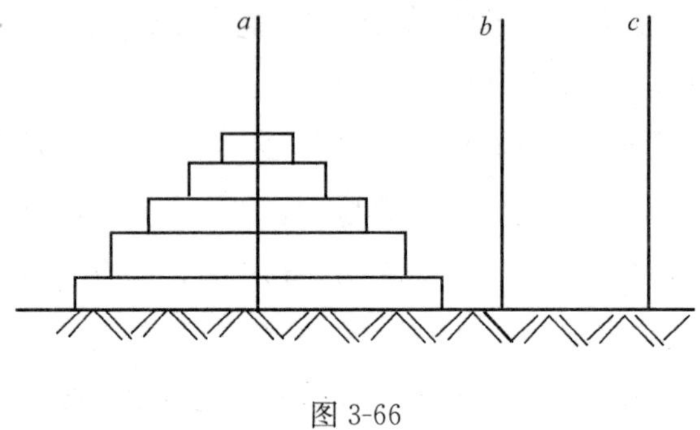

图 3-66

3.47 软件要过硬

某计算中心主任是一个计算机科学的外行，他热衷于花费大笔外汇购置进口的大型计算机，对属下建议招聘高水平的软件制作人才，却不以为然，他说“刀快不怕脖子粗”，只要机器的运算速度高，软件差点也可以。事实上，这位老兄不理解时间复杂性的降低是计算机科学的中心课题。1994 年程民德先生主编的《中国数学发展的若干主攻方向》把计算机数学列为十个主攻方向之首。把 P-NP 这一计算复杂度问题与机器证明列为重点课题。

下面让我们看一下算法的好坏对计算机的效能有何影响。

设算法 A 的时间复杂度是 n，算法 B 的时间复杂度是 2^n，其中 n 是已知数据的输入长。假设计算时间有限，例如是一个小时内必须完成计算。若用 B 算法，问题的输入长为 n_0 时，机器 C 一个小时内必须完成 2^{n_0} 个运算步骤，若花大笔资金买来一台新机器 C'，C' 的运算速度百倍于 C，指望用这台好机器来解决输入长比 n_0 大得多的实例，例如是否输入长也可以扩大百倍呢？

设 C' 一小时内处理的实例之输入长为 n，则

$$2^n=2^{n_0}\times 100,\quad n=n_0+\log_2 100<n_0+7$$

可见这台好机器只是把输入长增加了 7。

由于算法 B 太笨，埋没了好机器速度高的优势。而改用算法 A，则在 C' 上处理的输入长 n 满足 $n=n_0\times 100$，即可以处理百倍输入长的复杂实例。

硬件要过硬，软件更要过硬。

3.48 选购宝石与满足问题

珠宝店柜台有三颗宝石，某顾客来购，他担心有假，征求三位识货行家的意见。行家甲说："1 号和 2 号是真的。"行家乙说："2 号和 3 号是真的。"行家丙说："3 号是真的，2 号是假的。"假如甲乙丙三位行家说对的可能都不少于$\frac{1}{2}$，问顾客应选购哪颗宝石更保险？

记 x_1，x_2，x_3 分别是 1 号、2 号、3 号宝石的"真假变量"，当第 i 号宝石为真时，$x_i=1$，否则 $x_i=0$； "—"表示否定，即 $x_i=1$ 时，$\overline{x}_i=0$，$x_i=0$ 时，$\overline{x}_i=1$。由于每个行家说对了一半以上，故集合

$$\{x_1, x_2\}, \{x_2, x_3\}, \{x_3, \overline{x}_2\}$$

中皆有元素 1；由 $\{x_2, x_3\}$ 与 $\{\overline{x}_2, x_3\}$ 中 x_2 与 $\overline{x}_2$ 必一个为 0；若 $x_3=0$，则 $\{x_2, x_3\}$ 与 $\{\overline{x}_2, x_3\}$ 中有一个是 $\{0, 0\}$，与 $\{x_2, x_3\}$ 与 $\{x_3, \overline{x}_2\}$ 中皆有元素 1 相违，故必有 $x_3=1$，选 3 号宝石保险。

一般而言，设有限变量集合为

$$X=\{x_1, x_2, \cdots, x_n\}$$

X 中的每个变量在 $\{0, 1\}$ 中取值，且 $x_i=1$ 时，$\overline{x}_i=0$，$x_i=0$ 时，$\overline{x}_i=1$，$i=1, 2, \cdots, n$；称

$$L=\{x_1, x_2, \cdots, x_n; \overline{x}_1, \overline{x}_2, \cdots, \overline{x}_n\}$$

为字集合，字集合的非空子集称为句子。对任给的一组句子 $\{C_1, C_2, \cdots, C_m\}$，是否存在一种对 X 元素的 0～1 赋值方法，使得每个句子中都含有取值为 1 的字？

上述问题称为 SAT（satisfiabilty）问题。中文称为"满足问题"。

用满足问题来谈，在选购宝石的问题当中，变量集合为 $X=\{x_1, x_2, x_3\}$，字集合为 $L=\{x_1, x_2, x_3; \overline{x}_1, \overline{x}_2, \overline{x}_3\}$，给定的句子组为

$$C_1=\{x_1, x_2\}$$

$$C_1=\{x_2, x_3\}$$

$$C_1=\{\overline{x}_2, x_3\}$$

由上所述，C_1，C_2，C_3 中皆有元素为 1，即存在赋值方法使每个句皆含取值 1 的字，对此 SAT 的实例（选购宝石问题），判定为"是"。

3.49 计算机数学的心腹之患

我们把其答案不是“是”就是“否”的问题称为判定问题。例如前面提到的满足问题 SAT 就是一个名彪数学史的判定问题。

对于判定问题 D，若存在一个多项式 $P(t)$，使得对 D 的每个输入长为 n 的实例，都能在多项式时间 $P(n)$ 内得以解决，则称此种判定问题 D 之全体组成的集合为 P 类问题集合。或者说 P 类问题是可用有效算法来解决的问题。

有的问题表面上看似乎不是判定问题，但可化成判定问题，例如对任给定的图 G，求色数 $\chi(G)=$? 可以化成一个判定问题的有穷序列：

“是否可以用 $n-1$ 种颜色对 G 正常顶着色?” 其中 n 是 G 之顶数。

若回答是，则再问：

“是否可以用 $n-2$ 种颜色对 G 正常顶着色?”

若回答是，则又问

“是否可以用 $n-3$ 种颜色对 G 正常顶着色?” 如此步步追问，会出现问 k 种颜色是否可对 G 正常顶着色时，回答“是”；问 $k-1$ 种颜色是否可对 G 正常顶着色时，回答“否”；则知 $\chi(G)=k$。

图论问题当中有不少尚未发现它有无有效算法，这有两种可能：一是它存在有效算法，只是由于目前我们的无能（例如数学科学尚未发展到设计它的有效算法的水平），暂时还没有找到那个有效算法，一是它犹如“梵塔问题”一样，本质上就不存在有效算法，我们盲目地探求其有效算法，只是徒劳。

由于我们讨论的是有限个数的事物，所以总可以用穷举法从中普查出那个适合要求的东西或最后宣布查无此事。例如判定一个图是否哈密顿图，目前未找到有效算法来判定，连哈密顿图的像样的充分必要条件都建立不起来。若猜想每一种顶的全排列是一个哈密顿圈，然后用了多项式的时间判定每一猜想是否成立。我们已经知道，整个问题的最后解决用的总时间不是顶数的多项式，而是比指数时间 2^n 还多的巨额时间，所以用这种方法，由于时间不够用，其实是不可能确定其答案的。

一般而言，对于一个判定问题 D，存在多项式 $P(t)$，对指定的 D 之任一实例，皆存在一批猜想，每个猜想都可以在 $P(n)$ 时间内解决，

其中 n 是输入长，当且仅当存在回答为“是”的猜想时，对此实例的答案是“是”，这种判定问题 D 组成的问题集合记成 NP。显然 P⊆NP。

一个十分重要的问题是：P=NP 是否成立？

但愿这一问题的答案是 P=NP；如果这样，用笨拙的穷举法求解的 NP 问题就存在有效算法，剩下的问题便是努力设计其有效算法，而不必疑惑寻找有效算法的努力只是企图无中生有。可惜 P≠NP 这种坏事仍无法排除。P=NP 是否成立是数学与计算机科学当中的主攻方向之一。它非常之困难，非常之重要，迫切需要回答，成了计算机数学的心腹之患！

3.50 同生共死 NPC

1972 年，数学家卡普（Karp）提出了 NPC 问题的概念，它们是由 NP 中最难的一批问题组成的，而且它们有繁殖能力和同生共死的特性。

设 D_1 与 D_2 是两个判定问题，存在一个映射 f 和一个多项式 $Q(t)$，使得对任给定的 D_1 的实例 I_1，若其输入长为 n，则在 $Q(n)$ 时间内 f 把 I_1 映射成 D_2 的一个实例的输入 $f(I_1)$，使 I_1 回答“是”的充要条件是 $f(I_1)$ 也回答“是”，则称在多项式时间内 D_1 可以转化成 D_2，记成 $D_1 \propto D_2$ 或 $D_1 \leqslant D_2$。

$D_1 \leqslant D_2$ 时，D_1 与 D_2 的一对实例 I_1 与 $f(I_1)$ 只要一个有了答案，另一个也跟着有了答案，但 D_1 中的全部实例 $I_1, I_2, \cdots, I_m$ 被一个个取出之后，$f(I_1), f(I_2), \cdots, f(I_m)$ 未必是 D_2 的全部实例输入，可见 D_1 的时间复杂度不比 D_2 的时间复杂度大，这正是 $D_1 \leqslant D_2$ 中“$\leqslant$”号的含义。即从一个判定问题转化出来的问题难度不减。

卡普把 NPC 定义为 NP 的如下子集：

$\text{NPC} = \{D \mid D$ 是判定问题，$D \in \text{NP}$，任一个 $D' \in \text{NP}, D' \propto D\}$。

从上述 NPC 的 Karp 定义我们看出，NPC 中的每个问题集 NP 中所有问题在时间复杂性方面的难度于一身，是难上加难的一群问题！

NPC≠∅，1972 年，多伦多大学的库克（Cook）用图灵机证明了 SAT∈NPC。这是历史上发现的首例 NPC 问题。它作为第一颗 NPC 的“种子”，繁衍了数以千计的著名的（有重要理论与实用背景的）NPC 问题。那位买宝石的顾客提出的问题，好像十分平凡，其中确含有现代科学的深刻道理。

NPC有以下四条重要性质：

①D_1，$D_2 \in \mathrm{NPC}$，则 $D_2 \leqslant D_1$。

②$D \in \mathrm{NPC}$，假设 $D \in \mathrm{P}$，则 $\mathrm{NP}=\mathrm{P}$。

③$D \in \mathrm{NPC}$，假设 $D \in \mathrm{P}$，则 $\mathrm{NPC} \subseteq \mathrm{P}$；假设 $D \notin P$，则 $\mathrm{NPC} \cap \mathrm{P}=\varnothing$。

④$D \in \mathrm{NPC}$，$D' \in \mathrm{NP}$，$D \leqslant D'$，则 $D' \in \mathrm{NPC}$。

事实上，由NPC的定义，由 $D_1 \in \mathrm{NPC}$，则对每个 $D' \in \mathrm{NP}$，$D' \leqslant D_1$，令 $D_2 \in \mathrm{NPC}$，则 $D_2 \in \mathrm{NP}$，于是用 D_2 扮 D' 之角色知 $D_2 \leqslant D_1$，即(1)成立。注意，从(1)也可得 $D_1 \leqslant D_2$，即 D_1，D_2 都属于NPC时，在时间复杂度意义下，两者的难度一致。

若 $D \in \mathrm{NPC}$，则 $D \in \mathrm{NP}$，且任一 $D' \in \mathrm{NP}$，$D' \leqslant D$，若 $D \in \mathrm{P}$，由 $D' \leqslant D$ 知 $D' \in \mathrm{P}$，即这时当任 $D' \in \mathrm{NP}$ 时，$D' \in \mathrm{P}$，故 $\mathrm{NP} \subseteq \mathrm{P}$，又 $\mathrm{P} \subseteq \mathrm{NP}$，所以 $\mathrm{P}=\mathrm{NP}$，②成立。结论②说明，只要抓住NPC中的一个问题，搞清楚它确为P类问题，则 $\mathrm{NP}=\mathrm{P}$。

由②知，当 $D \in \mathrm{NPC}$，$D \in \mathrm{P}$ 时，$\mathrm{NP}=\mathrm{P}$，但 $\mathrm{NPC} \subseteq \mathrm{NP}$，故 $\mathrm{NPC} \subseteq \mathrm{P}$，另一方面，若 $D \in \mathrm{NPC}$，但 $D \notin \mathrm{P}$ 时，$\mathrm{NPC} \cap \mathrm{P} \neq \varnothing$，则存在 $D_1 \in \mathrm{NPC} \cap \mathrm{P}$，即 $D_1 \in \mathrm{P}$，同时 $D_1 \in \mathrm{NPC}$，但由③的前半部，$\mathrm{NPC} \subseteq \mathrm{P}$，于是 $D \in \mathrm{P}$，与 $D \notin \mathrm{P}$ 矛盾，故 $\mathrm{NPC} \cap \mathrm{P}=\varnothing$，③成立。③告知NPC中若有一个问题存在有效算法，则NPC中每个问题都有有效算法，即若一个问题“得救”（有有效算法）则NPC中每个问题都可得救；若一个问题确不存在有效算法，则NPC中每一问题都无有效算法，即一个问题不可救药（无有效算法），则NPC中每个问题都不可救药，简言之，NPC问题同生共死。

若 $D \in \mathrm{NPC}$，则对每个 $D'' \in \mathrm{NP}$，$D'' \leqslant D$，又知 $D' \in \mathrm{NP}$，且 $D \leqslant D'$，则 $D'' \leqslant D'$，由NPC定义，$D' \in \mathrm{NPC}$。即④成立。④告知用“转化”的技术，可以从一个NPC问题生育出另一个NPC问题。事实上，正是从NPC种子SAT出发，逐次转化出形形色色的NPC问题的。

命题④说NPC转化出的问题仍在NPC的范围内，此即NPC的完备性或完全性。

成千上万的NPC问题互相牵连、互相攀比，形成一个顽固可怕的难题集团。数学和计算机科学的实践反复印证，NPC 中每个问题确实极难对付，谁也不敢期望何年何地何人能为这批声名狼藉的 NPC 问题中的某一问题设计出有效算法或证明出它的有效算法存在。从学术界的情绪上看，似有一种意向尽在不言中，那就是 NPC 中的问题不存在有效算法的可能性更大。

作者可以坦言："诗是像你我这样凡人写出来的，只有上帝才能找出一个哈密顿圈；上帝并不存在，所以有效地判别图有无哈密顿圈就成了难以解决的问题了。"我们应当去解决那些我们能解决的问题，承认 NPC 中的问题我们尚无能为力，并学会区分 NPC 与 P 的本领。

3.51 NPC 题谱

①任给定图 G，$\chi(G)\leqslant 3$ 吗？（代号 3C）

这一问题称为三色问题，它是 NPC 中一员。在库克证明了 SAT$\in$NPC 之后，接着证明了 SAT$\leqslant$3SAT，所谓 3SAT 是 SAT 中每字恰三个字的情形，用 3SAT$\leqslant$3C（三色问题）可证明 3C$\in$NPC。

事实上，显然 3C$\in$NP，这可以把 $V(G)$ 的顶划分成两个非空子集 V_1，V_2，把 V_1 着 1 色，V_2 着 2 色，再检查有无邻顶同色，对所有可能的各种划分都如此检查，如果发现有一种划分，无邻顶同色，则知 $\chi(G)\leqslant 2$，否则，把 V 划分成三个非空子集 V_1，V_2，V_3，V_i 着以 i 色，$i=1$，2，3。再检查有无邻顶同色，对所有各种三子集划分都如此检查，如果发现有一种划分，无邻顶同色，则知 $\chi(G)\leqslant 3$，否则 $\chi(G)\geqslant 4$。可见 3C$\in$NP。

下证 3SAT$\leqslant$3C。

设 3SAT 的输入为 I，I 是字集 $L=\{x_1, x_2, \cdots, x_n, \bar{x}_1, \cdots, \bar{x}_n\}$，句子集为 $\{C_1, C_2, \cdots, C_m\}$，相应的 3C 的输入 $f(I)$ 为下面的图 $G(V, E)$，见图 3-67。

$$V(G)=\{a, b\}\cup\{x_i, \bar{x}_i \mid 1\leqslant i\leqslant n\}\cup\{w_{ij} \mid 1\leqslant i\leqslant 6,\ 1\leqslant j\leqslant m\}$$

$$E(G)=\{ab\}\cup\{ax_i, a\bar{x}_i, x_i\bar{x}_i \mid 1\leqslant i\leqslant n\}\cup\{w_{1j}w_{2j}, w_{1j}w_{4j}, w_{2j}w_{4j}, w_{4j}w_{5j}, w_{3j}w_{5j},$$

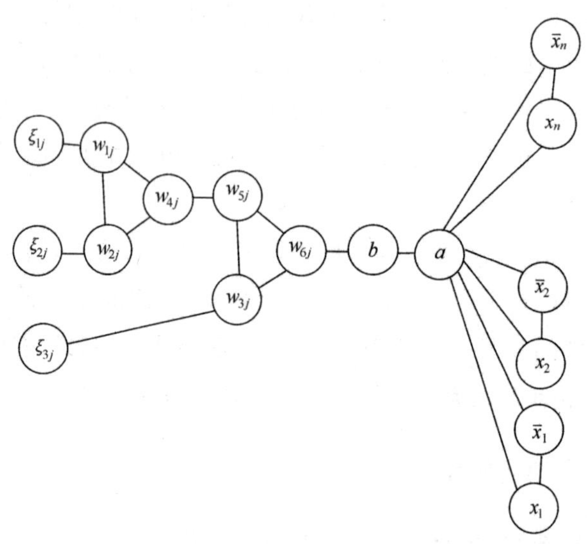

图 3-67

$$w_{3j}w_{6j}，w_{5j}w_{6j}，w_{6j}b \mid 1 \leqslant j \leqslant m\} \cup$$

$$\{\xi_{1j}w_{1j}，\xi_{2j}w_{2j}，\xi_{3j}w_{3j} \mid 1 \leqslant j \leqslant m\}$$

$C_j = \{\xi_{1j}，\xi_{2j}，\xi_{3j}\}$，$j=1，2，\cdots，m$，$\xi_{1j}，\xi_{2j}，\xi_{3j} \in L$。图 3-67 左侧的$\xi_{1j}$，$\xi_{2j}$和$\xi_{3j}$，是右侧的某三个顶。

设 0，1，2，是使用的三种颜色，若 I 已是句句"满足"，我们约定当字 $\xi_{kj}=1$ 时，顶 ξ_{kj} 上 1 色，字 $\xi_{kj}=0$ 时，顶 ξ_{kj} 上 0 色，$k=1，2，3$。由于 I 中句句满足，所以没有 $(\xi_{1j}，\xi_{2j}，\xi_{3j}) = (0，0，0)$ 的情形。

把 b 着以 0 色，a 着以 2 色，w_{6j} 着以 1 色，$j=1，2，\cdots m$。于是可得正常着色。

反之，若 $f(I)$ 已用三种颜色正常着色，我们称 a 上的颜色为 2 号色，b 上的颜色为 0 号色，于是各"字"上的颜色为 0 色或 1 色，且 w_{6j} 不是 0 色；用反证法容易证明 $(\xi_{1j}，\xi_{2j}，\xi_{3j}) \neq (0，0，0)$。这时我们规定 3SAT 的赋值法为：

"字"为 1 色时，此字赋值 1；"字"为 0 色时，此字赋值 0。

于是 $(\xi_{1j}，\xi_{2j}，\xi_{3j})$，$j=1，2，\cdots，m$ 皆"满足"，即每句中有 1 值，至此证出 3C∈NPC。

卡普直言："诗是像你我这种笨蛋写成的，只有上帝才能判定用 3 种颜色是否可给任意的图正常着色。"

从上述证明我们看到，欲证一个问题属于 NPC，很需要技巧，这种证明一般都比较难！下面不证明地列出一些重要的 NPC 名题题谱。

②甲乙丙三个班学生数一样多，今欲分组，每组三人，分别来自三个班；有一批卡片，每张上写着一个小组的名单，但卡片不是出自一人之手，可能有一位同学的名字两张卡片上都有，问能否从这些卡片中选出一些作为分组方案，使得每个同学恰参加一个小组?

③一个班的学生，分成三人一组，要求每个学生恰参加一个小组的活动；今有卡片若干，每张卡片上写有三个同学的姓名，问是否可以从这批卡片中挑出一些来，作为分组的一种方案?

④一个班的学生选修了一些教授的课，问最少几位教授，他们收到的选课生名单合在一起，写有全班每个同学的名字?

⑤全校同学选修一些教师的课，如果一位同学选了两位老师的课，则这两位老师的课不能排在同一时间，问至多有多少位老师同时上课?

⑥一个背包至多能装 b 千克东西，今有 a_1 千克，a_2 千克，…，a_n 千克的 n 件物品，问能否从中挑出几件，装入背包后，总重量恰为 b 千克，其中 b，a_1，a_2，…，a_n 皆自然数。

⑦m 个盒子，每个都标志着封存了若干相同的球，不许拆封，能否把这些球平分?

⑧在已有的网络上选择连接指定的一些城市的最廉价的交通或通信子网络。

⑨在一个通信网中找出一些城市，使得这些城市两两直通信息且城市个数最多。

⑩在信息传输当中，基本信号集合中有些信号易于混淆，如何筛选出尽可能多的信号，使得筛选出来的信号两两不会混淆?

⑪炸毁至少几个火车站，可使其铁路网全部瘫痪?

⑫在全国乘火车旅游，要求每个车站都恰为到过一次，又回到家，是否可能?

⑬一位货郎到各村去卖货，再回到出发的商店，他管辖的每个村子都要串到，为其设计一条路线，使得旅行售货的时间最短。

⑭在若干城镇建立有线通信系统，再从这些城镇中选出几座在那里建中心台站，使得中心台站数目最少，且这些中心台站与其余各城镇有直通电缆。

⑮把一群人划分成若干小组，使得每个小组以外的每个人员都是该小组中某人的熟人，问最多能分成几组？

⑯一个电路网络的结点放在一条直线上，两结点间有导线相通时，导线要拉直，且结点间距为 1，问应如何安置结点，使得导线总长最短？

⑰一位邮递员从邮局选好邮件去投递，然后回到邮局，他必须经过他管辖的每条街道至少一次，有些街道是单向交通的，试为他选择一投递路线，使其所行路程尽可能少。

⑱甲乙工厂的产品在同一铁路网上分别运往各自的市场，每个市场对相应的那个厂子的商品有一定需求，如何协调运输方案，使得甲乙的市场需求都得到满足？

⑲开始时，一部分人得知一个消息或谣言，知情人同时用电话把此消息通知了自己的一位朋友，这些更多的知情人又用电话同时扩散这一消息，是否可以使得所有的人都得到这个消息，且扩散时间最短？假设每人至多打一次电话。

⑳一个负责对几个乡村送信的邮递员，他必须行遍他管辖的每个村子的每条街道至少一次，然后返回邮局，问他行程最短是多少？

㉑圆桌会议上欲使邻座尽可能相识，问至少有几对邻座不相识？

以上这些问题貌似朴实平凡，若不深入研究，看不出它们有什么了不起的数学含量和难度；事实上，由于它们的数学模型个个都是 NPC 问题，其计算的时间复杂程度恐怕似天高似海深！

此前，我们讲出了那么多十分有趣，十分生动、十分精彩的图论问题，使我们欣悦轻松，我们对其喜称“美丽图论”；但自从接触到 NPC 的难题，我们便眉头紧皱，心情沉重，那么多非常实际的问题，其数学模型却是该死的 NPC 成员。一方面是生产科研与生活实践迫切要求数学家有效地解决这些问题；另一方面是每个数学家和计算机专家对这种问题一筹莫展。图论给科学工作惹出这般的困惑和难堪，实为图论的丑陋。

卷末寄语

本书向读者展示了数、图、几何、NPC诸方面的内容，其中有趣的问题、漂亮的图形、强有力的逻辑和深刻的数学思想，实在令人陶醉；同时还介绍了数学史上处于领袖地位的多位数学家的传记与贡献，使我们做人做学问有了榜样。囿于本书对读者的定位，我们只能用＋－×÷来讲数学，所以讲出的远非数学科学的全貌，不过我们已经从此领略了数学之美妙、深刻、严谨和有用。

书中介绍的数学名题，给出解答者，我们当然要尽情欣赏；未被解答者，例如哥德巴赫猜想、四色定理的书面证明等，奉劝读者千万不要轻率地向这些大问题挑战，不能盲目冲击这些老大难的问题而走入盲目自信的误区。这些问题都经过众多大数学家的长期研究仍不得其解，其难度可能比人们估计得还要大。读者应该把学习研究的内容限制在力所能及的范围之内。

不少数学游戏，在数学上起过特殊的积极作用，对它不能持轻视的态度。例如18世纪的七桥游戏就是图论与拓扑学的种子，欧拉解决七桥问题的思想方法开创了图论与拓扑学的研究，欧拉被誉为图论之父。有这种作用的游戏还有哈密顿周游世界的游戏和生命游戏，等等。

学习数学最好的途径是自己动笔做数学，读者不妨以本书上的问题为出发点，举一反三，找一些同类问题亲自解解看，那样你的体验会更深入。留心你身边的事和物，从其间你一定会发现与本书讲过的内容有密切关系的问题待你去解答。书中讲出的一些实际应用问题，读者最好亲自动手演习一下，例如自己编一组密码，其传输的汉语内容由自己任意确定；用非规尺来三等分角、倍立方或化圆为方；买一块豆腐或蛋糕真的去切分；找一些细绳来捆扎点心盒；做一个20面体的纸制模型且在其上实行剖分，把它剪成两部分，把20面体的每个面剪成两部分而不过其顶点；约朋友进行图上智斗，等等，一定会兴趣盎然，比一般的玩牌玩棋更高雅更愉悦。

当然，数学并非是真理的化身，科学的皇后，也不是精确论证的顶峰和关于宇宙设计的真理。NPC问题，已经宣布数学与计算科学面临着巨大困难。

本书对具体数学问题的选取，除了要有趣之外，主要是向有用倾斜，作者不是“为数学而数学”的唯美数学观的拥护者，作者认为一个数学分支不能引起除了本分支的任何别人的兴趣时，它怕是要僵死了。事实上，每个数学分支中的第一批问题往往是从经验中提取的，是由外部现实世界中产生的，数学在工业社会当中，在信息社会当中，都在扮演着举足轻重的实用角色，我们的现实世界已经“不可一日无此君”了。笛卡儿有名言曰：“一切问题都可以化成数学问题。”诺伊曼直言：“数学中一切最好的灵感，甚至人们可以想像的最纯的数学中的灵感，都是来自自然科学的。”他还说：“数学方法入侵自然科学的理论部分，并在那里起主导作用。”在社会科学当中，许多重要的分支，例如经济学，已经发展到不懂数学的人望尘莫及的阶段。最伟大的数学家如阿基米德、牛顿、欧拉和高斯等，总是以同等的重要性把数学理论与实用统一起来。事实上，没有什么科学文化比数学更卓越更有用。数学是自然科学的保姆，一个国家的科学发展水平，可以用它使用的数学的质与量来衡量，一个数学不发展的国家岂能强大？中国有良好的数学传统，祝愿中国成为21世纪的数学强国，进而成为各方面都领先的世界强国。

当今数学发展极快，数学已有近百种分支，每年有几万篇的数学论文发表，非数学家对这些新成果颇感难懂。数学已经是一个巨大的、复杂的知识文化体系，急需向非数学专业的人们宣传普及数学的内容、思想和方法，可惜在向广大群众进行科普时，和理、化、天、地、生各专业的科学家相比，数学家最为难，名列倒数第一，这可能与数学的符号术语不通俗、内容太抽象有关。本书是数学科普的一种尝试，在写作的知识面和表述方式上斗胆做了一些试验，企图只用＋－×÷把众多有趣有用的数学问题讲明白，不知是否能够如愿。

愿读者人人喜欢数学，通过数学学习，个个机敏有为，从数学素质的培养当中获得非本能的智慧和科学与生活的灵气。

参 考 文 献

贝勒 A，H. 1998. 谈祥柏译．数论妙趣——数学女王的盛情款待．上海：上海教育出版社

李尚志，王树和，等．1996. 数学模型竞赛教程．南京：江苏教育出版社

李文林．1998. 数学珍宝——历史文献精选．北京：科学出版社

刘华杰．1996. 混沌之旅．济南：山东教育出版社

鲁又文．1984. 数学古今谈．天津：天津科技出版社

洛伦兹 E，N. 1997. 刘式达等，译．混沌的本质．北京：气象出版社

马丁·加德纳．2000. 陈为蓬译，萨姆·劳埃德的数学趣题．上海：上海科技教育出版社

让·迪尼多内．1999. 沈永欣译．当代数学——为了人类心智的荣耀．上海：上海教育出版社

施琴高兹．1982. 王宝霁译．数学 100 题．北京：科学普及出版社

台湾科普文选．1982. 北京：科学普及出版社

谈祥柏．1996. 数：上帝的宠物．上海：上海教育出版社

谈祥柏．1996. 谈祥柏科普文集．上海：上海科学普及出版社

王树和，侯定丕．2000. 经济与管理科学的数学模型．合肥：中国科学技术大学出版社

王树和．1997. 数学模型基础．合肥：中国科学技术大学出版社

王树和．1998. 微分方程模型与混沌．合肥：中国科学技术大学出版社

王树和．1999. 从哥尼斯堡七桥问题谈起．长沙：湖南教育出版社

王树和．2001. 离散数学引论．合肥：中国科学技术大学出版社

王树和．2002. 数学素质强化训练．合肥：安徽科学技术出版社

王树和．2003. 数学思想史．北京：国防工业出版社

王树和．2004. 图论．北京：科学出版社

王树和．2005. 数学百家．北京：国防工业出版社

王树和．2008. 数学模型选讲．北京：科学出版社

徐品方．1992. 数学简明史．北京：学苑出版社

杨路，张景中，侯晓荣．1996. 非线性代数方程组与定理机器证明．上海：上海科技教育出版社

朱学志．1984. 数学史数学方法论．哈尔滨：黑龙江林业教育学院出版社